彩图2.3　河北省魏县边马乡地边路旁的1年生窄冠白杨3号树

彩图2.4　河北省魏县境内的6年生窄冠白杨3号林带

彩图2.5　山东省惠民县境内的与小麦间作的7年生窄冠白杨3号林带，株行距为4米×16米，树高16米，胸径21.1厘米

彩图2.6　山东省惠民县境内与小麦间作的14年生窄冠白杨1号林带

彩图2.7　山东省邹平县境内与小麦间作的5年生窄冠白杨1号林带，株行距为4米×16米，树高14米，胸径为14厘米

彩图2.8　山东省惠民县境内的10年生窄冠白杨的深根性特点是耕作层水平根较少

彩图 2.9　山东省莒县境内株距2米、树龄7年的行道树窄冠白杨3号（右，树高17米，胸径为21厘米）与易县毛白杨雌株（左，树高15米，胸径为18厘米）的树形对比

彩图 2.10　山东省惠民县境内6年生窄冠白杨1号（左）与太青杨（右）的树形对比

彩图 2.11　山东省惠民县境内的6年生窄冠白杨6号，树高17米，胸径18厘米

彩图2.12　窄冠黑青杨6号(图1)，7年生，树高15米，胸径17.9厘米

窄冠黑青杨31号(图2)，7年生，树高14.1米，胸径17.3厘米

窄冠黑青杨69号(图3)，7年生，树高13.6米，胸径15.8厘米

窄冠黑青杨70号(图4)，7年生，树高14.1米，胸径16.8厘米

彩图2.13　窄冠黑白杨（图1），6年生，树高14.2米，胸径18.2厘米
窄冠黑杨1号（图2），4年生，树高10.0米，胸径12.0厘米
窄冠黑杨2号（图3），4年生，树高11.0米，胸径12.0厘米
窄冠黑杨11号（图4），4年生，树高13.0米，胸径16.0厘米

彩图 2.14　山东省惠民县境内与小麦间作的 6.5 年生窄冠黑杨，株行距为 5 米×6 米，树高 19 米，胸径 22 厘米，冠幅 3 米

彩图 2.15　云南省澄江县境内的 10 年生半常绿-常绿杨树品种 A-65/27“四旁”单行树，株距 1.8 米，树高 25.5 米（年均生长量为 2.55 米），胸径 56.2 厘米（年均生长量为 5.62 厘米）

彩图2.16　云南省澄江县境内的10年生半常绿－常绿杨树品种A-61/186“四旁”单行树，株距1.8米，树高24.8米（年均生长量为2.48米），胸径53.5厘米（年均生长量为5.35厘米）

彩图2.17　云南省西双版纳勐海县境内用2根1干苗栽于农户院内的1年生半常绿－常绿杨树（A-65/27或A-61/186），胸径16.9厘米

彩图2.18　四川省广汉县境内的8年生半常绿－常绿杨树，平均树高20.7米（年均生长量为2.6米），平均胸径为30.3厘米（年均生长量为3.8厘米）

彩图2.19　山东省莒县赵家二十里村（灌溉试验区）的5年生I-69杨树林，株行距为3米×6米

彩图2.20　辽宁省新民市林场的7年生辽宁杨示范林，株行距为4米×8米，平均胸径为21.6厘米

彩图 3.1　湖北省嘉鱼县潘家湾苗圃半常绿－常绿杨无性系 A-65/31 留根育的苗

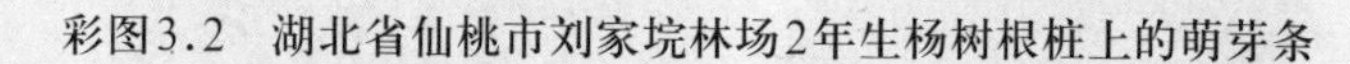

彩图3.2　湖北省仙桃市刘家垸林场2年生杨树根桩上的萌芽条

彩图3.3 湖北省仙桃市刘家垸林场进行留根育苗，其3年生 I-69杨根桩上的萌芽条

彩图3.4 湖北省仙桃市刘家垸林场用 I-69杨留根育苗，其3年生根桩上的萌芽条(缺点是留桩太高)

彩图3.5 留桩太高的不正确留根育苗的后果，是形成老化根桩

彩图 4.1　湖北省嘉鱼县境内截根苗深栽的2年生杨树无性系对比试验林，株行距为 4 米× 8 米

彩图4.2　湖北省仙桃市刘家垸林场截根苗深栽的 1 年生 I-69 杨树林与蚕豆间作，株行距为 4 米× 8 米

彩图 4.3　湖北省仙桃市刘家垸林场截根苗深栽的 1 年生 I-69 杨树林与棉花间作，株行距为 4 米× 8 米

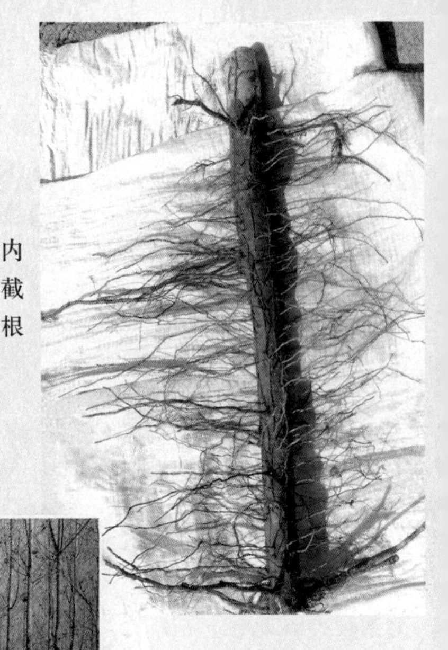

彩图4.4　湖北省嘉鱼县境内深栽1米的1年生 I-69杨树截根苗，苗干上发出大量不定根

彩图4.5　山东省沂南县沂河林场7年生 I-72杨树丰产试验林，株行距为5米×6米，平均胸径为30厘米

彩图4.6　江苏省睢宁张圩林场插干深栽的12年生 I-63杨树林，株行距为8米×8米，栽植密度为10.4株/667平方米（1亩），最大的一株胸径为65厘米，树高33米

彩图4.7　山东省莒县朱家二十里村插干深栽的1年生I-69杨与小麦间作，株行距为3米×6米

彩图4.8　河北省定州流驼庄插干深栽的13年生易县毛白杨（雌株）与小麦间作，株行距为3米×20米，胸径为24厘米，树高16米

彩图4.9　河北省大名县南里东村11年生易县毛白杨（雌株）与小麦间作，株行距为3米×56米，胸径为28～32.4厘米，树高21～22.5米

彩图4.10　河北省大名县南里东村插干深栽在路边沟内的6年生易县毛白杨(雌株)农田防护林带。这种栽培方式有利于树体保护，水分条件好，可减轻对麦田的串根

彩图4.11　葡萄牙火柴企业培育的无节通直良材(J.M.Monteiro提供)

彩图4.12　正确修枝的杨木纵截面，结疤仅限于干材芯部10～12厘米以内(M.Viart提供)

彩图4.13　没有修枝的杨木纵截面，节子横贯截面（M. Viart 提供）

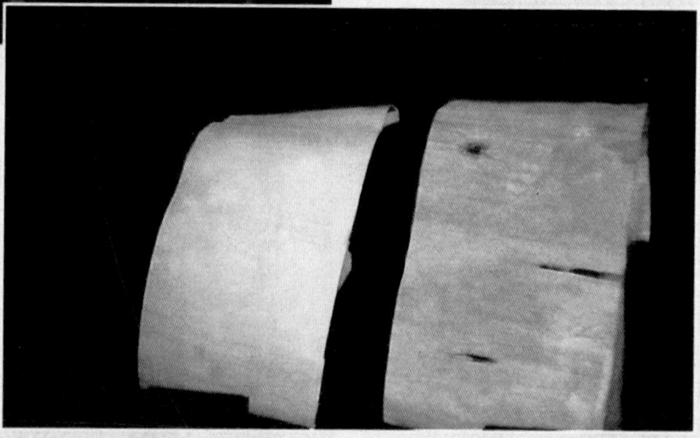

彩图4.14　正确修枝的杨木单板（左）与不正确修枝的杨木单板(右)(M. Viart 提供)

彩图4.15　山东省莒县赵家二十里村的9年生 I-69 杨间伐试验林，间伐强度：1/3，3米×6米每隔两行伐去一行，平均胸径为27.4厘米，平均树高27米，株行距为（3米×6米）×6米

彩图 4.16　山东省临沂市薛庄的2年生 I-69杨萌芽更新林，株行距为 3米×3米

杨树丰产栽培模式

彩图5.1　山东省莒县二十里乡的1年生I-69杨幼林(株行距为3米×6米)，株间育苗(两株)，行间种花生

彩图5.2　山东省莒县朱家二十里村的1年生I-69幼林(株行距为3米×6米)，株间育苗（两株)，行间种小麦

彩图5.3　山东省莒县赵家二十里村株行距为3米×6米的8年生I-69杨树林间伐区对照

彩图5.4　辽宁省新民市林场的插干造林2年生辽宁杨示范林（株行距为4米×8米，平均胸径为9厘米），与玉米间作

彩图5.5　辽宁省新民市林场的3年生辽宁杨示范林，株行距为4米×8米，平均胸径为11.7厘米，平均树高9.8米

彩图5.6　辽宁省新民市林场的4年生辽宁杨示范林（株行距为4米×8米），与高粱间作

彩图5.7　辽宁省新民市林场的5年生辽宁杨示范林，株行距为4米×8米，平均胸径为19厘米，平均树高16.5米，已基本停止间作

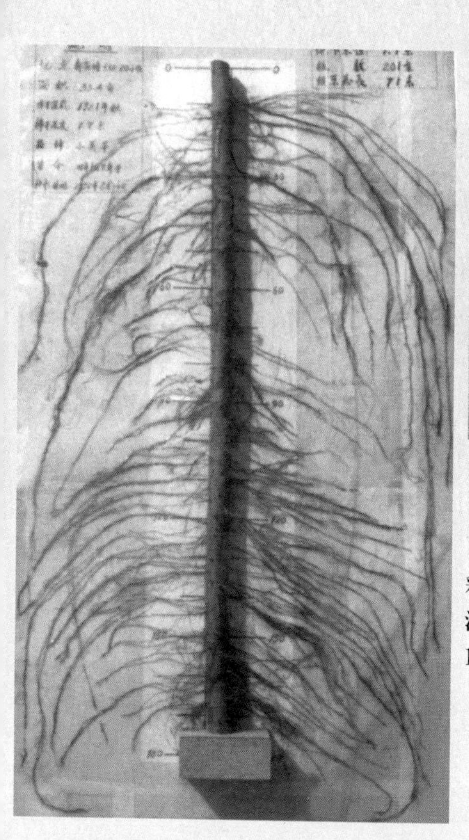

彩图 6.1　北京市潮白河林场深栽 1.8 米（地下水位为 1.7 米）的 1 年生群众杨的根系，总根数为 201 条，根系总长度为 71 米

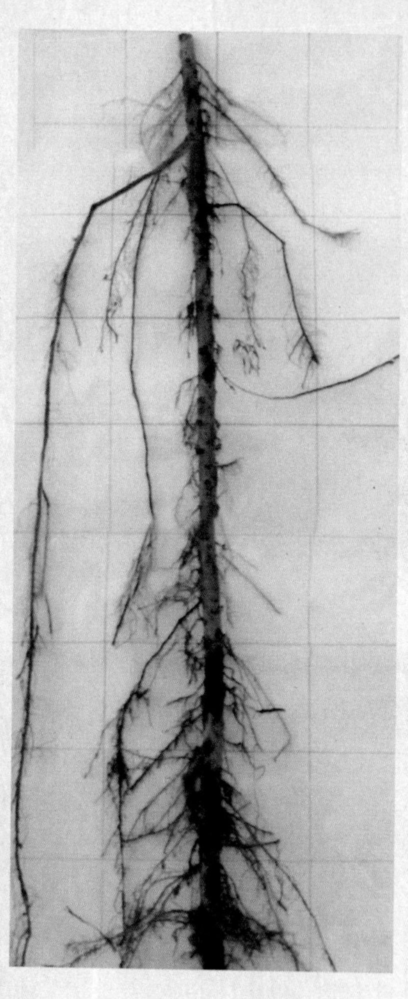

彩图 6.2　北京市潮白河林场沿河沙地深栽1.8米（地下水位1.8米）的1年生群众杨的根系

彩图6.3　北京市潮白河林场沿河沙地春季与秋季深栽的群众杨根系的差异。当年春季深栽的根系稀少（左），前一年秋季深栽的根系既密又多，而且长（右，下）

彩图6.4　宁夏回族自治区永宁县林场腾格里沙漠的1年生合作杨，在地下水位上下的根系，粗密而又白嫩

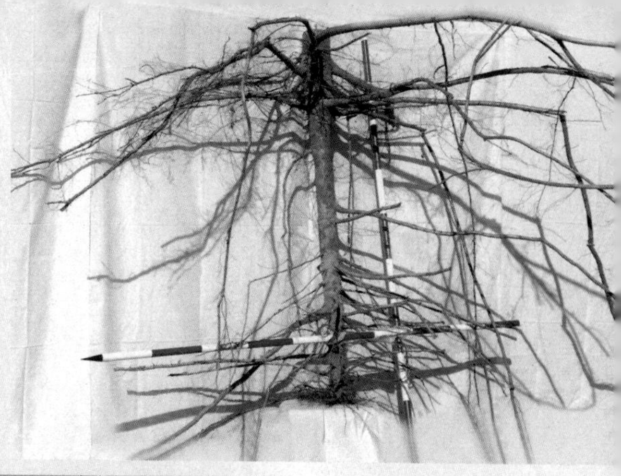

彩图6.5　北京市潮白河林场深栽的4年生群众杨根系。地下水位为1.3米（横测杆表示），栽植深度为1.6米，地下水中根系发育正常

彩图6.6　宁夏回族自治区盐池县林场骆驼井毛乌素沙地上，团状深栽造林的1.5年生合作杨，每团3株，树团间距为3米×8米，平均胸径为5.8厘米

彩图6.7　宁夏回族自治区盐池县林场骆驼井毛乌素沙地上，团状深栽造林的5年生合作杨，每团4株，树团间距为4米×8米

彩图6.8　宁夏回族自治区盐池县林场骆驼井毛乌素沙地上，深栽的6年生合作杨林，平均胸径为20厘米

彩图6.9　宁夏回族自治区永宁县黄羊滩农场深栽的6年生新疆杨林，平均胸径为17.0厘米，平均树高17.2米

彩图6.10　甘肃省金塔县潮湖林场在河西走廊沙漠干旱荒漠区，插干深栽的2年生二百杨树

彩图 6.11　国产的杨树深栽钻孔机，每小时钻孔 50～60 个，孔径为 12 厘米，孔深 2～3 米

彩图 6.12　宁夏回族自治区盐池县林场在骆驼井毛乌素沙地深栽的 2.5 年生合作杨林，平均胸径为 7.8 厘米

彩图6.13　宁夏回族自治区永宁县黄羊滩农场深栽的4年生合作杨林

彩图6.14　宁夏回族自治区永宁林场，夏季在沙漠深栽入地下水的合作杨带叶插干苗，在没浇水而又被烈日暴晒3天后，叶片没有萎蔫

彩图 8.1　山东省临沂市薛庄村民用鲜杨叶和杨叶粉作粗饲料喂长毛兔

彩图 8.2　山东省临沂市薛庄村民用鲜杨叶作粗饲料喂奶牛

彩图8.3　山东省临沂市薛庄村民用青贮杨叶作粗饲料喂奶牛

彩图8.4　山东省临沂市薛庄村民用秋季脱落的杨叶作粗饲料喂奶牛

彩图8.5　山东省临沂市薛庄村民用鲜杨叶作粗饲料喂绵羊

彩图 11.1　大灰象甲成虫

彩图 11.2　铜绿丽金龟成虫

彩图11.3　杨黄卷叶螟成虫

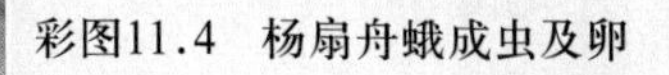

彩图11.4　杨扇舟蛾成虫及卵

彩图 11.5　杨扇舟蛾幼虫、蛹及茧

彩图 11.6　杨小舟蛾成虫、幼虫及蛹

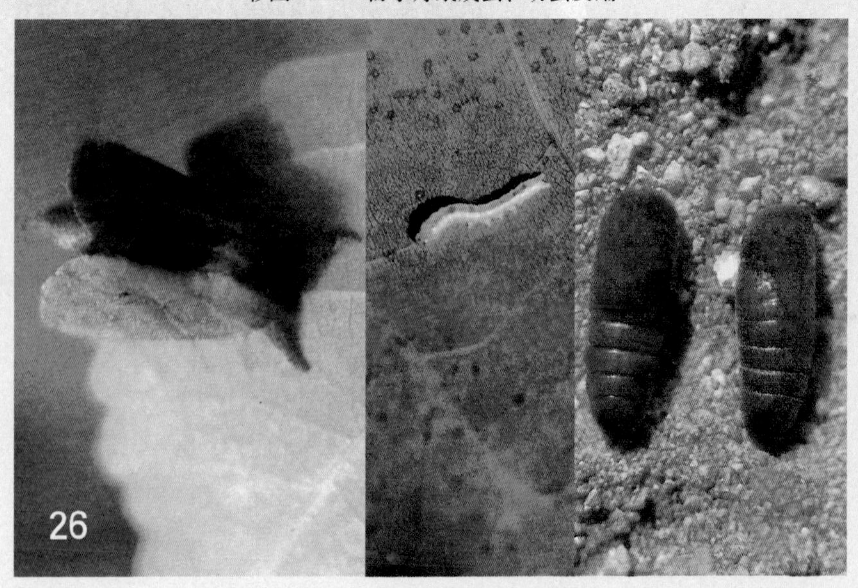

彩图 11.7　杨二尾舟蛾成虫、卵、幼虫与蛹

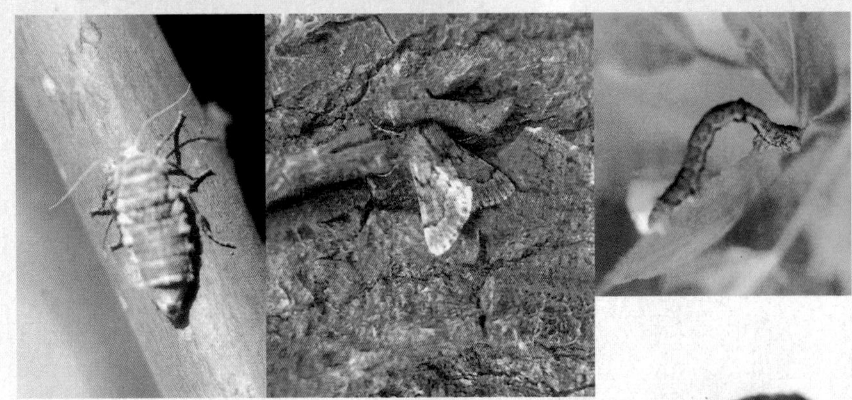

彩图 11.8　杨尺蛾雌成虫（左）、雄成虫、幼虫与蛹

彩图11.9　杨毒蛾成虫（右）、卵块、幼虫与蛹

彩图11.10　舞毒蛾雄成虫（下左）、雌成虫及卵块、幼虫与蛹

彩图 11.11　黄刺蛾成虫、幼虫与蛹茧

彩图 11.12　杨梢叶甲成虫

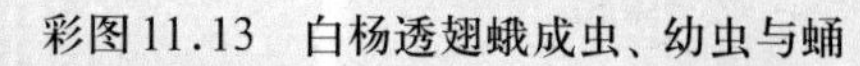

彩图 11.13　白杨透翅蛾成虫、幼虫与蛹

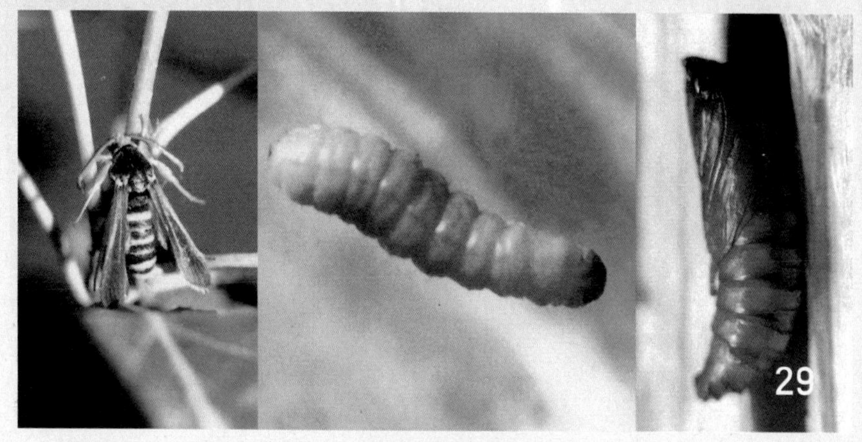

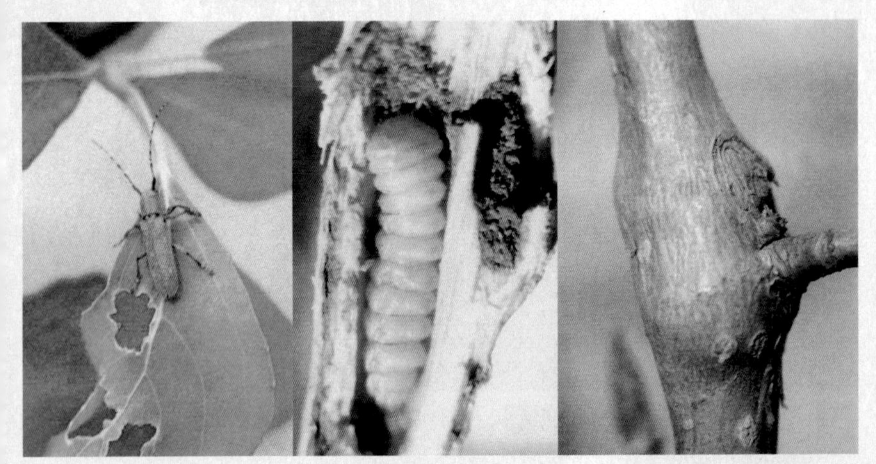

彩图11.14　青杨天牛成虫、幼虫及虫瘿

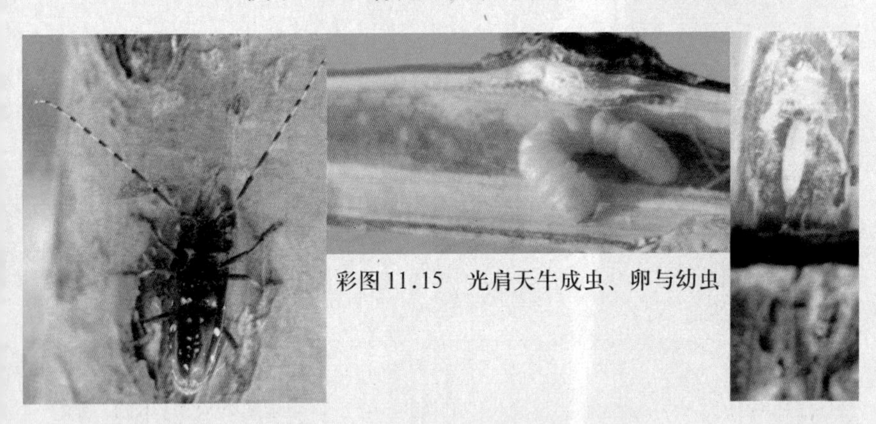

彩图11.15　光肩天牛成虫、卵与幼虫

彩图11.16　桑天牛成虫、卵与幼虫

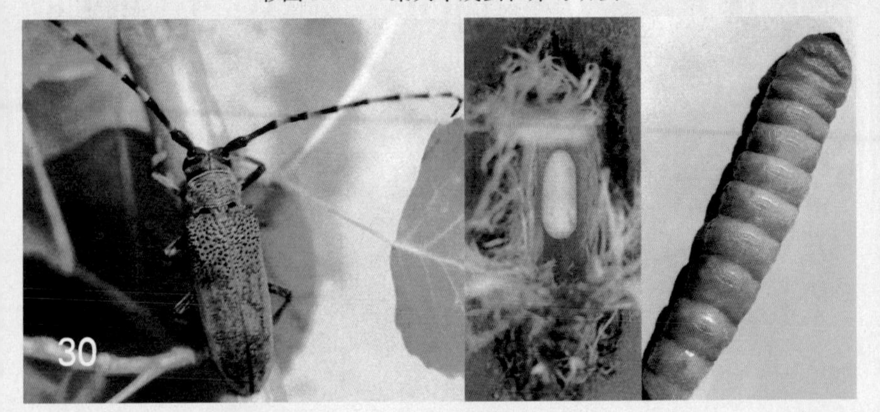

彩图11.17　云斑天牛成虫及卵

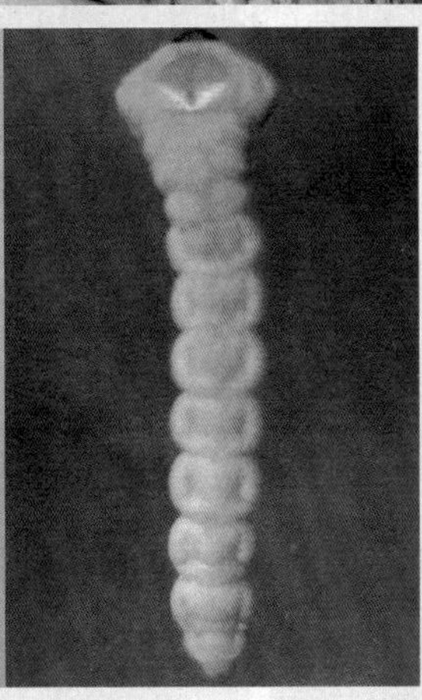

彩图11.18　杨十斑吉丁虫成虫与幼虫

彩图11.19　杨干象成虫与幼虫

彩图11.20　杨圆蚧危害状

彩图11.21　毛白杨锈病越冬病芽

彩图11.22　幼龄杨树干部的水泡型溃疡病症状

彩图 11.23　小美旱杨幼树干部大斑型溃疡病症状

杨树丰产栽培

主　编
郑世锴
编著者
郑世锴　高瑞桐
刘奉觉　曾大鹏

金盾出版社

内 容 提 要

本书由中国林业科学研究院林业研究所郑世锴、高瑞桐、刘奉觉和曾大鹏研究员编著。内容包括：我国杨树概况，杨树优良栽培品种，杨树育苗技术，杨树速生丰产栽培技术，杨树丰产栽培模式，干旱地区杨树深栽抗旱造林技术，杨叶饲用，窄冠型杨树新品种的栽培，半常绿－常绿杨树品种的引种和栽培，以及杨树病虫害防治等。书中介绍了作者20多年来在杨树丰产栽培、杨树深栽造林和树体保护等方面的研究成果，以及在杨树生产中推广良种良法的经验，用事实说明杨树单项栽培技术及配套丰产栽培技术（即丰产栽培模式）的效益。同时也介绍了国内外有关杨树栽培的先进经验。本书资料丰富，内容翔实，技术实用，图文并茂，通俗易懂，附有93张彩照，并配有必要的图表。适合广大农村林业专业户、林场工人、杨木加工企业、林业科技工作者和林业院校有关专业师生阅读参考。

图书在版编目（CIP）数据

杨树丰产栽培/郑世锴主编. —北京：金盾出版社，2006.1
ISBN 978-7-5082-3845-6

Ⅰ. 杨…　Ⅱ. 郑…　Ⅲ. 杨属-栽培　Ⅳ. S792.11

中国版本图书馆 CIP 数据核字（2005）第 117765 号

金盾出版社出版、总发行
北京太平路5号（地铁万寿路站往南）
邮政编码：100036　电话：68214039　83219215
传真：68276683　网址：www.jdcbs.cn
彩色印刷：北京百花彩印有限公司
黑白印刷：北京兴华印刷厂
装订：双峰装订厂
各地新华书店经销
开本：787×1092 1/32　印张：13　彩页：32　字数：269千字
2009年4月第1版第4次印刷
印数：24001—32000册　定价：20.00元

前　言

我从事杨树速生丰产栽培的研究和技术推广工作，至今已有27年。在这段时间内，我做了一些有意义的实际工作。

1981～1990年，我在山东临沂地区，与同事和当地群众一道，在营造了166.67公顷(2 500亩)杨树丰产中间试验林的同时，完成了配套技术研究，提出了杨树丰产栽培模式。在此十年间，还在“三北”地区研究干旱地区杨树深栽抗旱造林技术，完成了小规模试验、中间试验和推广三个阶段的工作。

1990～2000年，在世界银行贷款支持的第一、第二期国家造林项目中，我承担了杨树丰产栽培的研究和技术示范任务。前5年，与同事和当地群众共同努力，在湖北嘉鱼县和山东沂水县、沂南县营造试验林40公顷，在湖北仙桃市营造示范林200公顷；后5年，在辽宁新民市林场营造示范林2 000公顷。

这些项目都已顺利完成，通过了验收和技术鉴定，有的还获得省级、林业部和国家的科技进步奖。

以上各地的项目实施单位，为杨树研究和栽培做了大量的工作。没有他们的热情支持和课题组同志的协作，研究任务是不可能完成的。尤其是与我合作20多年的刘奉觉研究员，在杨树水分生理研究方面做出了很好的成绩，对我的支持和帮助很大。在此，一并表示深切的感谢。我为自己有以上的研究与实践机会，而感到荣幸，因为这是利国、利民的大好事。

我国天然林资源已近枯竭。为改变这种状况，国家实施了天然林保护工程。但是，目前我国的人工用材林还满足不了实际的需要，国家不得不从国外进口大量的木材。如今，我国已成为世界木材进口大国。因此，大量栽培人工用材林，提高其产量，是当务之急。我国杨树栽培面积居世界首位，但是杨树中、低产林占多数，杨木用材的供应量还少，质量也不够高。我国的杨树生产还有很大的潜力可以挖掘。通过提高我国的杨树丰产栽培技术水平，杨树在解决国家木材短缺的问题上，将能发挥出比现在大得多的、不可估量的作用。

我从1950年开始学林，从事林业教学和科研工作已有半个多世纪。我的夙愿是“多种树，种好树”。但是回顾自己所为，觉得不够理想，因而有些遗憾。如今虽年逾古稀，但“老骥伏枥，志在千里”的豪迈精神，鞭策自己写好《杨树丰产栽培》这本书，把自己研究杨树、栽培杨树的经验和成果，认真系统地总结好，汇集成书。如果此书对读者和林业专业户的致富，对解决国家木材缺乏的困难，有一点帮助和作用的话，那就是对我最大的安慰。

作者自知所做试验研究的不足，理论和实践水平的有限，所述的观点和技术，也难免有错误。因此，请读者批评指正。

本书第一章至第十章，由郑世锴研究员编著。刘奉觉研究员参与第四章“杨树丰产栽培技术”第八节“合理灌溉”和第六章“干旱、半干旱地区杨树深栽抗旱造林技术”的写作。第十一章“杨树主要虫害和病害的防治”第一节“主要害虫的防治”，由高瑞桐研究员编著，第二节“主要病害的防治”，由曾大鹏研究员编著。

承蒙山东农业大学科技学院庞金宣教授审查修改第九章“北方地区窄冠型杨树的栽培”的文稿，并提供了相应的彩色照片，谨此致谢。

郑 世 锴

2005年8月1日

于中国林业科学研究院

目　录

第一章 概 述

第一节 我国杨树生产概况

杨树在我国分布很广，从新疆到东部沿海，从黑龙江、内蒙古，到长江流域，都有分布。不论营造防护林或用材林，杨树都是主要的造林树种。在上述辽阔的区域，到处都可见到杨树。半常绿—常绿杨树新品种，在南方引种成功，杨树种植区扩大到福建和云南亚热带与热带地区。

杨树具有早期速生，适应性强，分布广，种和品种多，容易杂交，容易改良遗传性，容易进行无性繁殖等特点，在国内外备受重视，广泛用于集约栽培。大量选育出来的优良杨树栽培品种，对栽培条件的改善反应很灵敏。在集约栽培的条件下，可以大幅度提高生产力。杨树优良品种的集约栽培，对解决木材短缺的问题能起很大的作用。

工业发达国家栽培杨树，主要是为了生产木材工业所需的原料，如胶合板、纤维板、刨花板和火柴的原料，较多采用大株行距栽植杨树。发展中国家的杨树，以生产中小径材为主，提供民众用材，主要实行密植，轮伐期短。两者之间有一些过渡类型。我国的杨树用材林，过去主要供应民众用材，但随着木材加工业的发展以及部分杨木民用材被其他建材所取代，杨树的培育目标正在转向工业用材。杨树工业用材的定向培育和杨树产业化，是现在需要解决的新课题。

近几十年，我国杨树造林面积不断扩大。如今，我国已成为世界上杨树人工林面积最大的国家。我国第五次森林资源清查(1994～1998年)统计，全国林分总面积12 919.94万公顷，其中杨树林分面积为628.4万公顷(9 426万亩，1亩为667平方米，下同)，居世界第一。中国的杨树面积，超过世界其他国家杨树林面积的总和。我国杨树单位面积蓄积量为57.18立方米/公顷(3.8立方米/667平方米)，成熟林和过熟林面积141.07万公顷，占全国杨树林总面积的22.45%(见参考文献52)。

据20世纪90年代统计，除中国以外，世界杨树人工林面积总计约140万公顷(2 100万亩)，中国的人工杨树林面积比世界人工杨树林面积多3.48倍。中国人工杨树林面积占全国总森林面积的4.86%，占全国人工林总面积的18.75%。

从以上数据可知，中国的杨树面积确实很大，可称世界杨树第一大国。但是，中国杨树林分的蓄积量每667平方米却只有3.8立方米，居于比较低的水平。种植的杨树数量多，面积大，但杨树人工林质量差，大部分是中低产杨树林。这是当前我国杨树林的特点，也是它存在的缺点。

中国是森林资源贫乏的国家，森林覆盖率只达到16.55%。由于长期过度采伐，森林更新远远跟不上，致使我国可采伐的天然林资源接近枯竭。1998年，我国南北方同时发生特大洪水，国家森林资源受到重大损失。总结了教训后，我国各级政府正在组织实施大规模的天然林保护工程。1998年启动天然林保护工程后，天然林已不再是主要的木材生产基地，木材供求缺口越来越大。预计今后国内相当长的时间内，天然林的采伐量将明显降低，木材的供应将更大程度上依靠进口木材和国内的杨树、杉木与桉树等速生用材林。

现在，我国是世界上最大的木材进口国之一。每年，国家要进口大量的木材，才能满足经济建设的需要。靠进口木材要受制于国际市场和消耗大量外汇，不是长久之计。要解决这一尖锐的木材供需矛盾，就必须大力发展国内的用材林。目前，国家已将速生丰产林基地建设，列为林业六大重点工程之一。杨树生长快，成材早，用途广，是国内外种植最多的树种之一。国内外的经验证明，大力营造用材林，用丰产栽培方式种植速生的杨树，是在短期内解决国家木材短缺问题的重要途径之一。许多国家用栽培杨树来解决木材短缺的问题，取得了成效。当前，我国经济迅速发展，木材需要量增加，对发展杨树速生丰产林，尤其是杨树工业用材林的需求更加迫切。发动广大农民种植杨树，利国利民，应该提倡。

杨木的用途很广。以往，我国的杨树主要用作民用材，如农民盖房，用杨木作梁、檩、柱、门、窗和家具。尤其在我国中原和北方地区，杨木在民用材的消耗中占有很大的比例，是农村盖房的主要用材。近年来，随着我国木材加工业的发展，杨木已成为胶合板、纤维板、刨花板、造纸、火柴、卫生筷和包装业的重要原料。但是在许多地区，杨木的数量和质量均不能充分满足木材加工业的需求，影响了木材工业的发展。目前，杨木价格呈现明显的上升趋势，大径级的杨木尤其短缺，价格攀高。农民多种杨树也是很好的致富途径。今后我国杨树的主要用途将逐步转向工业用材。

近十几年来，我国杨木加工业发展迅速。如生产胶合板、细木工板、刨花板和中密度纤维板的工厂，都依赖杨木为原料；利用杨木作为造纸原料的造纸厂逐年增多，作为造纸原料的杨树小径纤维材已经供不应求，今后的需要量更大，市场前景甚好。这些工厂在北京市，以及河北、山东、湖北、江苏和辽宁等省，发展都很快。但是，杨木原料资源不足是一个共同的难题。

根据2000年的统计，湖北省全年的杨木消耗量为180万立方米，而供应的杨木量只有120万立方米。由于杨木供不应求，某些大工厂存在“无米下锅”和“等米下锅”的苦恼。

由这些情况可以看出，我国工业用杨木的需求量及短缺量是非常之大的。

多年来，我国在杨树科学研究上取得不少成绩。我国成功地引进和自己选育出一批杨树优良无性系，在生产中大面积推广，已形成巨大生产力，经济效益显著；进行了丰产栽培技术的研究，将优化的多项丰产栽培技术，组合成丰产栽培模式，缩短了轮伐期，提高了木材产量和质量；在杨树病虫害防治方面，提出了一些有效的方法和综合防治技术。

国际杨树委员会成立于1947年，有法国、意大利和比利时等欧洲国家参加，隶属于联合国粮农组织。以后，又有35个国家参加。半个多世纪来，国际杨树委员会从事杨树科技学术国际交流，每四年召开一次大会，在促进各国杨树引种、良种选育、栽培管理和加工利用等方面，有很大的贡献。我国于1979年成立了中国杨树委员会。1980年，我国参加了国际杨树委员会，并被选入执行委员会。为什么其他树种没有这样的国际组织，惟一为杨树成立这样大的国际组织？为何这个国际组织有许多成员国？就是因为杨树是速生丰产的树种，用良种良法(即所谓集约栽培)可以生产纸张、胶合板和纤维板等工业原料，对经济有重要作用，在国际上受到普遍的重视。1988年，第十七届国际杨树委员会在中国北京召开，有24个国家的117位代表和观察员参加，会前和会后按照四条考察路线，分别到我国山东、湖北、辽宁和黑龙江省考察杨树。中国杨树发展的规模和速生丰产林的旺盛生长，给外国代表留下了深刻的印象。这是在我国第一次召开国际杨树会议，在杨树栽培界是一件盛事，对于学习国外杨树栽培经验和促进杨树集约栽培水平的提高，都具有重要意义。

随着科学技术的发展，杨树有望成为解决原油短缺问题的“能源林”。20 世纪 70 年代初，世界能源危机之后，各国政府重视可再生的“能源林”的研究。1978 年，国际能源署(IEA)的参加国签订森林能源协议。此后，12 个国家在能源林业方面进行协同研究、开发、示范和交流信息，已经取得一些成果。

由于杨树具有早期速生丰产的特性，有些国家把杨树列为能源林的主要树种，重视杨树生物量的生产及利用。在短轮伐期集约栽培的体制下，在温带及地中海地区，杨树良种的树干和树枝的年平均生长量，一般可达 8～10 吨(干重)/公顷;4～5 年生短轮伐期杨树枝干年平均生长量为 10～12 吨(干重)/公顷，短轮伐期萌生林的枝干年平均生长量最高，为 15～20 吨(干重)/公顷。

据瑞典研究，1 吨木质生物量可以转化为 3.17 桶原油，1 公顷能源林可以生产 50 桶石油。

木材气化技术至少已有几十年的发展历史，低能量的木瓦斯适于就地使用，或加工成甲醇。此技术特别适用于锯木厂和木材二次加工厂采用。

木材液化可生产液化燃料，其能量高，应用范围广。1980 年，Boocock 成功地将杨木氢化为“木油”，其热值为 35～38 兆焦耳/千克，可与原油相比。据分析，如原油价格继续升高，此工艺可能被用来生产原油。

Lora 1979 年创造了一种氢化杨木的技术，有效地分解木材中的木质素、纤维素和半纤维素，可提取木糖及各种糖与乙烯醇。每吨杨木可生产270升乙烯醇和120千克木质素，其能量回收率为50%。木质素也可转化为甲醇，其能量回收率降到36%。

最近世界能源供应紧张，能源问题成为国内外头等重要的问题。如果这个问题得不到解决，杨树生物量的生产及其能源的开发利用，很有可能重新受到人们的关注（见参考文献53）。

第二节　我国杨树栽培发展简况

1949年新中国成立前，我国没有大规模的杨树造林，零星的杨树造林主要是小叶杨、小青杨、箭杆杨和毛白杨等。新中国成立以后，杨树的栽培和研究受到政府的重视，发展迅速，造林规模不断扩大，集约栽培水平不断提高，采用的杨树优良品种也日益增多。20世纪50年代，人民政府发动群众营造的东北西部防护林和山西北部防护林，其主要的造林树种就是杨树。这对于防止风沙危害农田，起到了重要作用。解放初期，在豫东黄河故道和冀西沙荒地，也曾发动群众大量种植杨树。这些防风固沙林和防护林的立地条件较差，很多地方土壤干旱瘠薄，杨树不能适应，虽然成活了，也起到了防风固沙作用，但生长不良，林分不稳定，结果形成了大面积的杨树“小老树”。杨树容易育苗造林，可以较快绿化，所以种得过多，没注意“适地适树”。这个教训应该记取。

20世纪50～60年代，新疆建设兵团开荒建农场时，在修路、修渠的同时，沿农田四周，营造了大量箭杆杨和新疆杨的农田防护林带，有效地阻挡风沙对农田的侵袭。50年代，山西夏县的平原绿化成为先进典型，这也是以杨树为主的四旁植树和农田林网，为全国提供了学习的范例。60年代，河南鄢陵县，70年代，山东兖州市，都是因为杨树农田林网建设出色，而成为先进典型的。

在20世纪的50～60年代，用于造林的杨树品种较少，主要是小叶杨、小青杨、箭杆杨、毛白杨、加拿大杨和钻天杨等。60年代，I-214杨和沙兰杨等杨树品种引种成功，逐渐丰富了杨树的栽培品种。70年代初，I-69杨、I-72杨和I-63杨引种和推广成功，更加明显地促进了我国杨树集约栽培的发展。由于这些南方型美洲黑杨，适应温暖气候，使杨树栽培区向南扩大到长江中下游气候和土地资源更优越的广大地区。杨树优良品种引种成功，促成杨树栽培的大发展，是70～80年代我国杨树栽培的特点。在长江中下游和中原南部地区，人们争相种植这些生长迅速的杨树良种，栽培技术也比以前有所提高，逐步采用集约栽培的方式，进行林农间作、灌溉与施肥等，使杨树生长量比以前有明显的提高。80年代初期到90年代，出现许多杨树生产先进地区（如山东临沂地区、江苏泗阳地区、湖北潜江与嘉鱼地区和湖南洞庭湖地区等），带动了全国杨树集约栽培的发展。

20世纪80年代初期，国家在山西雁北成立桑干河杨树丰产林试验局，在半干旱地区大面积营造杨树用材林，为我国北方半干旱、干旱地区发展杨树提供了经验。

20世纪90年代以来，由于采用了优良的杨树品种和丰产栽培措施，我国新造的杨树人工林，单位面积产量比以前有所提高，轮伐期也缩短了。不少县大力发展杨树人工林，杨树栽培面积达数万亩，形成了用材林基地。湖北、湖南、江苏、辽宁和安徽等省，以这些杨树人工林为原料基地，先后建成了一批人造板工厂。

1991～1995 年，国家林业部实施中国国家造林项目，得到世界银行对此项目的贷款支持。五年内，在湖北、湖南、安徽、山东、河北和河南六省，营造 18.467 万公顷(277 万亩)杨树丰产林，造林规模超过以往。当时的杨树造林，主要集中在长江中游北亚热带季风气候区和暖温带季风气候区，因为这些地区的气候和土壤适于发展杨树。1996～2000 年，林业部实施世界银行贷款支持的“森林资源发展和保护项目”，在河北和辽宁等省营造 6.68 万公顷(100.2 万亩)杨树速生丰产用材林。这样，在 20 世纪 90 年代，仅世界银行贷款的两个项目营造杨树丰产林 25.147 万公顷(377.2 万亩)。1998～2005 年，世界银行贷款支持我国的“贫困地区林业发展项目”，将在河北、山西、辽宁、安徽、江西、湖北和贵州八省，计划营造杨树用材林 3.58 万公顷(53.7 万亩)。

以上事实说明，我国近期营造杨树人工林规模大，深受群众欢迎。世界银行贷款造林项目强调实行集约经营，重视科研成果及技术的推广。林业部及各有关省和县，都建立了专门机构，以加强管理。这一批杨树造林项目，由于采用了配套的先进技术，造林质量都超过以往任何时期。

最近几年，我国经济快速发展，造纸业和杨木加工业也有新的发展，市场对杨树工业用材的需求不断增加，杨树栽培面临新的发展机遇。

第三节　对我国杨树发展中某些问题的探讨

在新的 21 世纪之初，杨树工业用材林产业面临着极好的发展机遇，但也面临着挑战。有利的形势是：随着国家经济建设的迅速发展，对杨木纤维材及大径材的需求量激增；天然林禁伐政策开始实施，今后木材供应主要将依靠人工林；对生态建设更加重视，国家为造林投入了更多的资金。20世纪后30年，杨树良种及丰产栽培技术的研究，取得许多成果，为以后发展杨树丰产栽培，奠定了良好的基础。发展我国的杨树工业用材林，形势是有利的，技术基础是好的。但是，在我国以往的杨树工业用材林营造中，存在的问题也不少，有的还相当严重。如杨树栽培业与杨木加工业的结合（或林纸结合）体制、杨树栽培业的产业化，以及杨树丰产栽培技术的推广等问题，限制了林分产量和杨木质量的提高，作者以为至少有30%～50%，甚至更多的生产潜力，因此而没有发挥出来。杨树栽培上仍然存在一些老、大、难的问题，继续困扰着技术发展和产业化开发。为了提高我国杨树工业用材林栽培水平，总结存在的主要问题，确定应该达到的目标，找到解决问题的办法，很有必要。

一、杨树人工林的质量

据统计，我国2000年的木材需求量为2.05亿立方米，而实际生产量只有1.31亿立方米，缺口7 000万立方米。预计今后的缺口还将大幅度扩大。

在我国的木材生产中，速生丰产林的贡献率相当低。截至1997年，我国速生丰产林面积为533万公顷。按每公顷出材120立方米和20年为一轮伐期计算，今后平均每年仅产木材3 200万立方米，分别只占2000年木材产量和需求量的24%与15%，远不及巴西的人工林年木材产量占木材总消耗量的33%、意大利的50%和新西兰的98%。今后，我国不能再依赖天然林供应木材。因此，速生丰产林建设的任务更加迫切。

我国杨树人工林的质量和生长量，还处于较低的水平。目前，人工林材积平均年生长量不过 0.3 立方米/667 平方米，速生丰产林也只是 0.6～0.8 立方米/667 平方米，远低于林业先进国家的 2 立方米/667 平方米的水平。我国杨树人工林提供的木材品种和材种，相对有限，与市场需求相距甚远，如制胶合板用的大径杨木和杨树小径纤维材供不应求，就是一个实际的例子。

国际上的杨树年平均单位面积产量指标（表 1-1），可用来与我国杨树的产量相比较。我国多数杨树人工林的产量在每年每 667 平方米 1.0 立方米以下，还达不到国际中等水平，属于低产水平。由此可见差距之大。因此，迅速提高我国杨树人工林的生产水平，还有很大的余地。

表 1-1　国际杨树年平均单位面积产量比较

单产水平类别	年均单产量		所属产地
国际一般水平	$10m^3$/年·公顷	$0.66m^3$/年·$667m^2$	中东、近东地区
国际中等水平	20～$30m^3$/年·公顷	1.33～2.0 米^3/年·$667m^2$	中欧、东欧、西欧、日本
国际最高水平	$53.3m^3$/年·公顷	$3.55m^3$/年·$667m^2$	

意大利杨树专家 G. Arru 1987 年来华讲学时提到，在意大利，林地面积为 650 万公顷，占国土面积的 22%，全国森林每年每公顷的平均生长量为 2 立方米。意大利的杨树面积为 13 万公顷（195 万亩），占意大利林地面积的 2%，但是杨树的木材产量占全国木材总产量的 45%。杨树种在土壤好的地方，采取好的管理措施，每年每公顷的平均生长量为 20 立方

米(1.35 立方米/667 平方米)。如果创造了特别好的条件,每年每公顷的平均生长量可提高到 30 立方米(2.0 立方米/667 平方米)。这个实例对我们很有启示,说明只要科学地经营管理,杨树林地的木材产量就可以比一般森林提高 10～15 倍,以 2%的林地面积,生产 45%林地面积的木材。

意大利杨树每年每公顷的平均生长量为 20 立方米(1.35 立方米/667 平方米),以占林地面积 2%的杨树生产全国 45%的木材。我国的杨树面积占总森林面积的 4.86%,此比例比意大利大一倍多,我国应该生产更大份额的杨树木材。目前,我国没有关于杨树木材产量在全国木材总产量中的比例数据,但是,我国 57.18 立方米/公顷(3.8 立方米/667 平方米)的杨树单位面积蓄积量,仅大约相当于意大利的杨树林分三年多的生长量。与意大利占林地面积 2%的杨树生产全国 45%的木材的生产水平相比,我国的杨树生产水平还相差得很多,提高产量还有很大的潜力。国外的成功经验,我们在 30 多年前就已知道,但还没有真正学到手。“他山之石可以攻玉”。今后,发展杨树是按老办法,还是应有所革新?在丰产栽培中,还存在哪些关键问题有待于解决?在新世纪应该树立什么样的速生、丰产和优质的标准?一切有关杨树人工林质量的问题,都值得探讨,并逐个加以解决。

二、杨树人造林的立地质量

我国杨树人造林的立地条件差,是不少地区普遍存在的问题,因为杨树造林主要在平原农区,而这里人口多,土地少,种植粮、油、棉等农作物和果树的土地都紧缺,所以用来种杨树的土地都比较瘠薄干旱,再加上经营粗放,往往形成低产的杨树林。我国大多数杨树人工林属于中、低产林,生产力较低，杨木质量较差。

作者在国内外看到，凡是高产的杨树林，都有较好的立地条件；凡是低产的，其立地条件都差。林和地的关系如此紧密，正如古语所说："皮之不存，毛将焉附"，没有合格的土地，种不出丰产的杨树林。

要在低质量的林地上实现杨树高产，非常困难，因为改良土壤投入太大，一般林场和农民无能力支付。作者认为，在人口多、耕地少的平原农区，面对没有足够的合格造林地来发展杨树片林的事实，我们不应该将就用不合格的土地来种杨树，将就的结果是形成大量的低、中产林和"小老树"；而应该更多地挖掘立地条件较好的"四旁"（路旁、水旁、村旁、宅旁）土地和农田林网空闲土地的潜力，用丰产栽培的模式来种植杨树。"四旁"土地的质量一般比较好，如能见缝插针地充分利用，平原农区"四旁"可以找到占总土地面积 5%～10%的土地，来进行杨树丰产栽培。有了合格的立地，加上良种良法，就可能明显地提高杨树产量水平，改变低、中产林占多数的局面。作者认为，"四旁"杨树栽培丰产化，应该是杨树栽培的新目标和新课题。这是针对我国平原农区土地利用特点而提出的可行方法。此外，低、中产的杨树造林地，通过改进林农间种，也能促进杨树产量的提高。

在广大平原农区，种植杨树不仅有巨大的经济效益，而且有很好的生态效益和社会效益。在"四旁"（路旁、渠旁、村旁、宅旁）有很多空闲地适于种杨树，除了可以生产大量的木材外，还能发挥保护农田和美化环境的作用。

三、杨木的质量指标

过去，我们仅提出杨树速生丰产的产量指标，对杨木原料没有提出明确的质量指标，这可能由于以往杨木主要作民用材，对材质的要求不高。今后，杨树的主要用途将转为工业用材。因此，应该对杨树用材林提出速生、丰产和优质的全面要求。对于用作胶合板原料的大径材，通直的无节良材应是培育的目标。修枝是达到此目标的手段。但是，目前在杨树生产中基本不进行合理的修枝，这应该切实改进。对于用作造纸和纤维板原料的小径材，杨树品种纤维的产量和质量，也是重要的隐形指标，是造纸工业最关心的问题，在选定杨树纸浆材品种时，应该考虑到造纸工业对纤维的要求。

四、杨树虫害问题

杨树虫害逐年加剧，长江流域各省尤为严重，食叶害虫经常大发生，将数万亩杨树叶吃光，降低木材生长量；蛀干害虫的虫株率高，不仅影响杨树生长，而且严重地降低了木材质量。胶合板原料基地给工厂提供的木材虫孔多，给胶合板工业造成困难和损失。对长江流域及其他地区杨树的虫害，应如何估计，采取什么对策，是亟待解决的重要问题。根据调查，在长江流域（鄂、湘、皖等省），杨树虫害发展快，来势猛，杨树的存亡，项目造林的成败，一定程度上取决于对虫害的防治是否有成效。长江流域有的地方不仅成年林天牛多，1～2 年生的杨树幼林，天牛虫株率有的达到 0.5%～40%。个别片林的天牛虫株率达到 100%，而且每株树上的天牛头数多，这些幼林已经因天牛危害而夭折。

在宁夏曾经发生的旷日持久的杨树天牛与人的大战中，最终以虫胜人败而告终。宁夏上一代的杨树被虫毁坏殆尽，损失惨重。宁夏杨树的悲剧是否会在别处重演？前车之鉴值得深思。现在已有一些有效的杨树虫害防治方法，应该强有力地加以实施。

五、其他问题

我国杨树经营不够集约，还表现在以下各方面：

有些地方杨树材积生长高峰期尚未到达，或尚未结束，杨树林就被超前采伐了。有些杨树没长成大径材就被采伐了。而过早采伐造成的实际经济损失，没被察觉。这种现象相当普遍。各地林业局应该查明杨树材积连年生长量和平均生长量的进程，科学地确定杨树的采伐年龄，对群众加以指导，防止在材积高产尚未结束之前就提前采伐。

目前，杨树大径材的培育问题比小径材的更多。因为木材加工业，如胶合板工业，需要通直无节的大径材，对材质要求比较高，培育大径材的周期较长，需 10 年左右，而且要求有较大的株行距，更高的修枝要求，较高的立地质量要求。这方面的技术指导应当加强。

杨树育苗密度过大，苗木细弱。有些苗圃，杨树无性系混杂，苗圃缺少保持品种纯度的措施。苗木质量差，使造林质量受到影响。对于有计划地培育多种杨树无性系苗木注意不够。由于市场供应的无性系杨树苗木数量较少，从而使多种杨树无性系造林的实施有较大的困难。

在以上的探讨中，作者也许没有提出什么具体的好办法，作者主要想提出存在的问题和自己的思考，以便引起大家的重视和探索出解决问题的好办法。

事实证明，农民用科学的方法种植杨树，可以在短期内得到较高的经济收入。种杨树可以成为一种农民脱贫致富的途径。种杨树的最大好处是杨树成材快，采伐年限（轮伐期）短，最快 4～5 年，一般 7～8 年到 12 年，便能采伐利用，投资回收快,而且收益较高。种植杨树,在人的一生中可收获4～5次。种植其他树种,则不可能这么快收获,它们的轮伐期往往长达40～50年,甚至更长。

1981～1990年,我们在山东省临沂地区营造了166.67公顷(2 500亩)杨树丰产栽培中间试验林,得到的经济结果如下:①杨树采伐年龄在4～5年,7～8年和10年;②I-69杨每667平方米年均材积产量为1.3～1.5立方米,干形通直,出材率在70%以上;③4年的I-69杨小径材,每667平方米平均蓄积达8.3立方米,年均2.08立方米;7～8年的中径材,每667平方米平均蓄积达10～12立方米,年均1.3～1.7立方米;④每立方米木材蓄积的成本,平均为20～30元,一般的成本利润率在600%～800%之间,最高达1 025%。即投入100元成本,可获得600～800元,甚至1 025元的利润。目前我国经济高速发展,由于造纸业和木材加工业对杨木的需求增长很快,杨木的价格也有所提高,造纸小径材300～400元/立方米,大径材600～800元/立方米。因此,种杨树对农民致富是很有利的。

我国杨树分布面积广,各地条件差异大,广大读者可以根据当地的具体条件,因地制宜地选用书中介绍的良种和良法,进行杨树的速生、丰产、优质栽培,从中获益。

第二章　杨树的分类及杨树优良栽培品种

第一节　杨树的分类

各国杨树发展快，这除了社会经济因素外，还由于杨树具备许多对人类有利的特性。杨树的天然种多，适应性广，容易繁殖，能在自然条件差异很大的各种环境中生长。杨属广泛分布于北半球。在南半球，北非、南美洲和大洋洲各国，也引种北半球的杨树品种和选育适合当地条件的杨树品种。

杨树雌雄异株。在不同类型的杨树之间，通过人工杂交和自然杂交，容易产生优于父本和母本的杂种。杨树容易用插条繁殖，杂种的优良特性能传给后代。这些特性为杨树的人工杂交和选种，提供了有利的条件。杨树的速生特性很有吸引力，尤其是意大利选育出的一些优良无性系速生特性很明显，在集约栽培条件下可以短期轮伐，对解决各国的木材短缺问题有重要意义。我国和世界各国杨树栽培迅速发展的趋势，正是与这些因素的存在分不开的。

杨柳科中的杨属，有很多种，分布在北半球欧亚大陆、北美及北非，主要在北纬 30°～60°之间。在此广大的分布区内，杨树的各个种之间，在形态和特性上有很大的区别。在一个种内，由于所处的地理条件不同，还形成了一些变种和类型。

我国处于世界杨树分布区的中心。我国杨树种类之多，分布之广，是其他国家不可比拟的。如今初步认定，我国产的杨树有53个种、30个变种和11个变型，占世界的一半以上。从兴安岭到喜马拉雅山，从武夷山到新疆的阿尔泰山，除热带外，杨树几乎遍布全国（见参考文献28）。杨属分为五个派，各派在特性、分布和经济价值上有很大的区别。大致了解杨属各派、各种（有时包括亚种和变种）的性状和特征，就有助于进一步了解人工选育出的杨树栽培品种（或无性系）的特性。

一、胡杨派

本派只有一个种，即胡杨（*Populus euphratica* Oliv），分布在亚洲东部和中部，以及北非。在中国，胡杨主要分布在北纬37°～47°之间，西北的新疆、青海、内蒙古、甘肃和宁夏都有分布，而以新疆最多。在塔里木河及准噶尔盆地等地，形成了大面积的天然林。这是我国西北荒漠地区宝贵的森林资源，具有重要的防护作用。

胡杨，叶灰绿色，革质，有多种形状，在长枝上呈披针形和三角形到菱形，短枝上呈宽圆形，叶顶部有深锯齿。雄花为红色柔荑花序。

胡杨对光和热要求很高，能耐极端干旱，适应荒漠地带的气候。耐盐碱。据国外报道，在含盐量0.4%的土壤上，胡杨能正常生长。据陈炳浩报道，在新疆，胡杨能耐的土壤含盐量达0.6%～0.8%。胡杨有分泌盐碱的能力，树干和大枝上可见到白色结晶，称为胡杨碱。胡杨根的萌蘖能力很强，但扦插育苗成活率低。

胡杨有很强的适应性，可用于造林，但在选种上进展不大。在北非，摩洛哥杨树研究所选育出两种无性系（PE-241和PF-261），耐高温，但易受霜害。树形较好，生长较快（见参考文献28,37）。

二、白 杨 派

本派分为两个亚派:山杨亚派和白杨亚派。

(一)山杨亚派

山杨亚派能产生大量根蘖,形成稠密的林分,是次生林区空旷地的先锋树种。它对光的需要比对水分更高,抗旱力强。适于在温凉地生长,在海拔高的山区和北方生长较好。除某些生态型的树形好、高大者以外,一般都不是大乔木。山杨亚派用种子繁殖和根蘖繁殖都容易。但是,它不能用插穗繁殖,不能形成无性系,因而增加了在山区进行人工更新的困难。

山杨是北方高山树种,分布在亚洲、欧洲、北非和北美,在天然林中占有重要地位。山杨有几个天然种。它们是山杨(*P. davidiana* Dode,分布在中国)、欧洲山杨(*P. tremula* L.)和美洲山杨(*P. tremuloides* Michx)。欧洲山杨分布在整个欧洲,直到地中海沿岸。

欧洲山杨和美洲山杨的亲和力强,容易杂交,并获得杂交种。以欧洲山杨为母本、美洲山杨为父本所产生的杂种,生长极快,尤其是树高生长快,树形也好。在斯堪的纳维亚各国已广泛栽植。美国的山杨育种获得良好成果,已有一系列欧洲山杨和美洲山杨的杂种用于造林。由于不能插穗繁殖,因而建立了欧洲山杨和美洲山杨的种子园,生产杂交种子,供播种育苗用(见参考文献 37)。

(二)白杨亚派

白杨亚派是大乔木,其枝、芽和叶上有白茸毛,叶形变化大。银白杨、新疆杨(重要的防护林和绿化树种)和我国著名的毛白杨,都属于白杨亚派。欧洲山杨与银白杨很容易进行天然杂交或人工杂交,杂交种称为灰杨。灰杨可以扦插繁殖。

韩国利用山杨和银白杨进行杂交，选育出银腺杨（又称 84K 杨），大量用于丘陵造林，取代了许多其他杨树品种，尤其是意大利杨树品种。

白杨亚派的产地一般是干热地区。其植株在谷底和河流两岸有水的地方生长，能耐一定的盐碱，多数类型可以用插穗繁殖。毛白杨不容易用插穗繁殖（见参考文献 37）。

三、黑 杨 派

黑杨派在经济上有很重要的地位，世界上 90% 以上的杨树栽培种都属于黑杨派。在五个杨树派中，黑杨派的经济价值最高。黑杨派是育种工作者的主要研究对象。它的自然分布区不如白杨派广。它有两个主要种：欧洲黑杨（*P. nigra* L.），分布在欧亚大陆中部及地中海沿岸；美洲黑杨（*P. deltoides* Marsh），分布在北美。

世界上，黑杨派人工林的面积很大。据联合国粮农组织 1974 年统计，它在欧洲有 100 万公顷，在中东（土耳其、伊拉克、伊朗等国）有 20 万公顷，在南美洲（阿根廷等国）有 10 万公顷。阿富汗、巴基斯坦、新西兰、澳大利亚和南非等国，都有大面积的黑杨派人工林。

黑杨派的叶形变化不大，在长枝上呈心脏形或三角形，短枝上叶片较小，呈菱形或三角形。黑杨是强阳性树种，喜深厚的、含少量粘粒的湿润土壤，主要生长在河谷地带。容易进行无性繁殖。

钻天杨（*P. nigra* cv. "Italica"），也称美国白杨，是欧洲黑杨的一个栽培种，欧洲各国和我国都有栽培。树冠窄，分枝多，分枝角小，树形美观，多用作观赏树种。目前，我国城镇绿化对其重视不够，种植少。作者认为，用作行道树和绿化的杨树品种，应该与用材林的杨树品种有所不同，故需选择一些树形高耸、美观的杨树品种，如钻天杨和窄冠白杨等。

智利黑杨（*P. nigra* cv. Chile），是欧洲黑杨的另一个著名的变种，在南美洲的智利四季常青。因为在热带生长期很长，所以冬季也保持绿叶。它适于在没有严寒冬季的热带生长。它的树冠窄，生长比钻天杨快。在南非、以色列、阿根廷和智利等国，是防风林的主要树种。本书第十章中的半常绿—常绿杨就是以智利黑杨为父本、美洲黑杨为母本的杂种。

箭杆杨（*P. thevestina* Dode），是钻天杨的变种，树冠比钻天杨更窄，为窄塔形。在我国西北和华北地区，被广泛用于营造防护林。

美洲黑杨（*P. deltoides* Marsh），是北美的主要树种，分布在北纬 30°～50°的区域，由加拿大到佛罗里达的沿河平原地区，有它的茂密天然林，常与柳树混交。在适宜条件下，美洲黑杨能长成极高大的树。作者 1983 年在美国考察杨树，在田纳西州代尔斯堡密西西比河阶地上的天然林里，看到一株据说是世界上最大的美洲黑杨，年龄在 150～200 年之间，胸径为 2.31 米，树高 45 米，与池杉、朴树及美国悬铃木等混生（彩图 2.1）。

美洲黑杨在冲积平原上，靠种子繁殖，是先锋树种。美洲黑杨的木材生产力很高，有很高的经济价值，在良种选育上有重要用途。美国、加拿大、欧洲各国和我国，都选育出许多美洲黑杨的优良品种，如 I-69 杨和 I-63 杨等。

在杨树的生活中，光决定生物节律。光周期（即昼夜的相对长短）对引发诸如发芽、开花、结果、封顶和落叶等连续的生命过程，起着决定性的作用。美洲黑杨自然分布区的南界（北纬 30°）与北界（北纬 45°）之间，光周期有较大的差别。1954

年已发现不同种源的美洲黑杨有不同的光周期生态型。鉴别这些生态型，对于育种很重要。在选育杨树新无性系时，需要考虑到光周期生态型与以后新无性系栽培区的光周期是否相适应。例如美洲黑杨南方(北纬 33°)种源的 I-63 杨(即哈佛杨)，根本不能在法国北部(北纬 46°～51°)栽培。由此可见，了解杨树无性系产地或其亲本产地的纬度和光周期，并与栽培地区的光周期相比较，对于选用杨树无性系有重要意义。

欧洲黑杨(*P. nigra* L.)和美洲黑杨天然种的经济价值并不高，但是它们之间的杂交品种欧美杨以及由美洲黑杨天然种选育出的栽培种，却有很高的经济价值。欧洲黑杨与美洲黑杨容易进行人工杂交，所产生的杂种称为欧美杨(*Populus* × *euramericana*)。杨树的栽培种，多数是欧美杨，栽培面积很大。欧美杨及美洲黑杨的栽培品种(无性系)很多，它们多数对水肥条件要求高，对集约栽培措施反应强，生长快。几十年来，我国选育的和由国外引入的欧美杨及美洲黑杨的栽培品种，很多都表现很好，被广泛用于生产。例如，欧美杨中的 I-214 杨、沙兰杨和 I-72 杨(圣马丁诺杨)等；我国 20 世纪 60～70 年代种植很多的加拿大杨(*Populus* × *canadensis* Moench)，就是在欧洲产生的加拿大的美洲黑杨和欧洲黑杨的杂种，而加拿大则不是杂种的产地。由美洲黑杨中选育出的栽培种，有 I-63 杨(哈佛杨)和 I-69 杨(鲁克斯杨)等。

四、青杨派

青杨派杨树叶形变异较小，为卵形、椭圆形或菱形，叶片背面呈白色，无毛，有金属光泽，长枝上叶较大，短枝上叶较小。芽大，有黏液和香味。青杨派的杨树只产在北美洲和亚洲。在北美洲，主要有毛果杨和香脂杨。国外在毛果杨的选育上已获得成果，得到一些新的优良栽培种，用于生产。毛果杨栽培种树体高大，干形好，生长较快，抗病力强，并被用作亲本与美洲黑杨杂交。

我国的青杨派杨树种很多，如小叶杨、青杨、小青杨、香杨、大青杨和滇杨等。青杨派某些杨树种具有较强的抗性，能抗旱、抗涝和耐瘠薄土壤。大青杨、甜杨和苦杨耐寒，生长在我国东北和内蒙古林区。小叶杨，解放前在我国西北、东北和华北地区广泛栽植，以后为其他杨树品种所代替。小叶杨耐旱，耐寒，也能耐夏季高温，适应不良的立地条件。滇杨分布在云南天然林中，生长比较快，被用于造林。滇杨和小叶杨都是重要的杂交亲本。辽杨，亦称马氏杨，在东北、河北、陕西和内蒙古等地，分布在海拔 500～2 000 米的地方，通过人工选育，已得到一些优良的无性系。

青杨派与黑杨派之间有一些天然杂种和人工杂种，它们都被广泛用于生产。我国的群众杨是以小叶杨为母本，钻天杨和旱柳的混合花粉为父本，所形成的杂交后代。合作杨是小叶杨和钻天杨的杂种。小黑杨是小叶杨与欧洲黑杨的杂种。北京杨是钻天杨与青杨的杂种。它们兼有青杨派较强的抗逆性和黑杨派的速生特性。

五、大叶杨派

此派的杨树主要分布在远东和北美。用种子繁殖，插条难生根。我国产的大叶杨派杨树有四种，主要分布在长江以南地区，很少被应用。

六、杨树命名的方法

杨树的种和栽培品种很多。为了防止命名的混乱和便于鉴别、管理和国际交流，1975 年国际杨树委员会通过了杨树种和栽培品种的鉴定、登记和命名的规定。制定了有 85 项内容的表格，供鉴定新品种的各种特性用。国际杨树委员会负责正式登记。

为了准确表达，一般在杨树的名称后附上其相应的拉丁名。杨树拉丁名命名法如下：

(一)杨 树 种

按属名、种名与定名者顺序命名，如毛白杨为 *Populus tomentosa* Carr。

(二)天然变种

杨树天然变种拉丁学名的命名方法是，在种名的后面加上"var."和变种的名称，最后加定名人。var. 是变种 variety 的缩写。如箭杆杨的拉丁名为 *Populus nigra* var. *thevestina* (Dode) Bean。

(三)栽 培 种

杨树栽培种拉丁学名的命名方法是，在属名、种名后加 cv. 和栽培种名，最后不加定名者。栽培种包括用于生产的变种、天然杂种和人工杂种。如钻天杨，是用于栽培的欧洲黑杨变种之一，其拉丁名为 *Populus nigra* cv."Italica"，其中 cv. 为 cultivar(栽培种)的缩写。加拿大杨是天然杂种，其拉丁名为：属名、× 种名、定名者，*Populus* × *canadensis* Moench。人工杂种的命名为：属名、×、组合名或本地名称，或数字符号。如世界上栽培最广的意大利品种 I-214 杨的拉丁名为：*Populus* × *euramericana* (Dode) Guinier cv."I-214"。欧美杨人工杂种的命名为：母本，×，父本。了解这些命名方法，有助于确认杨树品种和了解其名称的含义，如亲本和地名等。

第二节　杨树优良栽培品种

一、欧 美 杨

(一)I-214杨,沙兰杨

1. I-214杨(*Populus euramericana* cv. "I-214")　由意大利杨树研究所Piccarolo教授于1929年选育而成。雌性。先后两次由罗马尼亚(1965年)和意大利(1972年)引入我国。在欧洲、亚洲及南美洲阿根廷广泛种植数十年,表现良好,是国际公认的优良品种,适应性强,生长快,材性好。

2. 沙兰杨(*Populus euramericana* (Dode) Guinier cv. "Sacrau 79")　20世纪30年代由德国人温特斯坦选育而成,先后两次由原联邦德国(1965年)和波兰(1959,1960年)引入我国。雌性。其形态、物候期、生长特性及材性,与I-214杨十分相似,树干基部也微弯曲。

在适宜的立地条件下,I-214杨年平均胸径生长产量为3～4厘米,年平均高生长产量为2～3米。北京大东流苗圃7年生I-214杨丰产林,平均树高17.9米(年均生长2.6米),平均胸径为24.8厘米(年均长粗3.5厘米),单株材积为0.39立方米。6年生沙兰杨,平均树高18.9米,平均胸径为25.1厘米,单株材积0.43立方米。在北京顺义引河林场"四旁"种植的11年生I-214杨,平均树高25米(年均生长2.3米),平均胸径为42厘米(年均长粗3.8厘米),单株材积1.59立方米。江苏省泗阳县林苗圃的5年生Ⅰ-214杨,平均树高13.7米(年均生长2.7米),平均胸径为22.2厘米(年均生长4.4米),单株材积为0.25立方米。在河南洛宁县东关,

17 年生 I-214 杨，胸径为 68.4 厘米，单株材积为 4.418 8 立方米。速生丰产的性能良好。

河南省南召县 18 年生沙兰杨，树高 29.7 米(年均生长 1.65 米)，胸径为 76.4 厘米(年均长粗 4.2 厘米)，单株材积为 5.796 立方米。北京大兴县 9 年生沙兰杨，平均树高 19.95 米(年均生长 2.2 米)，平均胸径为 24.4 厘米(年均长粗 2.7 厘米)，单株材积为 1.59 立方米。

这两个品种在适生条件下，早期速生，持续速生，成材期短，前 9 年的树高年生长量一直保持在 2 米左右，前 6～7 年胸径生长最快，材积生长前 5 年慢，5～10 年转快，10～12 年仍处于速生期。扦插繁殖易成活。在我国比较抗病，对细菌性溃疡病、腐烂病和锈病不敏感。

I-214 杨和沙兰杨，喜深厚肥沃的砂壤土，水肥条件好的细砂土较适宜。对水分和养分反应灵敏，喜光。地下水位以 1.3～2 米最适宜。在“四旁”地和大株行距条件下，生长较快。其生长与气温和雨量有明显关系。据辽宁的观察，树高生长高峰，与降水同时出现；6 月下旬和 8 月上旬，气温和径粗生长同时出现两次高峰。在河南洛阳地区，观察到沙兰杨胸径生长曲线与降水量曲线一致，同是 8 月份，多雨年出现胸径生长高峰，少雨年则出现胸径生长低谷。适生立地条件是平原农区的“四旁”和河岸、河滩冲积砂壤土地。

I-214 杨和沙兰杨的木材，主要用作胶合板、刨花板、纤维板和造纸。I-214 杨木基本密度为 0.28～0.32 克/立方厘米，抗压强度为 305 千克/平方厘米，抗弯强度为 540 千克/平方厘米，纤维长度为 1 010～1 020 微米，纤维直径为32～34 微米。沙兰杨的材质特性与 I-214 杨相近。

I-214 杨和沙兰杨都比较抗寒，适宜在华北及中原种植。

适宜种植区为北京、天津、河南、山东、安徽，以及苏北、陇东、陕西渭河流域与晋中以南。新疆南部和辽宁南部也可推广。在华北、东北、西北引种要注意低温和大气干旱的限制。1月份平均温度－10℃、绝对低温－25℃，为其引种北界。在吉林白城和黑龙江哈尔滨，受冻害严重。在辽宁省，铁岭、阜新至大凌河一线大约是北界，此线以北及西部的赤峰，这两种杨树会受低温和干旱的危害。在长江中下游地区也能生长，但生长不如南方型美洲杨（I-69杨和I-72杨）好。30多年大面积的栽培历史证明，这两种杨树栽培品种是适于推广的优良品种。这两个品种的缺点，是主干基部干形微弯曲。

（二）中林46，中林23，中林28

中林46、中林23和中林28，是中国林业科学研究院林业研究所黄东森研究员等选育成功的欧美杨优良品种。其母本是美洲黑杨I-69杨，父本是欧亚黑杨。此三个品种，1990年通过技术鉴定，被列入林业部及国家重点推广计划。河南、河北、山东、山西和北京等地的133.34公顷（2 000多亩）不同立地的造林试验结果表明，此三个品种较沙兰杨和I-214杨速生，材积产量提高30%～50%，较I-69杨和I-72杨，材积提高15%～30%。扦插繁殖容易，造林成活率较高。

这三个品种，速生，优质，病虫害少。均为雌株。树干通直圆满，材质优良，木材密度和木材纤维达到要求的指标，适于作造纸、火柴与胶合板等各种用材；抗水泡型溃疡病、杨树烂皮病和早期落叶病等，对天社蛾和潜叶蛾抗性较强。中林46，4月初放叶，9月中旬封顶，在北京11月上中旬落叶。在山东临沂地区，中林46由于生长太快，幼年期常发生风折。

这三个品种适于在华北暖温带地区推广，包括河北平原、京津地区、山东、河南、山西，以及苏皖北部、华北西北和东北较温暖的地区。

(三)欧美杨 107

欧美杨 107(*Populus* × *euramericana* cv. "74/76"或 cv. "Neva"),系意大利杨树研究所选育。雌株。母本是美国伊利诺斯州的美洲黑杨,父本是意大利中部的欧洲黑杨。中国林业科学研究院张绮纹于 1984 年将其引入我国。现已完成了区域化试验,并通过了鉴定。

该品种树体高大,树干通直。树冠窄,侧枝与主干夹角小于 45°,侧枝细。叶片小而密。树皮灰色,较粗。易繁殖,造林成活率高。比较抗虫和抗病。木材基本密度为 0.322 克/立方厘米,纤维长度为 1 044.4 微米,综合纤维含量为 70%,适宜作工业原料。

107 杨早期速生。在华北地区试验中,其年胸径生长量一般可达3～4.5 厘米,年高生长量可达 3～4 米,超过 I-214 杨年生长量的 130%,超过中林 46 杨的 60%左右。在长江以北、淮河以南地区,107 杨平均生长量超过 I-69 杨 40%～60%。在辽宁西北的阜新地区,在年降水量为 400 毫米,极端最低温度为－30.5℃的条件下,能安全越冬,生长良好。

其适宜种植地区,为华北平原,冀、鲁、豫三省及长江中下游的平原(见参考文献 31)。

(四)欧美杨 108

欧美杨 108(*Populus* × *euramericana* cv. "Guariento"),是意大利罗马农林中心选育出的欧美杨天然杂种。雌株。中国林业科学研究院张绮纹于 1984 年将其引入我国。现已完成了区域化试验,并通过鉴定。

该品种树干通直,树冠窄,尖削度小,侧枝与主干夹角小于 45°。侧枝较细。树皮粗裂,深褐色,皮孔菱形。易繁殖,造林成活率高。比较抗虫和抗病。木材基本密度为 0.325 克/立方厘米，纤维长度为 1 057.8 微米，综合纤维含量 70%，适宜作工业原料。

108 杨早期速生。在华北地区，年胸径生长量一般可达 3～4 厘米，年高生长量可达 3～4 米，超过 I-214 杨 119%，超过中林 46 杨 45%左右。在长江以北、淮河以南地区，108 杨平均生长量超过 I-69 杨 30%～50%。在内蒙古包头地区能安全越冬。在辽宁阜新地区，其 6 年生人工林生长良好。

其适宜种植地区，与欧美杨 107 杨基本相同，为华北平原，冀、鲁、豫三省及长江中下游的平原。

（五）欧美杨 113

欧美杨 113（*Populus* × *euramericana* cv.“DN 113”.），又称“DN113 杨”，是 1981 年由中国林业科学研究院张绮纹，从其产地加拿大曼尼托巴省（北纬 49°49′），引入我国的欧美杨无性系。1986 年，黑龙江省防护林研究所进行引种试验，完成了区域化试验，并通过鉴定。雌株。树干通直。树干下部树皮纵裂，浅黑色；上部树皮不开裂，灰绿色。分枝角为 30°～40°。树冠较窄，圆锥形，属于窄冠型欧美杨。

欧美杨 113 是耐寒的欧美杨品种。在大庆红旗林场试验林中，9 年生欧美杨 113 的平均树高为 13.72 米，平均胸径为 14.82 厘米，单株材积为 0.0954 立方米，分别超过对照品种小黑杨的 73.6%，32.1%和 109.7%。在位于齐齐哈尔的黑龙江省防护林研究所试验林中，10 年生欧美杨 113 的平均树高为 9.4 米，平均胸径为 15.51 厘米，平均单株材积为 0.0703 立方米，分别超过对照品种小黑杨的 15.2%，60.2%和 183.5%。

欧美杨 113，在北纬 47°27′和 45°45′的地方，与对照品种小黑杨相比，有冻梢现象，但能正常生长。据测定，欧美杨113能在极端最低温度为－36.4℃，年平均温度为3.2℃，年平均降水量为400毫米，无霜期为130天以上的地方生长。

该品种的木材基本密度为0.386克/立方厘米，纤维长度为1 251微米，综合纤维含量为80％，适宜作工业原料。

其适宜种植地区，为黑龙江省南部、辽宁省和吉林省北部，以及内蒙古的部分地区。

(六)比利尼杨

比利尼杨(*Populus* × *euramericana* cv."Bellini")，是由意大利罗马农林试验中心1968年选育成功的欧美杨天然杂种，雄株。1980年，由中国林业科学研究院林业研究所张绮纹研究员将其引入我国。树干通直，分枝角度小，树冠窄，叶小而密。生根力强，在干旱的条件下，造林成活率比I-69杨高69.7％，材积生长量比I-214杨高1倍以上。适于我国晋南、豫西及陕西渭南等比较干旱的地区栽植。1990年通过鉴定，1992年被列为国家重点推广品种。

(七)NE 222号杨

NE222号杨(*Populus* × *euramericana* cl."NE222")，是美国东北林业试验站选育的欧美杨无性系。雌株。母本为美洲黑杨，父本为欧洲黑杨。1980年由中国林业科学研究院林业研究所张绮纹研究员将其引入我国，曾称为15号杨。树干通直，树冠窄，易繁殖，比较抗虫。在华北地区，6年生林木材积生长量比I-214杨高125.1％，造林成活率高20％。适于我国华北地区栽植。1990年通过鉴定，1992年被列为国家重点推广的杨树品种。

(八)N3016杨

N3016杨(*Populus* × *euramericana* cl."3016")，为欧美

杨无性系。雌株。荷兰选育。1980年由中国林业科学研究院林业研究所张绮纹研究员将其引入我国。速生,比较耐寒。4年生材积生长量可超过对照I-214杨87.81%。可在河北省、辽宁南部、山东省以及华北平原种植。在辽宁省建平县黑水林场,其5年生林木平均胸径达18.4厘米,平均树高达15.2米,能安全越冬。1990年通过鉴定,1992年被列为国家重点推广品种(见参考文献31)。

(九)南林95杨,南林895杨

南林95杨(*Populus* × *euramericana* cv.“Nanlin 95”)及南林895杨(*Populus*×*euramericana* cv. “Nanlin 895”),是南京林业大学杨树研究开发中心王明庥、黄敏仁和潘惠新等选育成的欧美杨优良品种。2001年,此项成果获得国家“九五”科技攻关项目优秀科技成果奖;2002年,通过国家林木品种审定委员会的审定,被列为林木良种。

这两个品种的母本I-69杨,为美洲黑杨,生长快,材质好,适应性广,是黄淮、江淮及长江中下游等平原区的主栽品种,但干形欠佳,生根率较弱。父本I-45/51是欧美杨,干形通直,生根力强,耐寒,但生长量不如I-69杨,易感染褐斑病。

1981年开始杂交试验。这两个品种是通过筛选和无性系对比试验,从4 100株杂种苗中最后选出的。2000年,通过国家林业局科技司的验收。在江苏徐州市铜山县、宿迁市、扬州市宝应县,山东菏泽市东明县、泰安市,浙江台州市,江西南昌县、永修县和湖北荆州市、石首市等地,进行了区域试验。

这两个品种都是雌株,速生,优质,高产,干形通直圆满,适于培养大径级单板用材。适应性强,较耐干旱瘠薄。对食叶害虫和蛀干害虫,有一定的抗性。抗溃疡病及褐斑病。无性繁殖能力较强,遗传性较稳定。

1. 南林 95 杨的生长和材性 该品种的 7 年生平均树高为22～25 米，平均胸径为 30～32 厘米，平均单株材积达 0.46～0.64 立方米；平均树高年生长量为 3.57 米，平均胸径年生长量为 4.57 厘米，立木材积生长量达到 24.72 立方米/公顷(折合为 1.648 立方米/667 平方米)。10 年为一个轮伐期，每公顷可生产优质单板杨木 247.2 立方米(折合为 16.48 立方米/667 平方米)。

其木材基本密度为 0.33 克/立方厘米，纤维长度为 1.02 毫米，单株出材率比 I-69 杨提高 12%左右。

在黄淮地区，其 7 年生材积生长量超过对照 I-69 杨 24.22%，木材密度提高 3.2%，单板出材率提高 12.4%。在花斑盐碱地上，生长良好，其材积生长量超过 92.44%，能耐 0.3%左右的土壤含盐量。

2. 南林 895 杨的生长和材性 该品种的 7 年生树高 24～26 米，平均胸径为 32～34 厘米，单株材积达 0.46～0.65 立方米；平均树高年生长量为 3.71 米，平均胸径年生长量为 4.85 厘米，立木材积生长量达到 26.46 立方米/公顷(折合为 1.764 立方米/667 平方米)。10 年为一个轮伐期，每公顷可产优质单板杨木 264.64 立方米(折合为 17.64 立方米/667 平方米)。木材基本密度为 0.35 克/立方厘米，纤维长度为 1.04 毫米。

在黄淮地区，其 7 年生材积生长量超过对照 I-69 杨 53.22%，木材密度提高 3.5%，单板出材率提高 15.0%。在花斑盐碱地上，生长良好，其材积生长量超过 138.68%，能耐 0.3%左右的土壤含盐量。

这两个杨树品种的春季扦插时间，比其他杨树品种的扦插时间迟 1～2 周。插条需在水中浸泡 1 周左右。苗木栽植前需浸水 2～5 天。

这两个品种适宜在黄河以南，黄淮、江淮和长江中下游等广大平原地区造林。适用于营造杨树单板用材林(胶合板材等)、纤维用材林(造纸材等)和“四旁”造林。其杨木可以用来制作单板、中密度纤维板和定向刨花板等人造板，或作纸浆的原料。

(十)NL 80205 和 NL 80213

这两个品种，是南京林业大学王明庥教授等，通过人工杂交选育出的优良品种。这两个品种的母本是美洲黑杨 I-69 杨，父本是欧洲黑杨。这两个品种在南京，3 月 25～26 日开花，11 月落叶。两个品种的共同特性是：速生，抗病，易繁殖；材质好，树干通直圆满；抗水泡型溃疡病和褐斑病；树冠窄，侧枝细，树干利用率高；树冠结构较理想，有利于发挥群体的生产潜力。木材容重和纤维特性，均达到木材工业的工艺标准。

NL 80205 品种的 5 年生树高 19.06 米，胸径为 24.76 厘米，材积比欧美杨 I-214 杨提高 77%以上。该品种即使在较差的环境下，也表现出较高的生长潜力。

NL 80213 品种的 5 年生树高 18.89 米，胸径为 24.55 厘米，材积比欧美杨 I-214 杨提高 73%以上。

该两品种已通过鉴定，已在生产中推广。适宜推广地区为黄淮海广大平原地区。

(十一)I-102 杨，T-66，T-26

I-102 杨(*Populus euramericana* cv.“102/74”)、T-66 杨(*Populus deltoides* cv.“PE-19-66”) 和 T-26 杨(*Populus deltoides* cv.“S-307-26”)，是山东省林业厅曹子丹先生，分别从意大利和土耳其引入我国的欧美杨和美洲黑杨品种，已经通过省级鉴定。在鲁南、鲁西南、鲁西北和胶东的 18 个县

(市、区),用这三个杨树品种营造了 22 片试验林,总面积约 110 公顷,林龄为 4～6 年。

这三个品种,树干通直,冠辐大,枝条粗,轮生枝成层明显,树干尖削度较大。适于在比较温暖和湿润的立地条件造林,培养大径材。在莒县轻壤质潮土上,I-102 杨、T-66 杨和 T-26 杨的 5 年生林木的平均胸径,分别为 20.7 厘米,18.7 厘米和 19.4 厘米,平均树高分别为 16.0 米,15.8 米和 16.0 米,平均单株材积分别为 0.2291 立方米,0.1875 立方米和 0.2049 立方米。

这三个品种抗旱抗寒性稍差,与对照品种 I-69 杨相似。对桑天牛有较强的抗性,对杨树溃疡病抗性中等,对黑斑病抗性较强。4 年生树木材基本密度分别为 0.404 克/立方厘米,0.406 克/立方厘米和 0.405 克/立方厘米,纤维长度分别为 0.92 毫米,0.93 毫米和 1.00 毫米。

这三个品种的适宜种植地区,为鲁南、鲁西南和胶东地区。已在山东推广,表现良好。

(十二)欧美杨 L35

欧美杨 L35(*Populus euramericana* cv. "L35"),系山东省林科院王彦由江苏沭阳引入山东,通过省级鉴定。在鲁南、鲁西南、鲁西北和胶东的 18 个县(市、区),营造了 22 片试验林,面积约 110 公顷。试验林年龄为 4～6 年。

该品种树干通直,枝条较细,分布较密且均匀,冠幅小,尖削度小。生长迅速,在山东西南地区的 4 年生试验林中,胸径年均生长可达 4.5 厘米,树高年均生长 3.0 米以上,单株材积比中林 46 杨大 23.3%。木材基本密度为 0.392 克/立方厘米,纤维长度为 1.06 毫米。

L35 杨的抗旱性和抗寒性,比对照品种 I-69 杨强,与中林 46 杨相似。对光肩星天牛和桑天牛的抗性较强，与对照品种相近。对杨树溃疡病和黑斑病的抗性较强，优于对照品种中林 46 杨。适于成片造林、农田林网和“四旁”植树。可在山东全省发展，也能适应较干旱的造林地。

(十三)荷兰 3930 杨，荷兰 3934 杨

荷兰 3930 杨(*Populus* × *euramericana* cv. “N3930”)和荷兰 3934 杨(*Populus* × *euramericana* cv. “N3934”)，是辽宁省杨树研究所王玉华等由荷兰引进的欧美杨无性系，均为雄株，二者形态特征很相似。1983 年引入辽宁后，进行了品种比较和区域栽培试验与中间试验，扦插成活率高，速生，适应性较强，木材质量好。1993 年通过技术成果鉴定，被列为林业部和辽宁省的重点推广品种。

在品种对比试验中，表现出明显优势。如在庄河市小孤山镇 10 个品种对比中，这两品种的生长量最大，6 年生的荷兰 3930 杨(4 米×5 米)的单株材积为 0.27 立方米，比对照品种加杨和沙兰杨分别大 186.7%和 107.1%。在辽宁省，除北部和西北部的寒冷和风沙地区外，均可栽植，铁岭以南、朝阳以东地区都适宜。目前，栽培面积已达 3 333.33 公顷(5 万亩)。

(十四)南抗 4 号

该品种系中国林业科学研究院林业研究所韩一凡等用欧美杨与美洲黑杨回交，从所得子代中选育而成，已通过鉴定。抗云斑天牛和光肩星天牛。雄株。生长迅速。在江苏沭阳造林，6 年生树平均高达 21.1 米，平均胸径为 26.85 厘米。树干通直，木材洁白，适于制胶合板材。适生地区为河北、河南、江苏、浙江、湖北和湖南省，以及黄河中下游的南部地区。

二、美洲黑杨

(一)I-69 杨,I-63 杨,I-72 杨

I-69 杨(*Populus deltoides* Bartr. cv.“Lux”ex I-69/55),亦称鲁克斯杨,是南方型美洲黑杨无性系。由意大利杨树研究所从美国伊里诺斯州马萨克引入的种子中选出。雌株,花絮量很少。在我国良好的立地和栽培条件下,成年树高 32～35 米,胸径为 50～60 厘米。树冠开展,树干直立或微弯曲。

I-63 杨(*Populus deltoides* Bartr. cv.“Harvard” ex I-63/51),亦称哈佛杨,为南方型美洲黑杨无性系。是意大利杨树研究所由美洲黑杨自然授粉的种子中选出的优良品种。雄株。其在美国的产地比 I-69 杨稍南。干形通直圆满,对褐斑病、锈病及蚜虫有很强的抵抗力。

I-72 杨[*Populus* × *euramericana* (Dode) cv.“San Martino” I-72/58],亦称圣马丁诺杨。是意大利杨树研究所在圣马丁诺,从欧美杨自然授粉的种子中选出的优良欧美杨无性系。虽为欧美杨,但其性状与上述南方型美洲杨 I-69 杨和 I-63 杨十分相似,栽培区也相同,而且是一起引种、试验和推广的,为便于叙述,故将其与 I-69 杨和 I-63 杨放在一起。

1972 年,中国林业科学研究院吴中伦教授将上述 3 个无性系的插穗引入我国。南京林业大学的王明庥教授等进行了系统的引种栽培研究,1985 年获得国家科技进步一等奖。江苏、湖北、湖南和山东等省和中国林业科学研究院林业研究所,也进行了试验研究和推广工作。

上述三个品种在生长初期和中期,显示出速生、丰产和抗病等优良特性。1990 年统计,已造林 23.7 万公顷,主要集中在华中、华东地区,江汉平原、江淮平原、太湖平原及鲁东南.

三个杨树品种的胸径和单株材积生长量的大小顺序为：I-72杨＞I-69杨＞I-63杨。

在适宜引种区，三个品种已实现大面积丰产。例如在湖南洞庭湖区汉寿县，14年生的I-63杨、I-69杨和I-72杨，株行距为8米×8米的林分，平均高31米，平均胸径为48厘米，最大胸径为60.5厘米。在湖北省潜江市，10年生5米×5米的林分，树高25～26米，胸径为26.6～27.8厘米，每公顷蓄积量为183～237立方米(12.2～15.8立方米/667平方米)。在江苏省泗阳，12年生8米×8米的林分，平均树高30～32米，平均胸径为46～51厘米，平均单株材积为1.9～2.5立方米。在山东临沂地区，在集约栽培条件下，以中径材为培养目标，7～9年采伐的I-69杨平均胸径为20～25厘米，平均树高22～26米，平均每公顷积材189～204立方米(12.2～15.8立方米/667平方米)。

根据20世纪80年代后期的调查，在潜江、泗阳和临沂地区，3～5年生的幼林，三个品种的胸径年平均生长量在4～5厘米之间，最高达8厘米，显示出巨大的生产潜力。这三个南方型黑杨品种的引种栽培成功，大大促进了我国的杨树速生丰产林的发展，使杨树产区由温带向南扩大到北亚热带，由黄淮海地区扩大到长江中下游，形成巨大的杨木生产力，为众多杨木加工企业和造纸厂提供了原料。

这三个品种的最适宜栽培区，为长江中游平原，包括洞庭湖、汉江和鄱阳湖平原；长江下游平原，包括皖南长江沿岸平原与长江三角洲的杭嘉湖平原；以及四川盆地。这些地区热量充沛，气候湿润，年平均气温为16℃～18℃，极端最低气温为－8℃～－12℃，全年无霜期为250～280天，生长期长，无冻害，年平均降水量为1 000毫米以上。这样的气候条件，与原产地很相似。

这三个品种的适宜栽培区，为长江中下游平原，皖、苏、浙三省及华北平原南部，鲁南和陕南汉中等局部平原，以及云贵高原的局部地区。

（二）中汉17号，中汉578号，中驻8号，中驻6号，中驻2号，中嘉2号，中潜3号，中砀3号

这八个品种，是由中国林业科学研究院林业研究所黄东森研究员等，选育成功的优良品种。母本是美洲黑杨I-69杨，父本是美洲黑杨I-63杨，是美洲黑杨杂种。对杂种子代，分别在湖南汉寿、湖北嘉鱼和潜江、河南驻马店、安徽砀山进行测试，最后选出了以上八个优良品种。

中汉17号，中驻8号，中驻2号，中嘉2号和中砀3号为雄株；中汉578号，中驻6号和中潜3号为雌株。这八个品种的共同特点是，速生，耐涝，病虫害较少，材积产量比I-69杨提高30%～50%，比I-72杨提高20%～30%。树干通直圆满，形数高于对照。3月下旬萌动，10月初封顶。材质优良，适于作造纸、制火柴和生产胶合板等的原料。

这八个品种，于1990年通过技术鉴定，被列入国家与林业部的推广计划。这八个品种的适宜栽培区都相同，主要是长江、淮河亚热带气候区，包括湖北、湖南、江西、河南、安徽和江苏等省，淮河以南的河南、安徽省及苏北，以及黄河以南的山西、河北和山东等省暖温带南部。

（三）55号杨、2KEN 8号杨

55号杨（*Populus deltoides* cv.“55/65”），是南斯拉夫Ivan Herpka博士等选育成的美洲黑杨无性系。1981年，由中国林业科学研究院林业研究所张绮纹研究员将其引入我国，曾称为50号杨。其树干通直圆满，树皮粗糙，叶片很大，叶基深心型，小茎有棱。6 年生树材积生产量比 I-69 杨高 27.9%，比较抗虫。

2KEN 8 号杨（*Populus deltoides* cl."2KEN8"），是由意大利罗马农林试验中心选育成功的美洲黑杨无性系。1980 年由中国林业科学研究院林业研究所张绮纹研究员将其引入我国，曾称为 36 号杨。其干形通直，分枝少，冠窄。6 年生树材积生长量比 I-69 杨高 10.7%。

这两个无性系，1990 年通过鉴定，1992 年被列为重点推广品种。适于我国湖北、湖南、安徽、江苏、浙江、山东省和河南的南部平原地区栽植。

(四)辽宁杨，辽河杨，盖杨

辽宁杨（*Populus* × *liaoningensis* Z. Wang et H. D. Cheng sp. cv.），亦称鲁山杨。由 6 个无性系组成，雌株、雄株均有。其母本为鲁克斯杨（I-69/55 杨，亦称 I-69 杨），父本为山海关杨。

辽河杨（*Populus* × *liaohenica* Z. Wang et H. D. Cheng sp. cv.），又称山哈杨。由 4 个无性系组成，雌株、雄株均有。其母本为山海关杨，父本为哈佛杨（Ⅰ-63/51 杨，亦称 I-63 杨）。

盖杨（*Populus* × *Gaixianesis* Z. Wang et H. D. Cheng sp. cv.），亦称圣山杨。由 4 个无性系组成，雌株、雄株均有。其母本为圣马丁诺杨，父本为山海关杨。

上述三个品种，是辽宁省杨树研究所陈鸿雕等，通过切枝水培，人工杂交，集团选择而获得的。通过省级鉴定。获辽宁省政府科技进步二等奖。这三个品种被认定为省级优良品种。它们的特点是，兼有南方型美洲黑杨的速生性和北方型美洲黑杨—山海关杨的抗寒性和抗旱性。

这三个品种在良好的立地条件下，生长速度快，生长量大，干形良好。辽宁省新民市国营林场 2 000 公顷多(3 万多亩)3～8 年生辽宁杨(鲁山杨)人工林，株行距为 4 米×8 米，其中胸径年平均生长量在 3 厘米以上，树高年平均生长量为 2.5～3.0 米的林地，占 84.9 %。说明它在大面积造林中，高产比例较高。

在辽宁锦县贫瘠砂地上，这三个品种 14 年生的对比林(一年生截干苗造林，株行距为 3 米×5 米)，辽宁杨平均胸径为 34.7 厘米，平均树高为 26.4 米；辽河杨平均胸径为 26.43 厘米，平均树高 25.6 米；盖杨平均胸径为 29.1 厘米，平均树高 26.2 米。

辽宁省杨树研究所盖州试验区，粘壤，无追肥、灌水，粗放经营，株行距为 5 米×5 米。7 年生林分，平均胸径：辽宁杨为 25.63 厘米，辽河杨为 22.76 厘米，盖杨为 24.40 厘米；平均树高：辽宁杨为 17.8 米，辽河杨为 18.16 米，盖杨为 17.93 米；对照品种沙兰杨平均胸径为 18.35 厘米，树高 15.6 米。

此三个品种在辽宁省抗透翅蛾能力较强，无溃疡病、锈病及花叶病危害；有杨干象危害，但不成灾。

辽河杨、辽宁杨、盖杨和沙兰杨(对照品种)，其木材基本密度，分别为 0.358 克/立方厘米，0.389 克/立方厘米，0.417 克/立方厘米和 0.309 克/立方厘米；纤维长度分别为 826 微米，887 微米，940 微米和 994 微米；纤维宽度分别为 21.99 微米，21.95 微米，21.08 微米和 26.15 微米；长/宽的比值分别为 37.6，41.14，48.65 和 38.01。

近五年来，这三个品种在湖北江汉平原引种栽培成功，适应当地立地条件，生长迅速，生长量明显超过它们的亲本 I-69 杨和 I-72 杨，表现出明显的杂种优势。幼树年平均胸径生长量超过4厘米，年平均树高生长量超过3米。

其适宜栽培区为辽宁沈阳以南、华北及长江中游的平原。

(五)廊坊杨1号，廊坊杨2号，廊坊杨3号

廊坊杨1号、廊坊杨2号和廊坊杨3号，是廊坊市农林科学院凌朝文等选育的杨树优良品种。通过省级技术鉴定，被列为推广品种。

廊坊杨1号和廊坊杨2号，是美洲黑杨新品种。其亲本是北方型美洲黑杨——山海关杨与南方型美洲黑杨－I-63/51杨（简称63杨）和I-69/55杨（简称69杨），是由杂交子代中选育出的。

廊坊杨3号，是以山海关杨为母本，小美12号杨为父本（小叶杨×美杨 F_1 花粉＋白榆花粉），育出的新品种。

廊坊杨树干通直圆满，侧枝细，主干萌枝力弱，整枝效果好，容易培育无节良材。在一般条件下，其6年生林分，胸径年平均生长量为4.4厘米，最大年胸径生长量达5.6厘米，平均树高16.8米，年均高度生长量为2.8米。廊坊杨适合在含盐量低于0.3%的砂土、砂壤土和壤土上生长。对病虫害的抗性较强。随着树龄的增长，病虫危害明显减轻。

廊坊杨1号、廊坊杨2号和廊坊杨3号，其木材基本密度分别为：0.379克/立方厘米，0.410克/立方厘米和0.344克/立方厘米；纤维长度分别为1.0638毫米，1.0845毫米和1.2292毫米；纤维宽度分别为18.9微米，18.0微米和23.9微米。廊坊杨1号和廊坊杨2号是优良的胶合板材，廊坊杨3号是优良的造纸材。

廊坊杨抗寒性强，最北可分布到北纬42°，能耐－30.5℃的低温。抗旱性较强，在年降水量300毫米的地区，在无灌溉条件下，生长正常。在天津静海县杨家园、河北廊坊市和邯郸漳河等地，均设置了廊坊杨试验林，其中林龄最大的为17年。各地调查结果显示，廊坊杨1号、2号、3号生长良好，生长量大于对照。这三个品种适宜在辽宁中部以南推广。

（六）秦皇岛杨

秦皇岛杨（原称山×63杨），母本为山海关杨（北方型美洲黑杨），父本为I-63/51（南方型美洲黑杨）。系秦皇岛市林业局何庆庚先生通过杂交选育出的杨树优良品种。1987年通过省级技术鉴定。

该品种树干通直圆满，枝细，既有父本的速生性，又保留了母本的较强适应性和抗性。13年生秦皇岛杨，平均胸径为20.9厘米，是对照山海关杨的151%；平均树高18.9米，是对照山海关杨的124%。其最大单株胸径为39.3厘米，树高达26米。在姜各庄的杨树试验林中，18年生秦皇岛杨的最大单株胸径达51.56厘米，树高32.5米，相邻的山海关杨，胸径为21.32厘米，树高22.5米（据2000年9月25日何庆庚先生调查）。

秦皇岛杨抗旱。2001年当地遭受50年来的特大干旱，降水量仅为常年同期的50%，秦皇岛杨在采穗圃和试验林中生长良好。秦皇岛杨抗涝能力与柳树相似。姜各庄林场试验林低洼地段曾遭水淹40天，但该处的秦皇岛杨却未受损失。该品种也抗寒。当地最低气温是－20℃，它能安全越冬。它还比较抗天牛危害，对褐斑病也免疫，对溃疡病不感染或只有轻度感染。

秦皇岛杨木材的基本密度为0.422克/立方厘米，纤维长度为898微米，纤维宽度为21.25微米。

其适宜栽培区，是在北纬36°～41°范围内的华北、东北地区（以上材料由何庆庚先生提供）。

(七)南抗3号

该品种由中国林业科学研究院林业研究所韩一凡研究员等选育而成。其母本为美洲黑杨I-69杨,父本为I-63杨。已通过鉴定。生长迅速,抗云斑天牛和光肩星天牛。树干通直,木材洁白,适于制胶合板材。在陕西省城固县品种对比林中,其6年生树平均高达19.6米,平均胸径达27.8厘米。适生地区为长江中下游的江苏、湖北、湖南等省及陕西南部等地。

(八)北抗1号

该品种由中国林业科学研究院林业研究所韩一凡研究员等选育而成。其母本为南抗1号,父本为D51杨。已通过鉴定,并获得中国新品种保护权。抗光肩星天牛,速生,易繁殖,能耐－30℃低温。在北京大兴品种对比林中,早期年平均高度生长量为3.8米,年平均胸径生长量达4.4厘米。其适生地区为河北、陕西、辽宁等"三北"地区条件较好的立地,在干旱、半干旱地区栽培时应有灌溉条件。

(九)创新1号

该品种由中国林业科学研究院林业研究所韩一凡等选育而成。母本为南抗1号,父本为引自美国北部大湖区的美洲黑杨——帝国杨。已通过鉴定和国家林木良种认定,并获得中国新品种保护权。抗光肩星天牛。在北京大兴品种对比林中,早期年平均胸径生长量达3厘米以上。适生地为"三北"地区条件较好的立地,在干旱地区栽培应有灌溉条件。

(十)丹红杨1号,巨霸杨1号

这两个品种由中国林业科学研究院林业研究所韩一凡研究员等选育而成。它们的母本为美洲黑杨50号,父本为美洲黑杨36号杨。均已通过鉴定和国家林木良种认定,并获得中国新品种保护权。

丹红杨1号为雌株。速生，易繁殖。抗桑天牛。在河南焦作立地条件较差处，其早期年平均胸径生长量达3.7厘米。在立地条件好的地方，早期年胸径生长量可达5.8厘米，年均树高生长量可达4.9米。

巨霸杨1号为雄株。速生，易繁殖，耐天牛危害。在河南焦作立地条件较差处，其早期年平均胸径生长量达3.8厘米，年平均树高生长量达3.6米。在立地条件好的地方，早期年胸径生长量可达5.8厘米，年平均树高生长量可达5米。

这两个品种适生地区，为长江中下游的江苏、湖北、湖南和江西省，华北南部的河南焦作、永城和山东菏泽等地。

(十一)桑迪杨

该品种系中国林业科学研究院林业研究所韩一凡研究员等引自新西兰的美洲黑杨天然杂种。雌株。已通过鉴定，并获得中国新品种保护权。其天牛感虫率低于4%。虽然天牛幼虫能在其树干内发育，但不能完成生活周期，危害较轻。其木材可做胶合板和造纸原料。在河南焦作的8年生品种对比林中，其平均胸径生长量为28.4厘米，平均树高达23.7米。侧枝较细。适生地区为华北地区的北京、天津、河北、河南、山东、山西和陕西，以及辽宁南部。

(十二)桑巨杨

该品种系中国林业科学研究院林业研究所韩一凡研究员等引自新西兰的美洲黑杨天然杂种。雄株。速生，抗虫害。在河南焦作的8年生品种对比林中，平均胸径生长量为29.64厘米，平均树高达24.04米。而对照品种50号杨的平均胸径生长量为25.59厘米，平均树高为23.67米。桑巨杨的天牛感虫率为零，而对照品种50号杨的天牛感虫率为16.67%。

其适生地区为北京市、河北省石家庄、河南省焦作、山东省菏泽、陕西省汉中、江苏省仪征、湖南省益阳和湖北省应城等地。要求良好的水肥条件。

三、欧洲黑杨

转基因欧黑抗虫杨

该品种亦称抗虫杨12号，是中国林业科学研究院林业研究所韩一凡研究员等与中国科学院微生物研究所田颖川研究员等，采用基因工程方法，用Bt基因，对欧洲黑杨叶片进行转化，所获得的能表达Bt杀虫蛋白基因的抗虫转基因杨树植株。雌株。主要抗食叶害虫，如杨尺蠖、舞毒蛾等。具有抗虫、抗寒和速生等优良特性。在降低叶片虫口密度和虫蛹密度、减少叶片损失率方面，效果明显，对杨尺蠖和舞毒蛾的杀虫率达到80%～100%。在新疆玛纳斯林场，与欧洲黑杨林的树叶被害虫吃光的情况相对照，转基因欧黑抗虫杨的叶片损失率则在20%以下，系有虫无害。与其他杨树品种混交时，食叶害虫对林分的危害率低于60%，系有虫无灾。并且能耐－30℃低温。

该品种已通过鉴定和国家良种认定，并获得中国新品种保护权。2002年，通过安全评估，获准商品化。

其适生地，为“三北”地区水肥条件良好的立地，干旱地区栽培时应有灌溉条件(以上材料由韩一凡研究员提供)。

四、黑杨派和青杨派的派间杂种

作为黑杨派和青杨派的派间的群众杨、合作杨、北京杨和小黑杨等，是我国杨树育种专家选育的优良品种。它们继承了小叶杨或青杨亲本的较强抗旱和抗寒性，成活率、生长和稳定性都比较好。它们的抗旱和抗寒性比欧美杨和美洲黑杨要高出一个等级。过去30多年，在我国"三北"地区半干旱和干旱地严酷气候和土壤条件下的造林中，曾经发挥过重要作用。今后在恶劣条件下造林，仍应重视这些杨树老品种的应用。

(一)群 众 杨

群众杨是由中国林业科学研究院林业研究所徐纬英、佟永昌、马常耕和林静芳等人，采用杂交育种技术，所选育出的新品种。1957年，以河南小叶杨为母本，以钻天杨和旱柳的混合花粉(1∶8)为父本，即小叶杨×旱柳＋钻天杨进行杂交育种。获得了杂种苗木113株，从中选出10个优良无性系，将其混合的集团命名为"群众杨"(*Populus* × *popularis*)(*Populus. simonii* × *Populus. pyramidoalis* + *Sali* × *matsudana*)，10个无性系分别命名为群众杨35～44。1982年通过鉴定，并于1990年获国家发明二等奖。

群众杨继承了亲本小叶杨的较强抗旱和抗寒性，适应性较强。在"三北"地区的中等或较差的立地条件下，生长优于欧美杨，造林成活率也高。在土壤含盐量为0.2%～0.3%的条件下，群众杨的6年生树，树高10.8米，胸径为18.8厘米，单株材积为0.2089立方米，比小叶杨多4倍；其11年生树，树高15.0米，胸径为30.0厘米，单株材积达0.478立方米。土壤pH值的适宜范围是5.8～7.2，但对pH5.0～8.3的范围也能适应。它的耐旱性高于欧美杨，对水泡性溃疡病有较高抗性，其中36号，39号，40号群众杨，对炭疽病也有抗性。

其木材气干比重为0.411克/立方厘米；抗压强度为4.609兆帕，抗弯强度为4.511兆帕，均超过小叶杨；木材综合纤维含量为78.85%，木质素含量为24.51%，纤维平均长度为0.85毫米，纤维宽度为16.5～24.8微米，与其他杨树相近。

30多年来，群众杨已在生产中大量栽种。20世纪70年代，已有14个省提出将群众杨作为推广品种，在北京、辽宁、河北、天津、山东、山西、陕西、甘肃、宁夏、青海和新疆等地推广，地跨八个杨树栽培区，即辽宁及海河流域，黄淮流域区，内蒙古高原区，黄土高原区，河西走廊区，青海高原区，北疆区，伊犁河谷区。尤其在"三北"干旱、半干旱地区，群众杨已经成为主栽树种，多用于营造用材林、速生丰产林、防护林及"四旁"植树。

(二)北京杨

北京杨(*Populus*×*Beijingensis*)，是中国林业科学研究院林业研究所徐纬英等人，采用杂交育种技术，所选育出的新品种。1954～1957年，以中亚细亚的钻天杨为母本，以中国乡土树种青杨为父本，进行人工控制授粉。经对杂种进行选择，形成5个优良无性系集团(003,0018,0092,0567,8000)。父本青杨是早放叶、早落叶的物候型，母本钻天杨是晚放叶、晚落叶型。其杂种优良植株获得了父本早放叶及母本晚落叶的优良性状。1991年通过鉴定，同年获国家发明三等奖。

北京杨在适宜的条件下，比钻天杨、箭杆杨和小叶杨生长快。其18年生树的树高可达20米，胸径为30厘米左右。在林业科学研究院试验林场，其13年生林分的材积生长量，北京杨3号比对照(钻天杨)快3.2倍；北京杨8000号和北京杨603号，比对照(钻天杨)快3.1倍；北京杨18号，比对照(钻天杨)快2.7倍。18年生林分的材积生长量，北京杨各品种依次比钻天杨快3.2倍，2.9倍，2.7倍和2.3倍。山西省昔阳县的10年生北京杨人工林，其材积总生长量比箭杆杨大4.02倍，比小叶杨大4.77倍。在已鉴定的5个北京杨无性系中，生长最快的是北京杨 0567，其次是北京杨 8000。

北京杨喜潮湿，喜肥沃土壤，抗病，速生，尤其是具有较高的耐寒性，能耐－20℃～－37℃的低温。在辽宁省建平县黑水林场最低绝对气温－31.4℃的条件下，其 8 年生林分的胸径为 18.3 厘米，树高 15.91 米。在中温带的松花江、嫩江及三江平原绝对最低气温－37℃的条件下，亦能正常生长，但在部分地区冻裂现象较严重。北京杨最适生于土层深厚的潮褐土和发育在河流冲积物上的幼年潮土。在适宜的立地条件下，北京杨没有什么病虫害。

北京杨的纤维长度平均为 0.9 毫米，纤维宽度平均为 21.81 微米，达到了造纸原料要求的标准。

北京杨适合在“三北”地区种植。它要求日温差较大，较凉爽的气候条件，可分布到海拔 1 000 米左右的台地上。适宜种植的地区，为黑龙江、吉林、辽宁、河北、山东、内蒙古、山西、陕西、宁夏、青海和新疆等地区。1986 年，西藏自治区海拔 4 000 米的青藏高原朵烫营造北京杨 140 公顷，计 58 万株，成活率达 87.6%。在其他树种难以生存的地方，北京杨起到了良好的防护作用。1988～1990 年，西藏泽当地区营造以北京杨为主（少部分云杉）的人工林 667 公顷，防风固沙效果明显，对雅鲁藏布江、拉萨河与年楚河的治理，起到了防护作用（群众杨和北京杨的资料，由徐纬英研究员提供）。

（三）小黑杨

小黑杨（*Populus* × *Xiaohei* T. S. Huang et Liang），是 1960 年由中国林业科学研究院林业研究所黄东森等，以在北京生长的小叶杨（河南种源）为母本，以前苏联的欧洲黑杨为父本，进行人工杂交，选育而成的品种。父本的抗寒性极强，能耐当地－56℃的绝对最低温度。小黑杨有多个无性系，已通过鉴定，并获得奖励。“三北”地区30多年的试验与推广实践证明，小黑杨材积生长量比小叶杨、小青杨提高1～3倍。

1. 小黑杨中林60-1 雄株，光皮，干微曲。已在华北地区、西北地区及黑龙江省等地推广，生长良好。

2. 小黑杨中林2052 雄株，树干通直圆满。适宜在绝对最低温度－43℃的地区推广。

3. 赤峰小黑杨（小黑杨中林60-16，亦称昭盟小黑杨） 由内蒙古赤峰市林业科学研究所鹿学程于1961～1982年，从小黑杨混合群体中选出。雄株。比混合系及其他系号速生，抗寒，抗病虫。在赤峰红庙子苗圃的10年生试验林中，其平均树高17.5米，平均胸径为22厘米，平均单株材积为0.3116立方米，分别为小叶杨的1.59倍，1.57倍和3.52倍。除赤峰外，已在内蒙古及辽宁、黑龙江、吉林和河北省的立地条件相类似地区推广。

4. 白城小黑杨（小黑杨中林60-15） 1961～1982年，由吉林省白城地区林业科学研究所金志明从小黑杨混合群体中选出。雄株。抗逆性强，生长良好。已在吉林等省推广。

5. 中林-14（大棱小黑杨） 由黑龙江省林业科学院从小黑杨群体中选出。雄株。已在黑龙江、吉林等省推广。

30多年的试验与推广实践证明，小黑杨是我国“三北”地区最抗寒的杨树良种之一，可以在绝对最低气温－43.1℃的伊春生长，在哈尔滨、齐齐哈尔1月平均温度为－19℃的地区，也能生长良好。“三北”多数地区气候干旱，年降水量为300～400毫米，且集中在7～8月份，而年蒸发量却是降水量的5倍之多。风大沙多，多数造林地干旱瘠薄。在这样恶劣的条件下，十几年来所营造的小黑杨林，都正常地稳定生长，造林成活率与保存率均高。

小黑杨适宜在深厚、湿润与肥沃的砂壤土上生长，但在干旱瘠薄的砂荒地、丘陵地和轻度盐碱地上，也表现较好。小黑杨对土壤要求不严。在黑龙江省肇东林场和山西省朔县等地，小黑杨在 pH 值 8.6～9.0 的盐碱地上生长良好。在肥水充足的立地上可以丰产，早期年均胸径生长量可达 3～5 厘米。在黑龙江省西部作为农田防护林与“四旁”树栽培，均表现优异，其 15 年生树胸径达 30～50 厘米，树高20～30 米。

小黑杨对威胁东北地区杨树生长的溃疡病、烂皮病、锈病和杨干象、天牛、透翅蛾与吉丁虫等病虫害，均有较强的抗性。

其木材气干比重为 0.428 克/立方厘米，木材纤维含量为 80.85%，木质素含量为 23.22%，纤维平均长度为 0.86 毫米，纤维长宽比值为 41。木材可用于民用建筑、家具、胶合板、刨花板和造纸等方面。

小黑杨的适宜推广地区为辽宁省沈阳以北，河北和山西省，西北及北疆的高寒地区。在天牛严重危害的宁夏、内蒙古西部和辽宁南部，它不宜用作主栽品种。据 2001 年黑龙江省、吉林省和内蒙古自治区提供的资料，小黑杨的造林面积约 140 万公顷。

(四)中林“三北”1 号

中林“三北”1 号，是中国林业科学研究院林业研究所黄东森研究员等选育的杨树优良品种。前苏联的欧亚黑杨是其母本，关中小叶杨是其父本。1990 年通过技术鉴定，被列入国家与林业部推广计划。

中林“三北”1 号，雄株。速生，抗寒，优质，病虫害少，易繁殖。树干通直圆满，树冠窄，呈圆锥状，分枝角度为 35°～45°。根据黑龙江、北京、内蒙古、山西和吉林等地区的比较，中林“三北”1 号比小黑杨和加杨(“三北”南部)材积生长提高

30%～50%及以上，最高可达 2 倍，杂交优势明显。在内蒙古赤峰，其成年树高 25～30 米。

抗寒力较强。在黑龙江牡丹江迎春最低温度－42℃的条件下，也可越冬，仅有 2% 的植株有轻微的冻裂；而小黑杨和小青黑杨则 100%有树干冻裂。材质优良，木材密度、纤维长度和长宽比等指标，均达到国家规定的用材标准。其木材适于各种农村用材、造纸和胶合板制作等方面。病虫害较少，抗灰斑病、锈病、溃疡病和烂皮病等，对介壳虫抗性也较强。

中林"三北"1 号适于温带生长，包括东北、华北、西北较寒冷的平原地区，黑龙江的三江平原，黄土高原及丘陵，内蒙古东部，东北西部丘陵草原，黄河河套，新疆平原农区，青藏高原谷地(小黑杨和中林"三北"1 号的资料，由黄东森研究员提供)。

(五)赤峰杨，昭林 6 号

赤峰杨，是内蒙古赤峰市林业研究所鹿学程等人，由小叶杨与钻天杨的天然杂种集团中选育出的优良无性系，有赤峰杨 34、赤峰杨 36 和赤峰杨 17 三个优良无性系。它们的生长速度比小叶杨快 1～2 倍，13 年生树高 20 米，胸径为 36 厘米。耐干旱瘠薄，在含盐量 0.5%的土壤上能正常生长。

昭林 6 号杨，是内蒙古赤峰市林业研究所鹿学程等人，所选育成的优良无性系。其母本是赤峰杨 17 号，用欧美杨、钻天杨和青杨的混合花粉与之杂交，所得杂种具有多父本混合遗传性。雄株，无性系。树干通直圆满。16 年生树高 24.5 米，胸径为 44 厘米，单株材积为 1.7144 立方米，比对照小叶杨的材积多 2 倍以上，生长速度超过赤峰杨。

内蒙古赤峰地区，春季多风沙，年平均温度为 6.5℃，无霜期为 150 天，最低温度为－31.4℃，年降水量为 400 毫米左右，年蒸发量为2 000多毫米。在这样的气候条件下，赤峰杨和昭林6号杨生长正常，能安全越冬，容易扦插繁殖，造林成活率较高。赤峰杨和昭林6号杨，于1982年通过鉴定。适宜种植地区为“三北”的半干旱地区，气候条件与赤峰相似的地区均可以栽培。

（六）NL 80105，NL 80106，NL 80121

此三个品种是南京林业大学王明庥教授等，通过人工杂交育种，所选育出的优良品种。母本是美洲黑杨I-69杨，父本是小叶杨。在南京于11月份落叶。其共同特点是：速生，抗病，易繁殖，抗旱，材质好，干形通直圆满，抗水泡型溃疡病，木材容重和纤维特性均达到木材工业的工艺标准。

NL 80105，适应性和抗病性强；NL 80106，适应性和抗旱性强；NL 80121，较多地表现了亲本I-69杨的性状，但在抗病性和形质上超过亲本I-69杨。

NL80105品种的5年生树高20.19米，胸径27.17厘米；NL80106品种的5年生树高19.73米，胸径26.31厘米；NL 80121品种的5年生树高达18.23米，胸径26.06厘米。

此三个品种已通过鉴定，并在生产中推广。适宜推广地区为黄淮海广大平原地区。

（七）110杨

110杨（*Populus deltoides* × *maximowiczii* cv. “Eridano”），于1955年由意大利杨树研究所选育而成。其母本为美洲黑杨，父本为青杨派的马氏杨（花粉采自日本），是黑杨派与青杨派之间的派间杂种。雄株。中国林业科学研究院张绮纹，于1984年将其引入我国。已完成了区域化试验，通过了国家鉴定。

该品种树干通直，树冠较窄，分枝角度较小，侧枝与主干夹角小于45°。树皮粗，有浅纵裂。叶片为长三角形，叶柄比欧美杨的短。大树树皮灰白色，有环状浅裂。树干基部呈方柱形，是其明显特征。

早期速生。在较好的立地条件下，早期胸径年生长量一般为3厘米左右。在同样的立地条件下，其年生长量低于欧美杨107杨和108杨。110杨的生产量明显超过I-214杨，4年生单株材积可超过I-214杨73%。它比一般欧美杨抗旱，易繁殖育苗，造林成活率高。其抗虫力和抗病力与107杨和108杨相似。木材基本密度为0.330克/立方厘米，纤维长度为927.00微米，综合纤维含量为68%，适宜作工业原料。

其适宜种植地区，为华北及华北以南长江中上游的海拔较低、湿度较大的地区。

五、白杨派

（一）三倍体毛白杨

三倍体毛白杨，是北京林业大学朱之悌院士及其课题组选育出的杨树新品种。它是利用毛白杨（*Populus tomentosa*）天然未减数二倍性花粉与毛新杨（*P. tomentosa* × *P. bolleana*）杂交，所选育出的异源三倍体无性系。1993年通过鉴定。1999年获国家植物新品种权证书，已在生产中推广。

1. 速生性 该品种生长迅速，轮伐期短。

（1）当年出圃 一般普通毛白杨育苗需要两年，才能达到地径3厘米、苗高3～4米，而三倍体新品种只需一年时间。

（2）一年成树 普通毛白杨造林，当年蹲苗严重；而三倍体毛白杨造林基本无蹲苗现象，当年抽梢1米以上，胸径生长2～3厘米，枝繁叶茂。

（3）三年成林 采用2米×3米密度，造林三年时，林分基本郁闭。

(4)五年成材 至五年末轮伐时，胸径可达15～20厘米，年平均胸径生长3～4厘米，自然条件较好的地区，可达4～5厘米，树高12～18米。单株材积0.1立方米以上，每667平方米蓄积量为10～15立方米，比同龄普通毛白杨材积生长量高1～2倍。白杨派树种与黑杨派树种的材积生长量相比，约差1～2倍。毛白杨通过大群体、强选择三倍体育种后，材积生长已经达到或接近欧美杨优良品系的生长水平。毛白杨遗传组成分约占5/6，植物染色体组加倍形成多倍体后，其生活力、对环境的适应性，以及抗逆性，明显增强。

2. 材质及用途 由于通过染色体加倍，实现了倍性优势和杂种优势的综合利用，因此，与一般的杂交育种相比，不仅仅生长提速，同时还明显改良木材材性。三倍体毛白杨尤其适合生产纸浆材，是造纸的优良原料。

5年生三倍体毛白杨，木材平均基本密度为0.398克/立方厘米。欧美等国家的造纸材品种欧洲山杨的α纤维素含量仅为42.24％，而三倍体毛白杨的α纤维素含量可达53.21％，综合纤维素含量为83.6％，因此成浆得率高，其中机械浆为91％～93％，化学浆为48％。磨浆能耗比普通毛白杨大约低13％，比黑杨低21％以上。

5年生三倍体毛白杨，纤维平均长度为1.28毫米，比5年生普通毛白杨长52％以上，比15年生的小黑杨和北京杨超出58％；而且长度分布均匀，长宽比值大，达49.8；纤维细胞壁薄，壁腔比小，仅为0.66，这些指标明显优于其他杨树品种。

其本色浆白度为50％～53％，达到了新闻纸水平。易于漂白，有利于配抄白度较高的纸张，减少了漂白和污染治理的费用。与黑杨相比，化学品消耗可节约40％以上。

3. 适宜推广区域 该品种的适生区域与毛白杨相同，在北纬30°～40°，东经105°～125°之间。黄河中下游的山东、河南、河北南部、山西中南部和陕西南部，以及北京和甘肃南部等地区，均为其适生区。该品种为阳性树种，喜光照，喜土层深厚肥沃、湿润的壤土或砂壤土，应该在平原和山谷种植。

(二)新疆杨

新疆杨(*Populus alba* var. *pyramidalis*; *P. alba* var. bolleana Lauche; *P. bolleana* Lauche)，是一个杨树天然种。原产于中亚细亚山地中山带下部，前山带和山前平原、西亚、巴尔干、欧洲南部，前苏联和中东一带。我国西北栽培较多，以新疆为最多，分布最为普遍。在南疆喀什、和田等地区及北疆伊犁地区，生长良好。新疆杨是中国暖温带大陆性气候区的主栽树种。据不完全统计，新疆、青海、甘肃、宁夏、陕西、山西和内蒙古，现有新疆杨人工林约17万公顷。

新疆杨为雄株。其树冠为圆柱形或尖塔形，侧枝角度小，向上伸展，紧贴树干。树冠窄，树皮灰绿、淡绿或灰白色，光滑，基部浅裂。叶片掌状，有深裂，长8.5～15厘米，基部平截。叶缘有粗齿，侧齿几乎对称，背面绿色，几无毛(彩图2.2)。新疆喀什市香妃墓园有一株近50年的新疆杨，树高40米，莎车县第十五乡有一株60年新疆杨，树高51米。其树梢已枯死，呈衰老状。

新疆杨有四种天然类型，以青皮类型和白皮类型的生长量和材质最好；弯曲型和疙瘩型的干型差，影响材质，生产量较低。①青皮类型：树皮青白色，皮孔纵向较大，侧枝与主干角度在15°左右，树冠开张较大，10年生树冠直径可达3米。10～15年生树的胸径为19～25厘米，树高达19～25米，单株材积达0.25～0.55立方米。②白皮类型：皮色灰白，皮孔小，侧枝角度小，10 年生树的树冠直径在 1～1.5 米。10～15 年生树的胸径达 16～25 厘米，树高达 17～25 米，单株材积达 0.25～0.45 立方米。

新疆杨喜温暖，喜阳光，喜肥水，耐盐，耐大气干旱，抗风，耐寒，在年平均气温为 11.3℃～11.7℃，极端最高气温为 39.5℃～42.7℃，极端最低气温为－22℃～－24℃，年平均降水量为 36～62 毫米，蒸发量 2 167～2 695 毫米，相对湿度在 49%～57%，大于 10℃积温为 3 964.9℃～4 298.0℃的条件下，生长良好。在适宜的立地条件下，胸径年平均生长量可达 1.2～2.2 厘米。树高年平均生长量，10～20 年生可达 1～1.5 米，20 年后可达 0.7～0.8 米。单株材积年平均生长量最大可达 0.06～0.07 立方米，甚至可达 0.1 立方米。在土壤含盐量达 0.32%的土地上，生长正常。新疆杨病虫害较少。

在南疆地区，处于塔克拉玛干大沙漠边缘的绿洲，自然灾害十分严重，春寒、春旱、大风、干热风、沙暴和土壤盐碱化等，经常威胁着人们的生活和生产，尤其对农业生产影响非常严重。新疆杨是最适宜的防护林带的造林树种。15～20 年生新疆杨树高可达 25～30 米，树干挺直高大。喀什及和田地区 50%～70%以上的农田，已实现以新疆杨为主栽树种（占 90%以上）的林网化，伊犁地区 8 533.3 公顷（12.8 万亩）用材防护林中，新疆杨亦占 21%。

在新疆，农田林网中的新疆杨，较短时期能生产大量木材。例如在喀什地区，常见两行夹一渠的杨树林带（株行距为 2 米×2 米、1.5 米×2 米），15～20 年时，每千米渠长蓄材积达到 500～700 立方米以上。

土壤盐化程度和地下水位高低，是影响新疆杨生长的关键因素。新疆杨最适宜的地下水位是 2～3 米。非盐化灌淤土、轻盐化灌淤土、非盐化潮土和轻盐化潮土上的新疆杨生长良好，胸径年平均生长量可达2厘米以上，树高年增长1.5米以上，单株材积平均生长量可达0.05立方米以上。中盐化的灌淤土及潮土上的新疆杨树生长则较差，年平均胸径生长量为1.5～2.0厘米及以上，树高年增长1米左右，单株材积量为0.02立方米左右。在重盐化灌淤土及潮土、盐化程度较高的草甸土上的新疆杨，生长不良，几乎成为小老树。

在西北干旱、半干旱地区，灌溉是新疆杨生长的必要条件，同时还起到洗盐作用。一般冬灌一次，春、夏各灌两次，共五次以上，全年每667平方米灌水量以在300立方米以上为宜，灌溉可以提高其生长量2～3倍。

用新疆杨造林，应该克服造林密度过大的缺点，林带以两行3米×3米的密度为宜，人工片林以3米×3米、4米×4米的株行距为宜。

其适宜栽培区，为西北地区的新疆、青海、甘肃、宁夏、内蒙古和陕西、山西的部分地区（见参考文献30）。

（三）毛白杨7号，14号，25号，30号，85号

毛白杨7号，14号，25号，30号，85号（*Populus tomentosa* cl. 7，cl. 14，cl. 25，cl. 30，cl. 85）这五个优良无性系，是西北农林科技大学林学院符毓秦、刘玉媛等从125株陕西的毛白杨优树中选出的。1994年通过成果鉴定。毛白杨是我国特有的白杨派杨树种，变异很大，选择的潜力也大。

在陕西省林业科学研究院渭河试验站对比试验林（周至县），7号、14号与25号毛白杨的8年生树，平均高分别为12.19米，13.02米，12.09米；平均胸径分别为16.04厘米，16.18厘米，15.94厘米。30号与85号毛白杨的12年生树，平均树高分别为16.90米和17.21米，平均胸径分别为

20.56 厘米和 22.82 厘米。这五个毛白杨优良无性系的单株材积，比无性系对比试验林全部无性系的平均材积，分别大 74.9%，80.2%，68.1%，62.3%和 58.5%。

在蒲城县试验林，5 年生(包括苗龄 1 年)30 号和 85 号毛白杨，平均树高分别为 9.28 米，9.10 米，平均胸径分别为 10.61 厘米和 12.00 厘米。12 个无性系平均单株材积，前 6 名依次是毛白杨 85 号，23 号，14 号，7 号，30 号与 25 号。

在扶风县试验林，4 年生 25 号和 30 号，平均树高分别为 8.36 米，8.21 米；平均胸径分别为 8.19 厘米，8.24 厘米。平均单株材积的前 4 名，依次是 25 号，30 号，20 号和 14 号。试验结果说明，这五个毛白杨无性系速生，而且稳定性强。

这五个无性系都是雄株，不飞絮，可作为城市绿化树种。树体生长迅速，树干通直圆满，抗旱性较强。对几种主要病害，各无性系抗性不一。如 7 号抗锈病、溃疡病；14 号抗锈病，却感溃疡病；7 号，14 号，25 号与 30 号无性系抗寒性较强，可忍耐 −25℃ 低温，仅 85 号反映出轻微的冻害。在 −30℃ 的低温条件下，五个无性系都有一些冻害。

毛白杨扦插繁殖比较困难。利用毛白杨根蘖能力较强的特性，可将毛白杨侧根剪成短根穗，用短根穗扦插育苗，成活率可达 80%(根穗粗 0.6 厘米，长 10 厘米)，或 95%左右(根穗粗 0.9 厘米，长 10 厘米)。

人们将根穗扦插所得苗木称根插苗第一代。第一代苗木硬枝扦插所得苗木称第二代。据试验，用第一代苗的硬枝扦插成活率为 94.2%～98.7%，第二代苗木的硬枝扦插平均成活率为 85.3%，第三代降为 67.2%。

所以，一个苗圃应同时建立插根圃、插根苗硬枝扦插圃，二圃配套繁殖毛白杨，可以大大提高育苗成活率，降低成本。

栽后应连浇两次水，以保证成活。栽植1年生苗，要回剪顶梢40～80厘米，剪口下留饱满芽，既可提高成活率，又可促使当年形成明显的主梢。

这五个品种的适宜种植范围，在陕西，毛白杨分布区都可栽植，以关中渭北最适宜。此外，河北南部、山东西部、安徽北部、河南中部和北部，也可种植。在毛白杨分布区内，其他地方也可引进试栽。

(四)84K杨

84K杨(银白杨×腺毛杨)，是韩国杨树育种专家玄信圭(Sin-kyu Hyun)培育的银白杨×腺毛杨(*Populus alba* × *Populus* glandulosa)杂种无性系。1984年，由中国林业科学研究院林业研究所张绮纹从韩国引进。1987年春，西北农林科技大学林学院符毓秦、刘玉媛等将其引进陕西。母本银白杨自然分布在欧洲中部和南部、西亚和我国新疆鄂尔齐斯河流域，在我国辽宁南部、华北和西北有栽培。银白杨喜大陆性气候，耐寒，深根性，抗风力强，对土壤条件要求不严，在湿润、肥沃的砂质土壤上生长良好。腺毛杨是朝鲜半岛的一种白杨派树种。此无性系在韩国的杨树造林中占20%，主要用于山区绿化。84K杨为雄株，不飞絮。2000年8月4日，通过陕西省林木良种审定委员会审定，予以推广。

1. 生长量　其5年生片林，年高平均生长量为1.5米左右，年胸径平均生长量为2.0厘米左右。5年生散生植株，年高生长量为2米，年胸径生长量为4厘米左右。粗生长量超过一般毛白杨，与毛白杨优良无性系30号、85号接近。在杨陵陕西省林业科学院院内栽植的84K杨，13年生，树高16.2米，胸径34.4厘米。抗病性强，耐寒、耐旱性较强，侧枝比较粗大，幼树尖削度较大。84K杨树干端直。但是它的侧枝较粗，所以主干尖削度较毛白杨大。

2. 适宜种植范围 适宜在陕西关中、延安地区栽培。在全国，可在华北、西北同类气候区域栽培。可以在年降水量为400毫米，年平均温度为9℃以上的地区试栽。不仅可以把它放在平原、沟谷栽培，还可像韩国一样，把它放在坡度15°以下，土壤水分条件较好的山坡试栽。

3. 育苗技术要点 其扦插育苗比毛白杨、河北杨容易，却不如黑杨、青杨派树种那样容易，成活率可达90%～95%，育苗技术要更细致。只能用1年生插条苗作种条，不可用两年根一年干的苗木作种条。而且只能用苗木下中部2/3范围内剪取的插穗，上部1/3不能用。苗木的挖掘、运输、冬季假植或贮藏，要尽可能避免失水。春季要适时早插。插穗长20厘米，要浸水5～7天，其上端要用蜡封。苗圃灌溉要及时，并且要灌越冬水。

4. 造林技术要点 苗木要强度修枝。栽时要适当深些，深度为30～50厘米。栽后要立即灌水，以保成活。栽植1年生苗，要剪去苗梢40～80厘米，剪口下留饱满芽。这样，既能提高成活率，又能促进当年主梢生长。在干旱多风地区，要剪去苗梢的80～100厘米。

(五)转基因741杨

转基因741杨，亦称抗虫741杨。是河北农业大学郑均宝教授和中国科学院微生物所田颖川研究员等人，所培育的转双抗虫基因的741毛白杨新无性系，包括对毛白杨鳞翅目害虫具有高抗性的三个无性系和具有中抗性的两个无性系。均为不飞絮的败育雌株。741杨的亲本组合是：[银白杨×(山杨＋小叶杨)]× 毛白杨。已于2000年通过鉴定。2001年国家林业局林业生物基因工程安全委员会批准进行环境释放，可以在生产中推广。

转基因741杨，树干挺拔通直，生长快，材质好。在河北易县试验林中，其7～9年生树的平均胸高断面积，为易县毛白杨的158.5%。25年生树的平均胸径为43.9厘米，平均树高为29.2米，最粗的达48.3厘米；而同年生易县毛白杨的平均胸径为33.43厘米，平均树高为28.3米。用嫩枝扦插繁殖，扦插成活率可达90%以上。

抗鳞翅目害虫，抗美国白蛾、杨扇舟蛾、杨小舟蛾和舞毒蛾等。高抗无性系为3号，29号，11号，试虫死亡率为83%～100%；中抗无性系为1号，12号，试虫死亡率为40%～70%；未转基因的741杨（对照）的试虫死亡率为1.7%～5%。

转基因741杨的适宜种植范围为河南省、山东省和北京、天津两市；河北省长城以南及坝下地区；陕西省关中的西安、户县和周至，北界为长武、洛川和宜川一线，南界为汉中、南郑；山西省南部汾河下游、沁河流域和滹沱河流域；安徽省北部淮北平原；江苏省中北部；辽宁省南部；甘肃省天水、兰州以东。转基因741杨的抗寒性、抗旱性比毛白杨强，种植范围还可向内蒙古、宁夏条件较好的地区适当扩大（见参考文献50）。

六、窄冠型杨树品种

（一）窄冠白杨

窄冠白杨1号，3号，4号，5号，6号（*Populus Leucopyramidalis* 1，3，4，5，6），简称L1，L3，L4，L5，L6，是山东农业大学庞金宣、刘国兴和张友朋等人，采用杂交育种技术，所选育出的优良无性系。于1990年9月，通过了由山东省林业厅组织的省级鉴定，1991年获山东省科委科技进步二等奖，

1992 年获国家发明三等奖。

这五个无性系的特点是:①树冠窄。冠幅仅有一般毛白杨的 1/3～1/2,很适合农田林网及林农间作。②根系深。主根向下斜生长,根幅小,与农作物的肥水矛盾很小(彩图 2.8)。③生长快。单株材积超过一般毛白杨 60%以上,生长速度不低于毛白杨优良类型——易县毛白杨雌株。④材质好。10 年生木材气干密度为 0.441～0.479 克/立方厘米,木纤维长 1 171～1 466 微米。⑤树形美观。除 6 号为雌株外,均为雄株。6 号虽为雌株,但开花结实很少,不会因开花结实飞毛而污染环境。被林业部列为推广品种。

1. 窄冠白杨 1 号(简称 L1) 由南林杨(椴杨×毛白杨)×毛新杨(毛白杨×新疆杨)杂交组合中选出。雄株。在五个窄冠白杨品种中树冠最窄,呈尖塔形。胸径 20 厘米时,冠幅约 1.5 米。根系深,主干圆直,侧枝直立,易形成竞争枝。多数材性指标优于易县毛白杨雌株。抗寒力强。生长量在五个窄冠白杨品种中居末位(彩图 2.6,彩图 2.7,彩图 2.10)。

2. 窄冠白杨 3 号(简称 L3) 由响叶杨×毛新杨杂交组合中选出。雄株。树冠尖塔形,胸径 20 厘米时,冠幅约 2.5 米。深根性,主干通直。侧枝直立,较粗,易形成竞争枝。粗大侧枝下方的主干上形成浅槽,因此,应及时修除粗大侧枝。生长量在五个品种中占第二位,生长量及多数材性指标超过易县毛白杨雌株(彩图 2.3,彩图 2.4,彩图 2.5,彩图 2.9)。

3. 窄冠白杨 4 号(简称 L4) 由响叶杨×毛新杨杂交组合中选出。雄株。各种特性与窄冠白杨 3 号相似。生长量在五个品种中占第三位。

4. 窄冠白杨 5 号(简称 L5) 由南林杨×毛新杨杂交组合中选出。雄株。树冠塔形,比 L3 的略宽,胸径 20 厘米时,冠幅为 3 米。根系深，主干圆满通直。生长量在五个品种中居首位。

5. 窄冠白杨 6 号（简称 L6） 由毛新杨×响叶杨杂交组合中选出。雌株。树冠尖塔形，冠幅与 L3 相似。深根性，主干圆满通直，侧枝细，分布均匀，不易形成竞争枝。苗期生长较慢，后期生长加快，生长量在五个品种中占第四位（彩图 2.11）。

根据魏县林业局刘振廷的报道，1994 年春，在河北省魏县苗圃营造了 16 个白杨派优良无性系对比试验林，以广泛栽培的易县毛白杨雌株为对照，随机区组设计，6 株小区，4 次重复，株行距为 4 米×6 米，设保护行，试验面积为 17.8×667 平方米。用 1 年生苗造林，苗高 3 米，胸径 1.5 厘米。魏县地处东经 115°01′，北纬 36°15′，年平均气温为 13.2 ℃，极端最高气温为 41.1℃，极端最低气温为 －19.6 ℃，无霜期为 207.9 天。年平均降水量为 525.5 毫米，年平均蒸发量为 1 977毫米，年平均日照时数为 2 529.9 小时，3～10 月份的日照为 1 840.8 小时。试验地的土壤 0～37 厘米深为砂壤（耕作层），37～79 厘米深为粗砂，79 厘米深以下为中壤。有机质含量为 0.7%，全氮含量为 0.02%，速效磷含量为 1.2 毫克/千克，速效钾含量为 45 毫克/千克。

在当地不太好的土壤条件下，窄冠白杨各无性系与其他主要参试品种 11 年生时的生长、冠幅和侧根夹角的调查数据，如表 2-1 所列。第七年时，窄冠白杨 1 号，3 号，4 号，5 号，6 号的树冠冠幅，均小于 2 米，而其他参试品种的冠幅则接近 4 米。第十一年时，五个参试的窄冠白杨的冠幅度，仍在 1.8～3.2 米之间，明显小于对照和其他无性系的冠幅，为对照的 1/3～1/2（表 2-1）。窄冠白杨的侧根与主根的夹角，比其他参试无性系都小，因此根系的水平分布较弱，胁地作用较轻。第十一年时，窄冠白杨 3 号、1 号和 5 号的平均单株材积，分别超过对照 82.7%，44.6%，28.3%。三倍体毛白杨(毛新 80)材积产量最高。如果考虑到树冠窄“胁地”优势，在平原农区造林时，可以多选用窄冠白杨品种(表 2-1)。

表 2-1　11 年生窄冠白杨主要参试品种的生长量和冠幅

杨树无性系	平均树高		平均胸径		平均单株材积		平均冠幅		侧根夹角
	高度(m)	比例(%)	粗度(cm)	比例(%)	数量(m^3)	比例(%)	幅度(m)	比例(%)	
窄冠白杨 3 号	21.1	122.7	22.7	121.4	0.3600	182.7	2.6	40.0	28°
窄冠白杨 4 号	17.1	99.4	18.2	97.3	0.1809	91.8	3.0	46.2	47°
窄冠白杨 5 号	16.8	97.7	20.0	107.0	0.2527	128.3	3.2	49.2	53°
窄冠白杨 6 号	17.6	102.3	18.7	100.0	0.1820	92.4	1.9	29.2	39°
窄冠白杨 1 号	19.8	115.1	21.0	112.3	0.2848	144.6	1.8	27.7	37°
易县毛白杨雌株(对照)	17.2	100	18.7	100.0	0.1970	100.0	6.5	100.0	74°
三倍体毛白杨(毛新 80)	19.8	115.1	24.1	128.9	0.4459	226.3	10.3	158.5	85°
741 杨	18.7	101.6	19.0	101.6	0.2166	109.9	8.1	124.6	74°
1414 杨	19.3	112.2	20.5	109.6	0.2831	143.7	7.1	109.2	67°

窄冠白杨属于白杨派种间杂交种，不能用一般的方法扦插繁殖，应采用嫁接、嫩枝扦插等方法。具体操作，可参考第二章“杨树育苗”中关于毛白杨的育苗一节。

白杨派的杨树品种造林成活率比其他杨树略低。窄冠白杨造林应采取以下措施，以提高成活率。

第一，最好当地育苗，随起苗，随运苗，随栽植。如要长途运苗，则必须用篷布将苗根覆盖严实。运到后立即用水浸根，或假植好，假植沟要灌足水。

第二，春栽最好稍晚，芽萌动时及时栽。

第三，起苗要保证根幅不小于30～40厘米，栽前剪除受伤的根和烂根。

第四，栽植前苗根必须在水中浸泡2～3天。栽后立即灌足水。大穴深栽时一定要浇透水，避免上湿下干，苗根吸不到水。为此，栽植时最好先填半坑土，踏实后浇水，然后再填半坑土，再一次灌足水。

第五，深栽30～40厘米，使窄冠白杨的主要根系处于农作物根系之下，以缓和肥水竞争和提高苗木的抗旱力。

(二)窄冠黑青杨

窄冠黑青杨有6号，31号，70号三个品种(Lu6，Lu31，Lu70)。它们是黑杨派与青杨派的派间杂种，亲本是山海关杨(美洲黑杨的北方品系)×塔形小叶杨。它们是由山东农业大学庞金宣、刘国兴、李际红和张友朋等人，采用杂交育种技术，所选育出的杨树优良品种。特点是：①树冠窄。其冠幅为一般杨树的1/2左右。②较耐盐碱。在土壤含盐量为0.16％～0.35％的内陆盐碱农田，可以正常生长。③生长快。在一般条件下，其10年生胸径可达30厘米。④材质好。7年生树木材基本密度为0.329～0.382克/立方厘米，木材纤维长度为1 015～1 041微米，宽度19.7～20.1微米。⑤容易扦插繁殖。1998年获得山东省科技进步二等奖(彩图2.12)。

(三)窄冠黑杨

窄冠黑杨有1号，2号，11号，047号，055号，078号六个品种，是山东农业大学庞金宣、刘国兴、李际红和张友朋等人，采用杂交育种技术，所选育出的杨树优良品种。它们的母本是I-69杨（南方型美洲黑杨），父本是以上窄冠黑青杨3个品种的混合花粉。从理论上说，美洲黑杨的基因约占75%。

窄冠黑杨的特点是：①树冠窄。冠幅为一般杨树的1/3～1/2。②生长快。一般条件下，5～6年生树胸径可达20厘米，树高15米，单株材积为0.2立方米左右。10年生树胸径可达30厘米左右，树高20米左右，株材积为1立方米左右。③较耐盐碱。在土壤含盐量为0.3%、pH值为8.0～8.5的中轻度盐碱农田生长良好。在土壤含盐量为0.1%、pH值为8.2～8.5的滨海盐碱农田上，可以正常生长。④材质好。木材基本密度为0.36克/立方厘米左右，木材纤维长度为1毫米左右，长宽比在40以上，制浆得率为85%以上，白度为75.8%～77.2%。是良好的造纸和胶合板原料。⑤六个品种全都是雄性，不飞絮，不污染环境。⑥容易扦插繁殖。2002年通过鉴定。2003年国家科技部将其列入重点推广计划。2004年获山东省科技进步一等奖（彩图2.14）。

（四）窄冠黑白杨

窄冠黑白杨，其母本为I-69杨（南方型美洲黑杨），父本是窄冠白杨4号，为黑杨派与白杨派的派间杂种。由山东农业大学庞金宣、刘国兴、李际红和张友朋等人，通过杂交选育出的杨树优良品种。在窄冠型杨树品种中，树冠最窄，为一般杨树的1/3。生长速度与窄冠白杨3号相似，但其树冠更窄，树干更圆满。材质好，木材基本密度为0.36～0.39克/立方厘米，木材纤维长度为1毫米左右，长宽比值在40以上，制浆得率在85%以上，白度为75.8%～77.2%。是良好的造纸和胶合板原料。雌株，但开花结果很少，不污染环境。与窄冠白杨一样，扦插不易成活，需要采用嫁接或嫩枝扦插方式繁殖。

在北京地区可以安全越冬。2002年通过鉴定。2003年国家科技部将其列入重点推广计划。2004年获山东省科技进步一等奖（彩图2.13）。

七、半常绿—常绿杨树品种

A-65/27杨,A-65/31杨,A-61/186杨

A-65/27杨(*Populus* × *euramericana* cv. A-65/27)、A-65/31杨(*Populus* × *euramericana* cv. A-65/31)和A-61/186杨(*Populus* × *euramericana* cv. A-61/186),这三个半常绿—常绿杨树品种,1987年由中国林业科学研究院郑世锴研究员从巴基斯坦林研所引入我国。作者主持了多省、市的协作,经历了18年的引种栽培试验和研究。2001年,在重庆市科委的主持下,重庆市林科院的项目通过了科技成果鉴定。2002年,经云南省林木良种审定委员会、福建省林木种苗总站和湖北省林木种苗管理站审核,认定此三个品种可以在同类条件下推广(彩图2.15,彩图2.16,彩图2.17,彩图2.18)。

以往,我国杨树引种多限于北方,这三个罕有的半常绿—常绿杨树新品种,首次在我国亚热带和北热带地区引种栽培成功,为我国南方发展杨树工业用材林和"四旁"绿化,提供了新品种和经验,具有特殊意义。

1. 品种的亲本　A-65/27杨、A-65/31杨和A-61/186杨,这三个半常绿—常绿杨树品种的父本,都是智利黑杨(*Populus nigra* cv. Chile);A-65/27和A-65/31的母本,是美国密西西比州南方种源的落叶型美洲黑杨(*Populus deltoides* 60/160);A-61/186的母本,是美洲黑杨的亚种念珠杨(*P. deltoides* var. *monilifera*)。这三个半常绿—常绿杨树品种,是澳大利亚L. D. Pryor博士选育的,被定名为半常绿杨树无性系(SemI-evergreen Poplar Clone)。

智利黑杨是欧洲黑杨的变种,起源不明,可能是一种突变型。它在智利全年不落叶,生长比钻天杨还快,树冠窄,木材很好,适合在无严寒的热带地区生长。生长期长,即使冬季也不落叶。在南非、以色列和阿根廷,也有智利黑杨,是防风林的主要树种,3～4 年就可以成林防风。

2. 性　别　三个品种均为雌性。雌花序发育不好,小而且少,不能正常形成絮状物,几乎看不到花絮。因此,不必担心飞絮污染空气。

3. 品种的特点　三个品种的共同特点是,容易扦插繁殖,造林成活率高,生长快,材质好,干形通直,常绿或半常绿。适应南方亚热带和热带温暖的气候,宜用于河流两岸质地疏松和深厚的冲积土上和“四旁”造林。萌动早,封顶晚,无明显落叶期。例如,在福州地区,1 月上旬就开始萌动,比落叶杨树无性系提前 60～70 天,展叶期提早 70～80 天,封顶期延迟 20～30 天。与落叶型杨树无性系相比,生长期增加 90～110 天。冬季休眠不深,且不稳定。11 月上旬,当气温回升到 17℃～23℃和持续 10 天有雨的情况下,顶梢和侧枝的芽苞又萌动,长出 1 厘米长的嫩芽。12 月份,个别单株的胸径仍增长 0.1～0.5 厘米,至气温下降和干旱时,生长停止。在福州市、重庆市和昆明市等地,冬季不落叶。

值得注意的是,这三个品种虽然在澳大利亚被命名为半常绿无性系,但是,在福州、重庆、云南及其他冬季少有 0℃低温的地区,却表现为常绿,一年四季保持叶色常绿。在武汉和成都等亚热带地区极端最低气温低达 －6℃～－8℃的地域,冬季部分落叶,表现为半常绿,生长正常,无冻害。我国南方没有或少有 0℃低温的地区,似乎更适合这三个品种生长。

4. 适宜栽培范围 这三个半常绿—常绿杨树品种，需要温暖湿润的气候条件，我国南方亚热带和热带地区，包括福建、广东、广西、四川、云南、贵州、江苏、浙江、湖北、湖南、江西和安徽等地区，其极端最低气温不低于−6℃～−8℃的地域，均适宜种植。国内外的杨树绝大多数都是落叶的，半常绿—常绿的杨树品种是罕见和珍贵的。推广这三个品种，可使我国的杨树栽培区向南扩大到亚热带和热带。这三个品种，除用于营造用材林外，还由于它们冬季不落叶或少落叶，因而尤其适用于“四旁”造林和城镇绿化。

5. 材　性 A-65/27 和 A-61/186 这两个常绿杨树无性系，其木材基本密度分别为 0.34 克/立方厘米和 0.38 克/立方厘米，明显地高于对照（I-214 杨和中林 46 号杨）的木材基本密度。其木材纤维长度分别为 1 139.27 微米和 1 031.51 微米，木材纤维宽度分别为 22.98 微米和 20.98 微米，均与对照相近。其主要材性指标符合木材加工业的要求。由于试验林的 A-65/31 大树被毁，故缺少 A-65/31 无性系的木材材性测定结果，无法加以叙述。

第三节　山东省和湖北省推广的杨树良种

20 世纪 90 年代中期，山东省有杨树用材林 10 万公顷多（150 多万亩），林网与“四旁”有杨树 2 亿多株，占全省速生丰产林、林网、“四旁”树木的 60%。全省木材加工企业约 9 000 多家，多数为杨木加工企业。存在的主要问题是：杨树品种比较混乱和混杂，有些栽培品种急需更替；定向培育目标不太明确，栽培管理比较粗放，杨树良种繁育体系不健全。1996～

2000年，全省实施了《杨树良种产业化开发》项目，1997年为全省各杨树栽培区指明了多个供推广的杨树优良品种，以促进多品种造林活动的开展(表2-2)。

表2-2　山东省各杨树栽培区适宜推广的杨树优良品种

栽培区		鲁西北区和泰、鲁、沂山北麓区	鲁西南区	鲁南区	胶东区
黑杨派	大量应用	中林23、中林28、中林46、中林14、鲁伊沙杨	I-69、中林46、中林23、55/65、I-72	I-69、55/65、I-72、中林23、中林46	I-69、中林23、中林28、中林46
	适量应用	I-69、NL105、NL106、中林101、NE222、八里庄杨	NL105、NL106、中林28、露伊莎杨	2KEN8、中林28、288-379、露伊沙杨	I-72、55/65
白杨派		易县毛白杨雌株、鲁毛50、窄冠白杨3号、5号、6号	易县毛白杨雌株、鲁毛50、窄冠白杨3号、毛白杨39号	易县毛白杨雌株、鲁毛50、窄冠白杨3号	易县毛白杨雌株、鲁毛50、窄冠白杨3号

2001年，湖北省良种审定委员会公布，经过审定可以推广的杨树优良品种有：中嘉2号，中嘉5号，中嘉7号，中嘉8号，中潜1号，中潜2号，中潜3号，中监3号和中天1号。这些品种可以在长江中下游平原湖区推广。山哈杨(即辽河杨)、华林杨、鄂育375杨和辽美杨四个品种通过认定，它们在引种试验中表现比较好，有待进一步扩大中间试验。鄂育375杨，是南京林业大学王明庥院士选育的美洲黑杨新无性系。辽美杨(MD-24)，由日本引入，是通过辽杨和美洲黑杨杂交选育出的品种，适合于山地造林用。

第四节　选用杨树优良品种注意事项

新中国成立50多年来，通过由国外引入和在国内杂交选育，我国已拥有一大批优良的杨树品种，对于发展杨树生产有很大作用。但是，在杨树良种使用上，还存在一些问题。近年从事杨树育苗的经营者增多，常见夸张虚假的宣传广告，苗木品种混淆不纯的现象经常发生。购苗者由于得不到正确的信息指导，苗木品种选择不当，受到损失。这样的苗木，不论用于育苗或造林，其不良影响都将是长远的。因此，必须了解和掌握正确选用杨树品种的原则。

一、适地适品种

在我国树种中，杨树的品种最多，分布最广。众多的杨树天然种，和人工选育的品种之间差别很大。杨树辽阔的分布区和栽培区的自然条件，也迥然不同。如果两者匹配不当，没有做到"适地区适品种"，则可能导致杨树育苗和杨树造林的失败。

我国的杨树栽培区，由东部沿海，向西延伸到内蒙古、宁夏、甘肃和新疆；由半湿润和湿润地区，延伸到半干旱和干旱地区；由南部的亚热带地区，向北延伸到辽宁、吉林和黑龙江等中温带地区。在这样辽阔的区域中，什么品种适合什么样的气候和区域，必须审慎分析，切勿轻信某个杨树品种"南北皆宜"，"东部、西部同样适用"的宣传误导。例如，某科研单位的广告宣传，所谓"四季杨"可以在山东、河南和河北等省生长，其实这类半常绿一常绿杨，只适合在长江以南亚热带和热带区生长，如果用它在北方造林，其损失必定惨重。

只有在适生地域内，在适宜的立地条件下，再加上配套的优化栽培措施，一个杨树良种才能发挥其优良特性，实现速生丰产。否则，良种表现不好，甚至不如一般的当地品种。适合甲地的杨树良种，在乙地可能并非当地的良种。选定杨树品种时，一定要周密考虑到品种的适应性、栽培区域的自然条件，以及造林地的立地条件，千万不可主观臆断。

二、采用的品种应通过技术鉴定和区域试验

杨树品种只有经过半个轮伐期区域试验后，通过省、部级和国家级的审定或鉴定，并允许推广的优良品种，才可以在生产上推广应用。只有在确认该品种在当地能正常生长，有事实和试验作为依据，才能采用。在没有做过区域试验的地区种植新品种，风险很大，要慎重对待，切忌主观专断，一定要按照先试验（少量）后推广的程序来办事。否则，可能欲速不达，招来损失。

对于杨树品种选择中不时出现的“一味追新”和“喜新厌旧”的倾向，以为新品种都是好的，老品种都已落后的观点，都是站不住脚的。其实，许多老品种通过生产实践的多年的检验，仍是优良、可靠和高效的，不应该没有根据就将其轻易摒弃。例如，驰名中外的 I-214 杨，在国外仍广泛栽培，至今不衰。由意大利引入的 I-69 杨、I-72 杨和 I-63 杨，以及我国优良的天然种新疆杨和毛白杨等，优良特性突出，仍然是重要的栽培品种。当前，普遍轻视老品种的倾向应该扭转。新老品种应有一个合理的比例。新品种不一定都超过老品种，尤其是对那些在当地没有做过区域试验的新品种，更应谨慎从事。

三、提倡多无性系(多品种)造林

如果无性系(品种)单一,林木的遗传性单一,那么一旦遇到严重的病虫侵害,就可能招致惨重的损失。因此,应该改变杨树造林品种单一的现状,实行多无性系(多品种)造林。

大多数树种都是用种子繁殖。通过有性繁殖,每一个后代植株的基因型都是与众不同的。因此,其群体的遗传基础广,对于病虫害和外界环境的变化,有较强的适应性和抗性。用插穗无性繁殖的(即克隆的)杨树,则与此相反,杨树无性系(clone)的基因型或称品种的基因型是完全一致的,其群体的遗传基础是狭窄的。人工选育出杨树的优良植株(即原株)后,通过无性繁殖(即插穗扦插)获得大量同一无性系的苗木。这些苗木是原株的克隆(clone),或称原株的无性系,具有与原株完全相同的特点和基因型。因此,我们用单一的杨树无性系(品种)的苗木,所营造的杨树人工林的林木,具有完全一致的基因型。这种现象,对于使全体林木保持一致的优良品种特性和工业用材的品质,是很有利的。但是,与起源于种子繁殖的人工林不同,在杨树纯林中,所有的林木起源于同一无性系,其基因型完全一致。当病虫害和环境产生变化时,它们的适应力和抵抗力,比种子繁殖的林木要差得多,容易遭受新的病虫害的侵袭,甚至毁灭。

欧洲各国,以及阿根廷、新西兰和澳大利亚等国,都曾发生过上述的灾难。1940 年和 1970 年,意大利的杨树曾两次遭受外来病虫害的严重危害,不得不两次彻底更换杨树无性系。这对我们是前车之鉴。因此,杨树造林一定要强调多无性系造林。在一个县的范围内,可以选定 5～8 个优良杨树无性系供造林用,改变目前大面积人工林只有单一杨树无性系的现状，以消除潜在的危险。20 世纪 90 年代，世界银行贷款支持的国家造林项目，注意到我国杨树造林品种单一的问题，曾提出实行杨树多无性系造林的要求，这是非常重要的。

四、品种纯度

目前，我国杨树苗木品种混杂不纯，是比较普遍的现象。品种混杂的苗木，使购买者误用品种，可能导致造林失败或林木参差不齐。如果用于育苗，则可能在社会上传播假冒的或混杂的杨树品种，以讹传讹，扩大杂苗的数量。因此，购苗者必须到品种来源可靠的、品种没被混淆的地方去购苗。最好到良种选育单位、由专家以及林业局指定的良种繁育地点去购买苗木。

育苗时，必须分清品种，按品种单独育苗，切忌混淆。省、县直属的重点苗圃，应该建立杨树原种圃、良种采穗圃和良种繁育圃，长期妥善保存杨树种质资源，为社会提供纯正的杨树优良品种，保证良种供应的源头不混乱。这些珍贵的种质资源一旦混淆或丢失，所造成的损失是不能弥补的。

我国有些林业主管部门或设计部门，甚至有的国家级和省级的，将由意大利引进的各种杨树品种，笼统地一概称为“意杨”，发表在正式的文件、设计书和报刊上。作者认为，这样做是错误的，不科学的。由意大利引进的杨树品种，可能已有数十个，它们之间差别很大。“意杨”这个称呼，模糊了品种间的界限，加重了杨树品种的混杂现象。应该取消“意杨”这个概念混乱的名称，代之以无性系（品种）的确切名称，以利于杨树品种的纯化。

第三章　杨树育苗

第一节　插条育苗

营养繁殖，即所谓的克隆（Clone）——无性繁殖，是利用植物的营养器官，如苗干、枝条、根或芽等，进行繁殖的方法。插条、嫩枝插条、埋条、插根、根蘖、压条和嫁接等，都属于营养繁殖。用营养繁殖生产的苗木，称为营养繁殖苗，或无性繁殖苗，以区别于用种子繁殖的播种苗。杨树、柳树和其他许多植物，都可以进行营养繁殖。营养繁殖能把母本的优良特性完整地遗传给后代，不像有性繁殖那样会产生后代变异。所以，它是繁育杨树优良品种的重要方法。插条是指用苗干制成的繁殖材料。多数杨树品种的插条都容易生根，一般都采用插条育苗。

一、育苗地的选择

选好育苗地是杨树育苗成功的关键。育苗地应选疏松的砂壤土或轻壤土，土层深 1 米以上，肥力中等的地块。粘重的土壤和保水保肥差的砂土地不宜选用。应地势平坦，有灌溉条件。地下水位不得超过 1 米，而且要交通方便。

二、整　地

秋季，将育苗地深耕 30～35 厘米，及时耙平保墒。要保证耕翻地的深度，并且耙细，耙透。在北方地区，做垄插条效果较好，垄宽 60～80 厘米（相邻两垄沟中心的间距，即一垄加一沟的宽度），垄高 16～18 厘米。在干旱条件下，可将插穗种在垄沟底部，灌水和排水都利用垄沟。

在长江中下游和多雨的地方，宜采用高床育苗。床间的步道便于排水和灌溉。床宽 1～1.2 米（扦插两行插穗），床高 17～25 厘米，步道（沟）宽 30～40 厘米，床长 10～30 米，因地势而定，越长，越节省土地。结合整地，每 667 平方米施腐熟的农家肥 2 000～4 000 千克作为基肥，同时施饼肥 50 千克，过磷酸钙 50 千克。

三、插穗的生根

杨树插穗的根，主要发生在插穗的皮部，较少的根产生在插穗的下切口上所形成的愈合组织。插穗成活主要决定于插穗能否生根和生根的早晚。

（一）皮部生根

杨树插穗在皮下有原生根原基（根原始体）。原生根原基是由特殊的薄壁细胞群所组成。杨、柳树一般从夏季到秋季（6～9 月份）形成根原基。形成根原基最快的时期是在 7 月中旬到 9 月下旬。原生根原基的位置，多在枝条内最宽髓射线与形成层的结合点上，其外端通向皮孔，从皮孔得到氧气，从髓细胞中取得营养物质。但毛白杨根原基也有不在皮孔下的。根原基多的树种插穗成活率高，相反则成活率低。北京杨的根原基是毛白杨的 3.54 倍，沙兰杨的根原基是毛白杨的 3 倍，它们的扦插成活率都比毛白杨高。根原基在适宜的温度与湿度条件下，经过 3～7 天，即能从皮孔生出不定根（有的从皮下生根）。凡是分生组织，特别是形成层发育愈好，活的薄壁细胞的营养物质供应越多，枝条中根原基的生长发育就越好，生根也越快。杨树插穗最先生根的位置，多数是在土壤温度、湿度和通气条件较适宜的、距地表 3～8 厘米处。在此先生出不定根，就保证了插穗的成活。稍后，插穗下部皮部生根，插穗下切口也出现愈合组织，并在其附近生出不定根。

（二）下切口愈合组织生根

植物受伤后，都有形成愈合组织的能力，以恢复生机和保护伤口。插穗下切口切伤后，受愈伤激素的刺激，引起形成层和形成层附近的薄壁细胞分裂，在下切口的表面逐渐形成一种不规则的半透明瘤状突起物，这是具有明显细胞核的薄壁细胞群，即初生愈合组织。其作用是保护伤口免受外界不良环境条件的影响，并能吸收水分和养分。初生愈合组织继续分生，逐渐形成与插穗相应的、发生联系的形成层、木质部和韧皮部等组织，最后愈合组织将切口包合。这些愈合组织的细胞和愈合组织附近部位的细胞，是生根过程中都很活跃的生长点。在温度、水分适宜的环境中，从生长点或形成层中产生出根原基。这种根原基不是原生根原基，而是从愈伤组织中诱生出的根原基。从这些诱生根原基生出很多不定根。根原基向外生长时，能“吃掉”阻挡它们生长通路上的细胞和组织，把它们弄碎或水解掉。这就是愈合组织的生根过程。此外，在叶痕下的切口上，愈合组织发育很旺盛，所以生根也很多。植物的形成层、髓和髓射线组织的活细胞，是形成愈伤组织的主要部分。插穗被切伤部分形成愈伤组织的能力，和组织充实与否有关，组织愈充实，细胞所含原生质越多，越容易形成愈伤组织。

四、种条的采集和插穗的截制

插穗，是指由插条截制供扦插用的短段。杨树扦插育苗所用的插穗，只应该采自苗圃一年生苗干或采穗圃的枝条，绝对不能从大树或幼树上采条扦插繁殖。有些农民和苗圃忽视这一点，从大树上采集阶段发育老的枝条来扦插，后果很坏，产生明显的部位效应，繁殖出的苗木有大树采条部位老化的特征，生长和干形都差，主干弯曲或偏斜，树皮发生变化，原品种(原无性系)的优点不能保持。因此，严格地按规定选用一年生苗干截制插穗，具有非常重要的意义。

之所以要这样做，就在于采自杨树不同部位枝条和不同年龄的枝条，含有的根原基数量不同，含有的抑制生根的物质也不同，因而插穗生根率很低或不生根。林木体内生根抑制物质的含量因树种而异。如白杨派的杨树——毛白杨的枝条，含有较高的抑制生根的物质，阻碍了生根生长素的作用，因此生根困难。同一品种的杨树，母树年龄越大，抑制生根的物质越多，枝条的生根能力越小。一年生杨树苗干所含的抑制生根的物质最低，生根能力强，扦插成活率高。因此，杨树育苗必须用一年生苗干截制插穗。

现已发现，有的无性系的苗木与原来的不一样，生长变慢，主干变弯，或发生偏冠，或提早开花结实。这是由于在成年树上采枝条作插穗，插穗受成熟效应和位置效应的影响，产生老化而造成的。植物个体发育经历幼年期、成年期和衰老期，随着年龄增加而老化。所以，不是用任何枝条做插穗，它们的子代都是一样的。插穗不像种子生来就是最幼小的。苗圃的插穗来自苗木，以苗繁苗，多代以后难免积累衰老。成年树树冠一年生枝条制成的插穗，年龄虽小，但其阶段发育年龄却是老的。如用于繁殖，则其子代会老化。植物的根不像地上部分随年龄而老化，没有阶段发育，始终是幼态的。树木的根部、根颈和根桩，虽然在个体上年龄是最老的，但在阶段发育上是最年幼的，由此产生的萌条是幼化的，扦插生根力强。

因此，为了使无性系幼化和复壮，为了保持插穗的幼化，可以采用平茬和以根繁苗的方法，用平茬后产生的根萌条，以及用根段代替插穗来繁殖苗木。这样，可以长期保持无性系的优良性状，保持无性系的幼化和一致性。如果发现无性系有老化、衰退现象，苗圃可以专门设置根繁圃，以根繁苗。将以根繁苗和以苗繁苗结合起来生产苗木，可以始终保持繁殖材料插穗的幼化。

秋季落叶后到翌年春季萌动前，均可采条，但以秋季采条贮藏效果好。秋季采条后，可选高燥的背阴地挖坑，在坑内用湿沙分层埋藏枝条。坑的深度和埋土深度，根据各地冻土深度确定，以保持枝条处在0℃左右为准，最低不超过－4℃～－5℃。在长江中下游地区，冬季地温较高，土壤湿度较大，如果温、湿度调节不当，可能引起插穗霉烂变质，应该特别注意防止。在长江中下游地区，可以春季随采随插。

(一)枝条部位

杨树1年生苗干的不同部位，所含的根原基数量不同，贮存的养分也不同，所以其生根率和生长量也不同。多数杨树品种苗干中部根原基最多，基部其次，梢部最少；苗木的成活率和生长量也相应地是中部最高，基部其次，梢部最低。在用苗干截制插穗时，苗干两端过细和过粗的插穗不宜采用。

(二)插穗的长度和粗度

插穗长度，在长江中下游湿润地区以15厘米长为宜，在华北地区为20厘米左右，西北干旱地区为20～25厘米。以上不同地区，气候有差异，干旱程度不同，插穗生根成活的难易也不同，所以用递增插穗长度来增强生根。短插穗所含的根原基数量较少，所贮存的营养物质和水分相对也少一些，因此，与长插穗比较，其生根量和成活率相对低一些。短插穗，扦插浅一些，抗旱力稍差。因此，干旱地区的插穗应稍长一些。插穗的粗度一般在1～1.5厘米。

(三)插穗的截制

用锋利的枝剪或铡刀截插穗。插穗两端可截成平切口，插穗上端的第一个侧芽应完好。上切口与第一个侧芽之间，应有1～2厘米的间距(在长江中下游1厘米即可，干旱地区应留2厘米)。切口应平滑。截制插穗应在阴凉处进行，以防失水。截后应用水浸泡或培以砂土待用。插穗在扦插前应浸水1～2天，以增加插穗的含水量，并减少生根抑制物质的抑制，提高生根率。此项简单的措施已被很多单位证实为效果良好的必要措施，操作者应该予以重视。

苗干(亦称种条)上、中、下三个部位的粗度不同，截成的插穗的质量和生根能力也有差异。如果进行混合扦插，则必将出现大苗压小苗，苗木不整齐的现象。因此，截制插穗时，必须将同一品种苗干所截制的上、中、下三个部位的插穗，分别放置，并按每50根插穗作一捆的标准，将插穗捆好。同时，每捆必须系上杨树品种标签。杨树品种很多，特性相互不同，但其种条的外形相似，一旦混淆，便无法辨别。因此，必须十分重视杨树品种纯度的保持，制定严格的制度，设置明显的标签，按品种分开截制插穗，分开扎捆，分开置放，分开育苗，不要搞混。生产中，如果不注意在采条和截制插穗过程中分清品种，造成杨树育苗和造林中的品种混杂，就会给林木生长带来长期的不良影响。这种做法应该改正。

五、扦插密度

育苗密度过大，是我国杨树育苗的常见弊病，这也是弱苗产生的主要原因。除了对杨树苗木应按质论价和加强行政干预外，在技术上必须降低育苗密度。目前，有的苗圃和农户为了追求数量，每 667 平方米土地育苗多达 4 000～5 000 株或以上，远远超过了合理的限度。作者在重庆市曾看到，由于密度过大，杨树苗木明显分化，部分苗木倒伏、被压，形成大量不合格苗。为了生产合格的壮苗，必须注意育苗密度的控制。

育苗密度，对苗木的质量和产量有重要的影响。杨树苗生长较快，如 I-69 杨和 I-72 杨，在长江中下游地区一年的生长高度可超过 4～5 米，胸径超过 2.5～3 厘米。如果密度过大，苗木的营养面积和空间缩小，就会使苗木质量下降，苗木细高，根系不发达；如密度过小，苗木产量太低，影响收入。

为速生丰产林培育壮苗，为"四旁"绿化培育大苗，需有较小的密度。对较速生的黑杨派无性系，育苗密度宜在每 667 平方米 1 500～2 500 株之间，不宜超过 3 000 株。如采用 40 厘米×100 厘米的株行距，每 667 平方米育苗 1 600 多株；如采用 40 厘米×70 厘米的株行距，每 667 平方米产苗量为 2 300 多株。

如培育 2 年生的苗或更大的苗木，应大幅度降低密度。可通过移栽来调节密度。培育大苗，每平方米育 1 株苗，每 667 平方米育 666 株。株行距取决于培育苗木的规格和除草、中耕等育苗技术。一般株距在 40～50 厘米之间，行距在 70～100 厘米之间，可保证苗木需要的生长空间，不被邻株所挤压。宽行距，便于在行间松土和除草。

生产 1 年生苗供采条或翌年移植时，可采用 50 厘米×50 厘米(每 667 平方米 2 664 株)或 30 厘米×100 厘米(每 667 平方米 2 220 株)的株行距。

意大利培育杨树苗时，在行间用机械抚育，采用 1.5 米×

0.3 米的行株距，每 667 平方米产苗 1 480 株。他们一般都用 2 年生大苗造林。法国、意大利等欧洲国家的杨树苗木标准，比我国的高许多，其苗木离地面 1 米处的直径，一级苗大于 5.4 厘米，二级苗为 4.6～5.4 厘米，三级苗为 3.8～4.6 厘米。

六、扦插时间

不论是北方地区或南方地区，都可在春季扦插育苗。春插宜早，在芽萌动之前进行。在北方地区，以春插较适宜，土壤化冻后及时进行。北方地区冬季寒冷，干旱，多风，不利于插穗越冬，一般不宜在秋、冬间扦插。

在冬季较温暖和湿润的长江中下游地区，可以在秋季落叶后，随采条随扦插，省去贮藏插穗的工作，而且翌年春季可早生根。湖北省有的单位冬季育苗，苗木质量略高于春季育的苗。冬季农闲育苗，可以避免春季农忙时育苗劳动力紧张。在我国冬季温暖和湿润的地区，应该利用冬季扦插的优点，增加冬季扦插的比例。

杨树插穗生根的最适温度为 20℃～25℃，而毛白杨为 18℃（裴保华，1977）。只要达到其生根的最低温度，很多树种即能开始生根。例如，加杨与青杨的杂种群众杨和合作杨等，地温在 5℃～7℃以上时便能生根，在春季可早插条。对生根较早的青杨派和黑杨派品种，为了延长其苗木的生长期，应提倡在早春插条，以利于用生根最低温度。某些美洲黑杨的品种，如 I-63 杨、辽宁杨和辽河杨等，生根比较困难，土壤表层温度达到 12℃时才发根。可将这些品种的插穗贮存在冷处，待地温升高后再扦插。它们的扦插时间，应比其他容易生根品种的晚一些。

七、扦插方法

将浸过水的杨树插穗，垂直地直接插入松软的圃地土壤中，使插穗的上切口与地面相平。为防止上切口风干，插穗上端可浅覆土。

八、苗木管理

(一)成活期

从扦插时起，到插穗展叶和开始生根时为止，一般需要2～4周。此期内，插穗主要靠自身贮藏的营养维持生长发育，靠下切口吸收水分。一般插穗皮部先生根，在土壤表层3～10厘米条件较好处最先生根，然后在下切口愈伤组织处生根。生根慢的杨树品种往往先发叶，后生根，这就需要消耗养分和水分；如不及时生根，插穗便会枯死。此期插穗最容易失去水分平衡，抗逆性很弱，维持土壤适宜的湿度很重要。扦插后灌透水1～2次，灌水次数不宜多，以免降低地温。土壤含水量在田间最大持水量的80%以上时，有利于生根。疏松、通透性好的土壤，能保证生根需要的氧气。每次灌溉后，必须及时松土除草，否则会降低成活率。此期应为插穗快生根创造良好的土壤温度、水分和通气条件。

(二)幼苗期

从插穗展叶和生根，到进入速生期，一般需要5～8周。此期苗木已能正常吸收水分和矿质营养，并进行光合作用，根系生长较快，为地上部分的加速生长创造了条件。此期可追施氮肥促进生长，并适时灌溉和松土除草。一个插穗可能萌发出多个萌条。当萌条高约20厘米时，应该及时进行定干，保留一个粗壮的萌条，掰去其他的芽。

(三)速 生 期

自高生长大幅度上升，至高生长大幅度下降时为止，一般在6～8月份，南方地区在6月上旬至9月中旬，需要8～12周。此期苗木的高度、胸径和根系生长，都是全年最大的时期，高生长量占全年的65%～80%。此期的地径和根系生长量，约占全年的50%以上。速生期中有一段高生长暂缓期，而此时根系和直径生长旺盛。据徐邦新的观测，在湖北省嘉鱼县，I-69杨和I-72杨，在此期约80天内的树高生长量，占全年树高生长量的75%左右，日平均高生长量在4～5厘米以上，最高可达6.31厘米(I-69杨)、5.92厘米(I-72杨)和5.31厘米(I-63杨)。

此期正值高温多雨季节，苗木生长快，需要的营养和水分最多，应追施氮肥两次。化肥应施于10～15厘米深的沟内。如追施尿素，每667平方米的施用量为40～50千克。施肥后，应及时灌溉，要灌透水。雨后和灌溉后，应及时松土除草。为了提高苗木的木质化程度和防止徒长，在北方地区，最后一次追肥不应晚于8月上旬。在霜冻前1.5～2个月应停止灌溉。

在幼苗期和速生期，杨树苗干的腋芽容易萌发侧枝，应及时抹芽。抹芽宜早，晚了会影响主干的生长，而且增加抹芽的劳动量。抹芽应注意不伤苗干。第一年的松土除草，一般在五次以上。除草要除早、除小和除了，无杂草竞争，才有利于苗木生长。

(四)封顶硬化期

从出现顶芽(封顶)开始到落叶为止，一般需要6～8周。此期高生长基本停止，但根系和胸径生长还要持续一段时间。此期苗木的光合作用，为苗木的木质化和贮藏营养创造条件。在苗木的全生长期，应注意病虫害的防治。

九、化学除草

除草对杨树苗圃或幼林都非常重要。除草工作量大，次数多，要求定时完成，在生产上往往是一个难题。人工除草效率低，需要的劳力多，劳力紧缺时，不能及时完成，影响苗木或幼树的生长，生产者深感困扰。化学除草，具有高效、及时和经济等特点，安全的新除草剂对苗圃很适用。杨树苗木可以采用以下化学除草方法：

(一)用除草剂处理土壤

萌芽初期，幼苗的嫩芽抗药力差，所以应该在杨树插穗扦插完成后，在灌水之后与萌芽之前，均匀地喷洒除草剂于育苗床或垄上。可用除草醚或草枯醚，每 667 平方米有效量100～150 克，对水 50 升后施用。也可用扑草净或西玛津，每 667 平方米有效量为 50～100 克，对水 50 升后施用。也可用除草醚(每 667 平方米有效量为 75 克)＋ 扑草净(每 667 平方米有效量 50 克)，对水 50 升后施用。这样可以有效地防除 1 年生单子叶和双子叶杂草，对杨树幼苗萌芽和生长无害。在扦插后至萌芽前，也可用五氯酚钠，每 667 平方米有效量为 800～1 200 克，但萌动后禁用。

砂壤土和湿润的土壤，除草剂的药效反应快，除草效果好；粘土和干旱的土壤则相反。苗床土面必须整平，以使除草剂形成药层。

(二)一年生苗木的处理

使用的除草剂和剂量同上。此外，也可用盖草能或禾草克，每 667 平方米有效量为 5～10 毫升，对水 40 升施用。如果双子叶杂草较多，也可以混用盖草能＋果尔，按 1∶1 的配比使用。在苗木行间喷药于杂草茎、叶上，对苗木无害。喷药时不要将药喷到苗木的顶梢和叶片上，以防药害。为此，可在喷头上安装防雾罩，防止药雾飘散。

（三）二年生以上苗木的处理

除上述用的除草剂和剂量外，还可以用草甘膦，每 667 平方米有效量为 120 毫升。或用草甘膦（每 667 平方米有效量 50 毫升）＋ 2,4-滴丁酯（每 667 平方米有效量 72 毫升），当杂草长至 10 厘米高时，将药液均匀喷在行间。要严防喷到苗木叶面上。

一般使用手动压缩式喷雾器喷洒除草剂药液，不宜用超低容量喷雾器。除草剂对人、畜有低毒，喷施时，要严格实行各项安全防护措施，人员要处在上风，并禁止喝水、吃东西和抽烟。工作后，要用肥皂洗净手、脸和外露的皮肤，并将工作服、手套、口罩和施药工具，冲洗干净。

十、起苗、分级、假植和运输

从苗木的根系离开土壤，到苗木运至造林地定植，要经过一段时间。此时，根系大量受伤，苗木地上和地下部分大量失水，处于很不利的条件下，如果处理不当，就会严重影响苗木的质量。因此，应该认真执行各个环节的技术要点。

（一）起　苗

起苗时间，春、秋季均可，但以离造林时间愈近愈好，以减少苗木存放时失水。秋季宜在落叶后起苗，春季宜在苗木萌动前起苗。如在春季苗木萌动后起苗，则此时气温上升快，苗木展叶也很快，栽植带叶的苗木，失水多，造林后苗木容易死亡。作者曾多次看到，由于误了造林期，栽植了放叶的杨树苗木，因而造成了不应有的损失。在起苗时必须保证苗木根系的长度和根幅，要根据苗木的大小来确定。根系深度一般为

30～40 厘米，根幅为 40 厘米。主根和侧根的切口应平和完整，不可撕裂。

如采用留根育苗方法，则可不起苗木，用手锯或砍刀，贴地面将苗干锯掉或砍掉即可。

（二）苗木分级

要按照国家标准规定的苗龄、苗高、苗木离地 1 米处的直径和根幅，进行分级。分级时，要剔除等外苗和有病虫的苗木。苗木应该按质（按级别）论价，做到优质优价，以利于苗木质量的提高。

（三）苗木的假植

在起苗后到造林之间，为了保护根系，减少失水，可用湿润的土壤覆盖苗木根系。这叫做假植。如秋季起苗木，次年春季造林，就要进行越冬假植。如果起苗后短期内即造林，则要进行临时假植。

进行假植时，在背风向阳和排水好的地方挖假植沟，沟宽 2～3 米，沟深 50～80 厘米。沟挖好以后，要分层排苗，分层填土，分层踩实。将苗木分层排在沟内（斜靠在沟壁上），培土到 40 厘米以上，将根系覆土踩实，再排第二层苗木。覆土如果太干，应该适量灌水。但勿灌水太多，以免地温高时引起苗根腐烂。越冬假植历时较长，应该做得更仔细一些。同时，经常检查假植沟内的温度和湿度，并加以调节。

假植对于苗木质量和造林质量有重要的影响。经常可以看到由于假植不当，苗木失水或发霉，导致造林成活率低而造成损失。应该吸取教训，认真搞好杨树苗木的假植。

（四）苗木的运输及包装

杨树苗木高大，运输不方便，极易损伤。所以，一般提倡在造林地附近育苗，避免长途运苗。常见的情况是，当地来不及育苗，急需由外地调运苗木或种条。用卡车长途运苗木，如不妥善包装，一路上风吹日晒，结果使苗木失水甚多。作者曾经见到大卡车上完全裸露的苗木，经过长途运输后，根系已经严重风干，上层的苗木似干柴一般，苗木的生命力大大降低，造林难以成活。苗根离土，如鱼离水，不可掉以轻心。杨树苗木高大，根幅大，很难包装，但是也一定要包装好。装车时，在车厢内将成捆苗木的根系摆成一排，盖上湿稻草，再一层根系，再盖一层湿稻草，实行多层保湿。苗木的梢部，要朝向车厢后面。车厢必须用大苫布（大帆布）盖严捆牢，不漏风，使苗木尽可能少失水。这一点，运苗者常常做不到，粗心大意，害怕麻烦，以致损害苗木，造成损失。这种马虎作风，必须纠正。

第二节　杨树留根育苗—截根苗（即插干苗）深栽系列技术

在杨树丰产林营造中，常因缺乏壮苗而用弱苗造林，其结果是降低了成活率和生长量。这是一个长期没有解决的令人困扰的问题。为解决此问题，中国林业科学研究院林业研究所，与湖北省嘉鱼县林业局及山东省沂水县沂河林场合作，于1991～1993年，结合世界银行贷款支持的国家造林项目，进行了试验研究，用截根苗深栽方法营造试验林30公顷（450亩）；又在湖北仙桃市刘家垸林场用同样方法营造中间试验林200公顷（3 000亩），获得了良好的效果。1994年9月通过技术鉴定。1992～1995年，在条件类似的地区进行推广，在山东省推广了2 000公顷（3万亩），在湖北省推广了5 933.33公顷（8.94万亩）。由于条件适宜，方法简便，目前此项技术已推广到湖北全省。

欧美杨和美洲黑杨的根桩，具有连续多年萌发的能力，苗圃可以截干，出圃截根苗，即插干苗，而留根于苗圃继续育苗。另外，其幼年茎干内根原基发达，发生不定根的能力强，适于截根深栽。根据杨树的这两种特性，可以采取杨树留根育苗新技术，改挖根起苗为留根育苗，改用带根苗造林为用截根苗造林，形成杨树留根育苗—截根苗深栽系列技术。苗圃专门培育截去根的插干苗时，则将无根的插干苗深栽入土。

截根苗(即插干苗)深栽技术，将在第四章"杨树丰产栽培技术"的造林方法一节中叙述，以及第六章干旱地区杨树深栽造林技术中介绍，读者可从中进行学习。

留根育苗，简化了育苗工序。起苗时，留根于土中，省去了常规扦插育苗中的挖根起苗、耕地、做床、采条、截制插穗及扦插六道工序。可节约种条，节省人力和物力。在截根苗出圃前，对其进行强度修枝，从而使它没有根系，只剩一根光杆，便于包装和运输，节省运费。根据 20 世纪 90 年代初期苗圃的实际收支调查，平均每 667 平方米，可以节支增收 300 元左右。此系列技术在育苗方面简化了育苗工序，降低了育苗成本，明显提高了苗木质量；在造林方面，提高了成活率和生长量，苗木便于包装运输，在推广中群众乐于接受此项革新的方法(彩图 3.1，彩图 3.2，彩图 3.3)。

一、留根育苗

留根育苗，可以连续多年利用老根萌生壮苗。与常规的扦插育苗相比有许多优点，最主要的是明显地提高了苗木的质量。湖北和山东两省的试验都表明，留根育的苗在苗高和直径上均超过常规扦插育苗。杨树留根育苗对苗木产量与质量的影响情况，如表 3-1 所示。

表 3-1 杨树留根育苗对苗木产量和质量的影响

育苗方法	杨树品种	苗木产量株/667m²	苗木质量						苗木等级		
			平均胸径		平均地径		平均苗高		Ⅰ	Ⅱ	Ⅲ
			cm	%	cm	%	m	%	%	%	%
扦插（1年根1年干），对照	中嘉2号	2050	2.10	10	2.90	100	3.90	100	15.0	50.0	15.0
留根（2年根1年干）	中嘉2号	1800	2.60	123.8	3.40	117	4.80	123	70.0	20.0	10.0
留根（3年根1年干）	中嘉2号	1500	2.80	133.0	3.70	127	5.10	130.7	80.0	15.0	5.0
扦插（1年根1年干），对照	I-69杨	2966	1.66	100	2.27	100	3.03	100	24.6	33.9	41.5
留根（2年根1年干）	I-69杨	2620	1.95	117.4	2.54	112	3.72	122.7	59.1	28.8	12.1
留根（3年根1年干）	I-69杨	1932	2.33	140.3	2.94	130	4.20	138.9	84.8	11.4	3.8
扦插（1年根1年干），对照	中林46号	2884	1.56	100	1.23	100	2.94	100	9.0	33.3	57.7
留根（2年根1年干）	中林46号	2250	2.31	148.0	2.97	133.2	4.43	150.6	78.3	17.4	4.3

与对照（1年根1年干苗）比，中嘉2号杨的，2年根1年干苗（留根育苗1年），苗木平均地径增粗0.5厘米（增加17%），胸径平均增粗0.5厘米（增加23.8%），苗高增加0.9米（增加23%）；3年根1年干苗（留根育苗2年），苗木平均地径增粗0.8厘米（增加27%），胸径平均增粗0.7厘米（增加

33%)，苗高增加1.2米(增加30.7%)(表3-1)。

与对照(1年根1年干苗)比，I-69杨的2年根1年干苗(留根1年)，胸径平均增加0.29厘米(增加17.4%)，苗高平均增加0.69米(增加22.7%)；3年根1年干苗(留根2年)，胸径增加0.67厘米(增加40.3%)，苗高增加1.17米(增加38.9%)(表3-1)。

与对照(1年根1年干苗)比，中林46号的效果更为突出，其2年根1年干苗(留根1年)胸径比对照(1年根1年干苗)平均增粗0.75厘米(增加48%)，苗高平均增加1.49米(增加50.6%)(表3-1)。

应该指出，经过连续多年留根育苗，在提高苗木质量的同时，每667平方米的产苗量会由于虫害、机械损伤及弱苗淘汰等原因而有所下降。如采取措施加以控制，可以减少产苗量的下降。留根育苗，可以逐年提高苗木质量。在这种情况下，单位面积产苗量逐年略降是合理的。

从表3-1可以看出，留根育苗新方法，可以有效地提高苗木质量。随着留根年份的增加，苗木生长增量有加大的趋势，留根2年的苗木生长增量明显超过留根一年的。此外，一级苗的比例，不论在嘉鱼县或沂水县，留根育苗都比常规扦插育苗提高1倍以上。因此，产苗量略减并不影响收入。

二、留根育苗技术要点

(一)密 度

以培育壮苗为目标，每667平方米育苗1 500～2 000株，平均每平方米育2.2～3株。

(二)株 行 距

为了便于土壤管理和在行间施肥，可加大行距，如40厘米×100 厘米，每 667 平方米育苗 1 665 株。

(三)起　苗

贴地面锯断苗木，茬口与地面平，或用利斧贴地面砍平，绝不可以留高茬。

(四)施　肥

留根育苗，扦插一次，多年不起出老根。扦插前应施足基肥，每 667 平方米施优质农家肥 2 500～5 000 千克。留床的老根消耗土壤养分多，绝不能因不翻耕土地和不扦插而多年不施农家肥。应该加强土壤培肥，每年追施农家肥和化肥。

(五)定　株

要及早逐步定芽，当萌条高达 30 厘米时，每桩只留一个萌条，不可多留。

(六)更换根桩.

不同杨树品种根桩持续萌芽的时间不同，一般在 4～5 年以上，当萌芽力和生长势降低时可挖出老根。土地应换茬，与农作物、蔬菜和绿肥作物轮作 1～2 年，然后再扦插杨树。

收获苗木时，应坚持贴地平茬。在湖北推广此技术中发现，多数苗圃为图省力而不按要求贴地平茬，常用镰刀割，地上留着 10～15 厘米高的根桩。连续平茬 4～5 年后，形成了畸形的老化根桩，萌条生长量开始下降(但仍高于对照)。突出于地表的老根桩易被虫蛀，萌条易被风折或受到机械损伤，更重要的是新萌条在老桩上接触不到土壤，不能形成自己的根系，只能依靠老根系。连续 4～5 年后，根桩容易老化，成为“瓶颈”，影响萌条生长。按个体发育阶段的年龄，苗木根颈以下的根部是最年幼的。在根颈处或其以下平茬，迫使皮部产生不定芽，在幼态下繁殖可克服根桩的老化。因此，留根育苗必须坚持贴地平茬(彩图 3.4，彩图 3.5)。

第三节　毛白杨的育苗

与一般杨树不同，毛白杨插穗的生根比较困难，需采取一些特殊措施。经过长期的研究，毛白杨的扦插育苗已获得成功，对种条的采制、贮藏、处理、扦插和管理等环节，都提出了有效的措施。只要严格执行各项技术要点，毛白杨的硬枝扦插和嫩枝扦插，均能获得较高的成活率。另外，毛白杨的嫁接育苗也有好效果，因而广为群众所采用。

一、硬枝扦插

毛白杨通常用 1 年生苗木，或大树的根蘖萌条作种条。秋季落叶时采集的种条，已经贮备了来年生长所需的养分而处于休眠状态，称为硬枝或冬枝。毛白杨硬枝内含有抑制生根的物质，经过冬季的低温和处理，抑制物质发生转化，硬枝才易生根。以下介绍裴保华教授的毛白杨硬枝扦插方法(见参考文献 50)。

(一)种条的采制和贮藏

种条的粗度应在 1.5～2 厘米以上，长度在 1.5～2.5 米以上。一般在晚秋大部分叶落掉、只剩顶端 3～5 片绿叶时开始采条。选择湿润、疏松和排水良好的地方，挖 80～100 厘米深的坑，将 50 根种条扎为一捆，平放入坑，填土埋严。每捆种条上填一层 10～15 厘米的土，再埋第二捆，每坑可埋 2～3 层种条，坑内埋设一些竖立的秸秆，以利于通气。最上层覆土 30～40 厘米厚。

翌年早春，随剪条随取条，种条要用湿沙埋好。剪条时用锋利枝剪在插穗上端饱满芽以上 1～1.5 厘米处剪切，下剪口最好在芽的下方0.5厘米处。插穗长度为20厘米。芽着生处养分积累较多，有利于愈合。

一般种条基部第一、第二或第三节的插穗比较粗壮，先生根原基较多，较易生根，应分出来单独捆扎，50根一捆，作为一类插穗。第三至第六节插穗较细，先生根原基较少或没有，分别单捆，作为二类插穗。

(二)插穗的处理

一类插穗在春季旬平均气温10℃以上时，开始扦插。剪切的插穗用含500毫克/升的萘乙酸，及2 000～3 000倍稀释的多菌灵（或500～1 000倍稀释的敌克松）的滑石粉（或胶泥）糊剂处理。使插穗下端3厘米蘸药，随蘸药随扦插。为防止药被蹭掉，扦插时先用小棍插出一孔，然后再插入插穗。

插穗扦插前浸水3天，或浸于0.46%～0.7%的腐殖酸钠溶液中24小时，可促进生根和提高成活率。

对不够粗壮、先生根原基少的第二类插穗，为了缩短生根过程和提高成活率，应进行催根处理，按以下方法，在春季扦插前进行温床催根或流水浸条。

(三)温床催根

早春，扦插前半个月左右，在背风、向阳与排水好的地方，挖深25厘米、宽1米、长度可根据插穗多少而定的低床，底部垫5厘米厚的洁净河沙。用含200～500毫克/升的萘乙酸、3 000倍稀释的多菌灵的滑石粉（或胶泥）糊剂，处理插穗，使插穗下端3厘米蘸上药。将插穗按50根一捆的标准捆好，然后把它倒立在温床内。排满后覆盖2厘米厚的沙，每平方米喷水10升。温床表面用塑料薄膜盖严，再盖草帘和遮荫，使床内沙土昼夜温度，保持在10℃～25℃的范围内。这样经过12～15天，插穗下切口的积温达220℃～250℃，上切口的积温达 180℃～230℃时，即可取出插穗。在催根过程中，应喷水 1～2 次，每次每平方米喷水 5～8 升。催根结束时，插穗下切口可全部愈合，相当一部分还可形成诱生根原基，插穗上的芽也开始膨大。

（四）流水浸条

春末扦插前，将种条捆成捆，放在小沟水中浸泡 10～15 天。然后，将其剪成插穗。扦插时，用浓度为 500 毫克/升的萘乙酸及 3 000 倍稀释的多菌灵的滑石粉（或胶泥）糊剂进行处理，使插穗下端 3 厘米蘸上药，或用 0.4%～0.7%的腐殖酸钠溶液浸泡 24 小时。

（五）扦插技术

平床育苗时，两人一组，一人用锹开窄缝，一人将插穗插入缝中，使上端一个芽（2～3 厘米）露出地表，然后踩实。每人每天可扦插 1 000 根。垄式育苗时，土壤疏松，可用上法或开沟栽植。插穗上端宜顺苗床方向排列，以免抚育时伤苗。

已产生愈伤组织和幼根的插穗，易被晒干，应置于有水的桶中保存。扦插时，要注意保护插穗上端的芽和下切口的愈伤组织，防止碰坏。

（六）扦插时间

杨树插穗大多在春季扦插。第一类插穗宜早插，土壤解冻后即扦插。河南、山东和陕西省，在 2 月底到 3 月初进行扦插，河北省中部和北部，在 3 月 10～25 日进行扦插。第二类插穗，经过温床催根，可晚插 10～15 天。

在秋季温暖地区，毛白杨落叶后即可进行秋季扦插。一般采用垄式育苗。秋季插穗在土壤中越冬，类似冬季埋藏。在秋、冬较温暖的地区，秋插的接穗在土壤中，有利于根原基和愈伤组织的形成。河南省 20 世纪 70 年代时，在秋季大面积扦插毛白杨，成活率在80%以上。10月上旬，毛白杨插穗带叶柄扦插。此时，20厘米深处的土温为9.1℃～17.6℃，在冬季之前，插穗下切口多数已愈合，还有少数插穗已生根。

二、嫩枝扦插

一般选用留根苗、留茬苗和大树根蘖苗当年萌发的带叶嫩梢，作为嫩枝插穗。嫩枝的营养含量少，木质化程度低，蒸腾强度大，抗病力差。因此，需创造有利的温度、湿度和土壤通气条件，防止病菌感染，才能保证插穗生根成活。

(一)塑料拱棚嫩枝育苗

拱棚中心至地面高度为50厘米，用钢筋或竹片做支架，每30～40厘米立一支架，支架上铺塑料薄膜。棚内苗床宽1.2米，长10米，苗床四周做埂，防止雨水流入。床内铺10～15厘米厚经过暴晒的河沙。棚内安装塑料喷雾装置，或用人工喷水或喷雾。拱棚上需搭荫棚，棚高2米，用草帘或秸秆遮荫降温，不仅要保证上方遮荫，也要保证侧方遮荫。

1. 扦插和管理 用利刀削插穗，插穗带4～5片叶，去掉基部叶片，将下切口速蘸500毫克/升的萘乙酸溶液，随蘸随插。插穗插入沙床2～4厘米深，以不倒为准。扦插密度以枝叶不重叠为准。5～8月份均可扦插。插穗下切口可用1 000毫克/升的ABT生根粉溶液浸10～15分钟，然后扦插。

嫩枝插穗生根的最适温度是20℃～28℃，棚内气温不得超过30℃，地温宜保持为25℃，相对湿度在80%～85%之间，土壤含水量在10%左右。在25℃～30℃温度下，11天即可发根；温度在20℃以下，20天以后才发根。棚内温度过高，对生根有害，应通过遮荫、通风和喷水来降温。棚内的透光率为10%，即光强为全日照的10%。发根前，每天喷水一次，每次半分钟。发根后，每隔一天喷水一次。每10天喷一次800倍的多菌灵液，或在扦插后第三天和第十天，各喷一次波尔多液(50升水加生石灰0.3千克，硫酸铜0.1～0.3千克)。

2. 炼苗和移栽 嫩枝插穗生根后，在棚内需经过一段时间的锻炼，才能移到棚外圃地。一般扦插11天后生根，当生根率达90%以上，并出现二级根时，开始炼苗。扦插18～20天后，减少喷水次数，增加喷水量，降低棚内的空气湿度，增加土壤含水量。在第二十二天前后，对塑料棚开窄缝通风，在二十八天左右全部揭开薄膜，使幼苗在荫棚下锻炼，第三十五天至第五十天后移栽。

用移植铲移栽。取苗时，苗根可带沙。操作时不要伤根。苗根要蘸泥浆，以减少失水。移栽前可适量去掉部分叶片，减少蒸腾耗水。选阴天或在下午3～4时后移栽并灌水。

(二)全光照喷雾嫩枝扦插育苗

嫩枝插穗的木质化程度低，比木质化的硬枝幼嫩，含有较多的内源生长素和较少的抑制物质，细胞分生能力强，比较容易生根。嫩枝带叶扦插，叶片可进行光合作用，制造碳水化合物和生长素，促进生根。生长季嫩枝扦插时气温高，有利于生根，生根快，成苗率高，育苗周期短，1年能育苗2～3次。嫩枝插穗数量多，能满足需要。这是带叶嫩枝扦插的特点。但是嫩枝扦插对环境有比较高的要求，要有光照、高湿和排水条件，以防止插穗失水萎蔫和霉烂。

中国林业科学研究院林业研究所工厂化育苗研究开发中心许传森，所研制的全光照自动喷雾扦插育苗装置，能为带叶扦插嫩枝提供良好的环境，效果很好。此设备由叶面水分控制仪，和对称双长臂自压式扫描喷雾机械系统组成。设备安装在室外，苗床上方不需要任何遮盖。插在基质上的带叶嫩枝插穗，处在阳光照射和喷雾的条件下，叶面保持一层水膜。在阳光下，嫩枝叶面的水膜蒸发很快。此设备有灵敏的传感器，能正确地为控制仪提出开始喷雾和停止喷雾的指令，保证自动间歇地喷雾。

喷雾支管长度为 12 米，喷雾管安装在圆形苗床中心的机座上，每侧 6 米长。圆形苗床的面积为 100～120 平方米，每批可扦插毛白杨、窄冠白杨苗 5 万～8 万株。这种嫩枝扦插方式，比上述塑料拱棚育苗效率高。此设备的稳定性和精确度都很高，安装方便，喷雾均匀。水源可用自来水、小型水泵水或 3 米高的简易水塔中的水。利用小水塔蓄水，可保证在停电时不停止喷雾。1987 年以来，全国 30 个省、市、自治区和 500 多个单位，已采用此项技术，在毛白杨、山杨和桉树等阔叶树以及各种花卉和针叶树嫩枝扦插上，取得了很好的效益。此项技术已被列为林业部和国家科委的重点推广项目。

扦插圃地应选择光照、排水和通风良好的平地，土壤以砂土和砂壤土为好。苗床四周用砖砌起高 20～30 厘米的埂，底部留排水孔。如地表排水差，宜在底部铺 10 厘米厚的煤渣或碎石，以利于排水。床内铺 10 厘米以上厚的沙，作为扦插基质。锯末、碳化稻壳、泥炭土、蛭石和珍珠岩，也可作基质。对基质应进行消毒。

嫩枝插穗采自苗圃 1～2 年生苗木，或平茬后由根颈发出的萌条。由于每批育苗需用 5 万～8 万根插穗，用量很大，因此最好设立一定面积的采穗圃。

很幼嫩的处于速生阶段的嫩枝，生根力稍差，而且容易感染病菌。木质化程度过高的嫩枝生根力也稍差。半木质化的嫩枝最易生根。采穗条必须在清晨或阴天进行，气温高时即停止。穗条应用塑料薄膜包好，防止失水，并立即运到苗床附近，在屋内或阴凉处加工成插穗。将穗条用锋利的小刀削成6～10厘米长的插穗，切口为平切口，顶端的幼嫩顶梢去掉不用。保留上部3～4片叶，上切口离第一片叶着生处0.5～1厘米，去掉下部的叶片。毛白杨的叶片较大，每平方米要扦插500～800株，而且不能使叶片重叠，故应将叶片适当剪小。

扦插时间以5～7月份较好。8月份扦插，木质化不好，越冬易受损。

插穗制好后，立即进行杀菌和用生长激素进行处理。可用多菌灵、托布津或百菌清等药剂的1 000倍溶液，浸泡插穗基部半分钟，然后用吲哚丁酸或萘乙酸500～2 000毫克/升浓度的溶液，速蘸插穗基部3厘米，蘸3～5秒钟后即扦插。扦插的深度为2～3厘米，不宜太深，以插穗不倒为准。扦插宜在阴天、早晨、傍晚和晚上进行。扦插过程中需防止插穗失水，故应及时用喷壶喷水。

扦插后的初期，应频繁间歇喷雾，经常保持叶面有一层水膜。愈伤组织形成后，可减少喷雾，待水膜减少1/2时喷雾；生根后，可待叶片上水膜蒸发完后再喷；大量根系形成后，可根据基质湿度和幼苗的吸水能力，减少喷雾。全光照自动喷雾扦插育苗装置的控制仪，可以调控所需要的喷雾间歇时间。根据作者的经验，在保证适量喷雾的同时，要注意扦插基质是否足够通气，是否会因含水量过大而引起嫩枝霉变。一旦发现问题，就要及时进行处理。

扦插结束后，要喷一次多菌灵或托布津800倍液。以后每隔5天喷一次，雨后也要及时喷一次。插穗生根后，可减少喷药次数。插穗愈伤组织形成后，每周追肥一次。初期喷0.2%～0.5%的尿素，后期喷0.2%～0.5%的尿素与磷酸二氢钾的混合液。喷施农药和化肥均应在傍晚无风时进行。

当幼苗大多数形成大量根系后，要及时炼苗。幼苗移栽前3～5天，应停止喷雾，以促进生根和提高适应能力。移栽应在傍晚或阴天时进行。移栽后即浇水。初期要及时灌溉。

一般7～10天后，嫩枝插穗生根，30天左右可以移栽。空出的苗床消毒后，可进行第二批扦插。

三、嫁接育苗

嫁接育苗法，是以两个不同植株的营养器官，用嫁接技术接在一起的育苗方法。用作繁殖对象的枝条（或芽），称为接穗（或接芽），承受接穗（或接芽）的部分称为砧木。用嫁接方法培育成的苗木，称为嫁接苗。杨树嫁接育苗，多用于繁殖毛白杨及白杨派难生根的品种，如窄冠白杨等。一般用难生根的毛白杨及其杂种作接穗，以容易生根的小美类杨树1年生茎作砧木（如大观杨、群众杨、小叶杨和合作杨等，与毛白杨有较强的亲和力），进行芽接或劈接。有人用某些欧美杨，如中林46杨和加拿大杨作砧木，效果也很好。嫁接成活后，砧木生根，接穗形成毛白杨等的新个体。

（一）嫁接亲和力

嫁接亲和力，就是砧木与接穗经嫁接后能愈合、生长与发育的能力。砧木与接穗在内部形态结构上、生理和遗传特性上，彼此相同或愈相近，二者的代谢作用愈相近，彼此的亲和力愈大，成活率愈高。

（二）嫁接成活的愈合过程

形成层是双子叶植物的茎和根内，介于木质部和韧皮部间的一层薄薄的、很柔软的细胞，这层细胞非常富于生命的活力。双子叶木本植物，从生到死，形成层不断地分裂，产生新的细胞，向内形成木质部细胞，向外形成韧皮部细胞。

有亲和力的接穗与砧木嫁接后，在两者削面的形成层的伤口之间，因表面细胞死亡而形成一层褐色的隔膜。由于愈伤激素的作用，使伤口周围的细胞生长和分裂，形成层细胞也加强活动，并使隔离膜破裂，形成了愈伤组织，砧木和接穗的愈伤组织的薄壁细胞互相连接。隔膜如不消失，则接穗死亡。

接穗与砧木的形成层细胞互相结合后，彼此都产生新细胞将伤口愈合好。称此为愈合作用。砧木和接穗的愈伤组织，会很快地连接起来。由于愈伤组织细胞进一步分化，把砧木与接穗的形成层连接起来，逐渐分化，向内形成新的木质部，向外形成新的韧皮部，把两者木质部的导管与韧皮部的筛管沟通起来，这样输导组织才真正接通，愈伤组织外部的细胞分化成新的栓皮细胞，与砧木和接穗的栓皮细胞相连。这时，两者才真正愈合成为一个新个体。

在有亲和力的树木之间，嫁接成活的关键，是接穗与砧木两者形成层的紧密接合，两者的接活面越大，成活率越高。为使二者的形成层紧密接合，必须使接触面平滑。在嫁接操作时，最重要的是使砧木和接穗的形成层对齐、贴紧并捆牢。

(三)接穗的采集与贮运

培育嫁接苗的目的，是繁殖优良的种、品种或类型的后代。所以，选择接穗或接芽，必须从经选定的优良苗木上剪取枝条，而且必须枝条充实，芽体饱满。秋季嫁接都选用当年生芽饱满的枝条作接穗，春季嫁接一般多用一年生枝条作接穗。

春季枝接和芽接用的接穗，可在秋季或冬季采集，也可在早春采集。在生长期中嫁接，最好随采随用，以防降低成活率。落叶树种枝接用的接穗，在落叶后即可采集，最晚不应晚于枝条发芽前 2～3 周。采集的接穗，要按树种、品种分别捆扎，并附标签，以防混杂。要将采集的接穗贮存于温度较低的湿润处。如果是用湿沙将接穗埋于地窖或沟中，则应定期检查，防止高温和干燥，并且要注意保湿和防冻。

夏、秋季采集的接穗，要立即剪去叶片，以减少水分蒸发；其叶柄要留1厘米长，以便供芽接时操作和检查成活率用。接穗采集后的保存期，一般不宜超过10天；时间太长，会降低嫁接成活率。

接穗外运时，要用塑料薄膜和保湿材料（湿稻草和湿锯屑）加以包装，并且附上标签。运到后，要立即开包，用湿沙把接穗埋于阴凉处或地窖中。

砧木应适生，根系发达，生长健壮，与接穗亲和力强。

（四）"T"字形芽接法

这是芽接法的一种。芽接时间，一般在8月中下旬到9月上旬或中旬。夏季接穗上的腋芽已完全发育充实，砧木的树液已流动不太快，而剥皮还很容易。如土壤干旱，树液流动慢，剥皮困难，宜灌水促使树液流动。在此期间，芽接容易愈合，而且接芽当年不萌发。芽接太早，接芽易当年萌发；芽接太晚，砧木不易离皮，不易嫁接且成活率低。"T"字形芽接的方法如下：

1. 削芽 用芽接刀在芽上方0.5厘米处横切皮部，深达木质部。再在芽下方1.5～2厘米处，由下向上、由浅而深地削入木质部1/4～1/3，削到上端横切口处，用刀刃撬起接芽，将盾形接芽取下。接芽应尽量削大些，一般长2～2.5厘米，宽1～1.5厘米，以增大其与砧木的接触面积，以利于愈合。剥接芽时，注意不要去掉芽基（维管束）突起。

2. 切砧木和插芽 选砧木光滑切面横切一刀，切口长1～1.5厘米，在横切口中央垂直向下纵切一刀，长1～1.5厘米，切口呈"T"字形。用芽接刀尖轻挑起纵切口两侧的皮层。

将削好的接芽由上向下地塞入“T”字形切口，缓慢下推，使砧木皮层逐渐开裂，直到接芽上端与砧木横切口紧密吻合为止(图 3-1)。

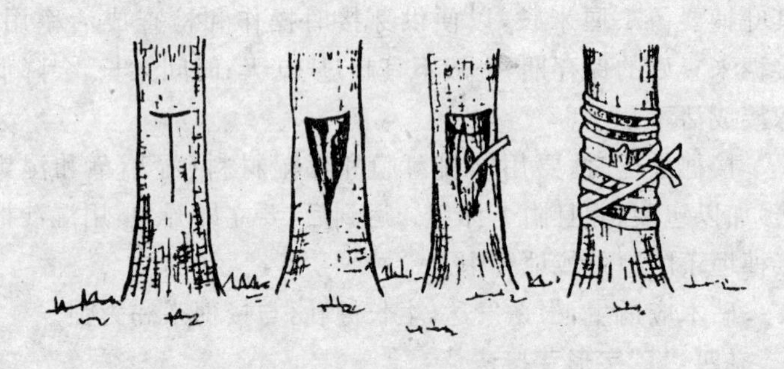

图 3-1 “T”字形芽接法

3. 绑缚 用塑料薄膜带，绑住接芽的纵横切口，以保湿和使接芽与砧木紧密结合。绑时应松紧适度，并使芽和叶柄露出，然后结一活扣，以便于成活后解开。

4. 解绑 芽接后 10 天左右，检查成活状况。其方法是，触动接芽上的叶柄，叶柄脱落者是成活接芽。叶柄不脱落者则没有接活，可重新再接。没成活的接芽干缩，呈暗褐色。成活的接芽呈绿色，饱满。接后 10 天即可解去塑料带。

5. 接穗和砧木的采集与贮存 由幼龄的毛白杨健康植株冠部，采取 1 年生健壮枝条为种条，要选择芽体充实饱满的枝条。或由苗圃毛白杨苗上采取健壮的枝条。采条后，立即剪去叶片，以防失水。接芽上仅留 1 厘米长的短叶柄。置种条于容器内，用湿毛巾遮盖。最好随嫁接随采条。如种条必须贮存，则应放在阴凉潮湿处，用草盖上，并在种条和草上洒水；也可将成捆的种条吊在井内水面之上。接穗新鲜才易接活，贮存时间不宜超过 2～3 天。

砧木为1年生健壮的小美类杨树苗，地径在2厘米以上，苗高在2.5米以上。砧木的育苗密度为每667平方米2 000株左右。

嫁接前，如果天气干旱，苗木缺水，则应提前对采条苗木和砧木进行灌溉，以促进树液流动，便于嫁接时剥离和愈合。芽接的各道工序，必须严格符合要求，动作要快，接芽上下要绑好，松紧要适度，不伤芽。芽接宜在晴天进行。

（五）“一条鞭”芽接法

这是一种应用广泛的方法。其特点是，能充分利用砧木，一株砧木上可嫁接多个接芽。地径2厘米以上的砧木，距地表4～5厘米处嫁接第一个芽，以后每隔20厘米左右，选光滑面切砧木，嫁接一个接芽，直到砧木上部粗度不足时为止。一般一株砧木可接5～8个接芽（图3-2）。“一条鞭”芽接的具体操作方法，与“T”字形芽接法完全相同。在选定接芽位置时，应注意使上下嫁接部位错开，以利于养分输送和防止风折。

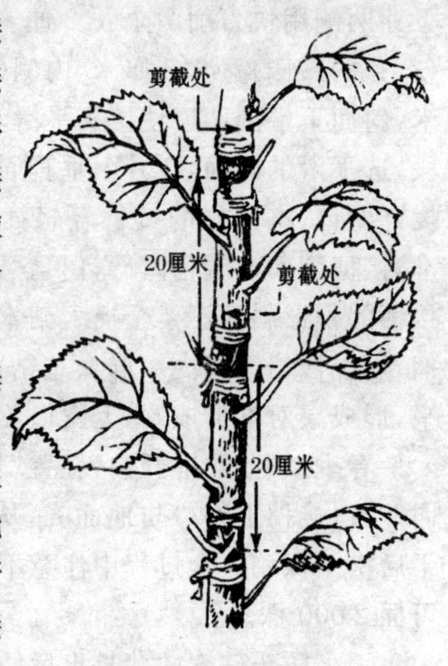

图3-2 “一条鞭”嫁接法

当年11月份，在砧木基部第一个芽以上2厘米处，剪断带接芽的砧木。留在根桩上的毛白杨接芽，翌年能萌发和成苗。如图3-2所示，将“一条鞭”上成活的接芽连砧木一起，剪成20厘米左右长的插穗。对带接芽的砧木，在接芽以上1厘米处剪断，以防伤芽。然后每50根捆成一捆，系上品种标签，放在窖内，培湿沙贮藏越冬。第二年春季取出，将所带砧木上的芽除去再扦插。扦插后，如发现砧木发芽，应及时将芽除去，以免妨碍毛白杨接芽的生长。扦插的深度，以接芽稍露出地表为宜。

(六)枝条劈接("炮捻"嫁接)法

将枝条(接穗)接在枝条(砧木)上，是嫁接与插条育苗相结合的方法。秋季落叶后到翌年春季树木发芽前都可嫁接。一般冬季在室内嫁接，接后窖藏。采集0.5～1厘米粗、芽饱满的毛白杨或窄冠白杨枝条为接穗。采集粗1.5～2.5厘米的小美类杨枝条为砧木。将接穗和砧木用湿沙妥善埋藏，防止失水。剪取有2～3个饱满芽的8～10厘米长的接穗，在最下芽两侧用快刀削两个长2厘米的楔形斜面，两斜面的外侧(靠芽的一侧)宽0.3厘米，内侧(背芽的一侧)较窄，为0.2厘米，斜面下端削两刀使接头平滑。砧木剪成12～15厘米长小段，选平滑的侧面，在其上垂直通过髓心下切一刀，深3厘米。拨开劈口，将削好的接穗轻轻插入砧木，务使二者形成层对准，接穗削面上端稍露(露白)。要使接穗和砧木间没有空隙，接穗的楔形斜面不要全插入砧木的劈口。嫁接后，50根捆一捆，用湿沙培于窖内。群众总结此法的要领是：劈口齐，削面平，形成层对准形成层，上露白，下蹬空，砧穗夹紧定成功。

春季做畦，顺畦开沟，轻置"炮捻"于沟内，砧木劈口与沟向一致，接穗上切口与地面齐，从沟两面覆土，埋实，灌透水，干后松土保墒。全过程中注意不要碰动接穗。每667平方米可插2 000株。

为了防止砧木的芽长出后妨碍接芽生长和节省砧木抹芽工序，群众创造了倒接"炮捻"的方法，即将毛白杨接芽嫁接在倒置的砧木上，使砧木的芽长不出地表。

冬季接“炮捻”应注意贮藏温度不低于0℃，埋藏深度在最大冻土深度以下。接好的插穗捆的基部，要用泥浆蘸一下，然后把它接穗向上地排置于窖内，并细心地将湿沙填满接穗之间的空隙，以防止碰伤。

(七)提高嫁接成活率的技术要点

第一，削面要平，最好一刀削成，刀数越少越好。

第二，形成层要对准，不得偏斜。

第三，结合部要绑紧，使砧木和接穗的形成层紧密接合。

第四，嫁接时应先削砧木，再削接穗，因为接穗的水分供应较差。

第五，嫁接用的工具，必须非常锋利。

第六，嫁接后，应加强管理，及时地覆土和除草。

第七，春接适宜时期，一般在春季发芽前2～3个星期，即砧木之根部和形成层已开始活动，树液已开始流动，而接穗的芽还没有开始活动的时候最佳。

第四节　国家杨树速生丰产用材林苗木标准简介

1996年颁布的中华人民共和国林业行业标准“杨树速生丰产用材林主要栽培品种苗木”，规定了杨树速生丰产用材林主要栽培品种苗木的质量指标。这是全国必须执行的法定杨树苗木质量标准。仔细了解国家的有关规定，便于在培育、销售和购买杨树苗木时执行国家标准，以克服育苗中存在的各种弊病，提高苗木和造林质量。杨树速生丰产用材林主要栽培品种苗木标准的主要内容如下：

一、关于苗木的年龄

苗木年龄应反映苗木干和根的年龄,如:1 年生苗,1 年干 2 年根苗,2 年干 3 年根苗,并注明移植苗或未移植苗。

二、关于苗木质量的指标

国家标准为 93 个主要杨树种和品种,确定了苗木质量指标。将苗木生长水平、生长规律、适生栽培区相一致的品种,合并在一起,按特性和适生栽培区归类为品种组,成为 15 个品种组。选出几个常用的主要品种组,介绍于表 3-2,其他的可查阅标准原文。质量指标低于表 3-2 所列 2 级苗的苗木,为等外苗。等外苗不得用于营造速生丰产用材林。

表 3-2 杨树苗木质量指标

品种组	适宜栽培区	苗龄(年)	1 级苗		2 级苗		根幅
			D1* (cm)	H (cm)	D1 (cm)	H (cm)	宽度 (cm)
毛白杨组	冀、鲁南部,苏、鲁、豫、晋、陕、甘北部,黄土高原	1 年	1.6	300	1.0	220	30
		1 年干 2 年根,2 年	2.2	400	1.7	320	40
		1 年干 2 年根,3 年	3.5	500	2.4	400	40
新疆杨组	南疆,河西走廊	1 年	1.1	250	0.8	200	30
	北疆,内蒙古高原,黄土高原,青海高原		1.1	220	0.7	180	30
	南疆,河西走廊	1 年干 2 年根,2 年	2.0	350	1.5	280	35
	北疆,内蒙古高原,黄土高原,青海高原		1.7	300	1.2	240	35

续表 3-2

品种组	适宜栽培区	苗龄(年)	1级苗		2级苗		根幅
			D1* (cm)	H (cm)	D1 (cm)	H (cm)	宽度 (cm)
美洲黑杨组Ⅰ	长江中下游	1年	3.2	400	2.6	320	35
	冀、鲁南部,苏、鲁、豫、皖、晋、陕、甘		2.9	350	2.5	280	35
	长江中下游	1年干2年根,2年	3.6	450	2.7	350	45
	冀、鲁南部,苏、鲁、豫、皖、晋、陕、甘		3.0	400	2.6	320	45
欧美杨组Ⅰ	冀、鲁北部,苏、鲁、豫、皖、晋、陕、甘的南部	1年	2.0	300	1.9	240	30
	冀、鲁南部,苏、鲁、豫、皖、晋、陕、甘的北部		2.2	350	2.0	280	30
	冀、鲁北部,苏、鲁、豫、皖、晋、陕、甘的南部	1年干2年根,2年	2.2	350	2.0	280	40
	冀、鲁南部,苏、鲁、豫、皖、晋、陕、甘的北部		2.3	400	2.1	320	40

* D1 表示苗干1米处的直径,H 表示苗高

国家苗木质量标准规定:所有出圃的苗木,苗干应该通直,不弯曲;必须充分木质化;苗木不允许有任何病虫害感染。如发现有,则必须立即销毁。所有出圃的苗木,不能有任何机

械损伤，苗根不能劈裂。

三、关于苗木的检验

使用游标卡尺测定苗干1米处的直径，读数精度为0.1厘米。采用米尺测定苗高及根幅，读数精度均为1厘米。检测苗木时，应在避风处进行，防止检测时苗木因被风吹干而脱水。

苗木成批检验。一批苗木是指同一品种在同一苗圃，用同一批种条，采用基本相同的育苗技术培育，并用同一质量标准分级的同龄苗木。不论苗木数量多少，均称为一批苗木。

检验工作限在原苗圃地进行。苗木质量检验抽样的数量：500～1 000株，抽检50株；1 000～10 000株，抽检100株；10 000～50 000株，抽检250株。检验一批苗木时，不合格苗木不得超过5%。如果不合格苗木大于5%，应将不合格苗木检出，直至合格为止。

病虫害苗木禁止出圃，并用燃烧或掩埋的办法，将其就地销毁。

出圃苗木应附苗木检验证书。向外地调运的苗木，要经过检疫并附检疫证书。

四、关于苗木的分级、包装和运输

苗木要修枝，分级，按级捆扎。每捆20～50株。

苗木按表3-2中苗干1米高处的直径和苗高分级，并做好分级标志。

每捆苗木必须有标签。标签上应注明：品种、产地、苗木种类、苗龄、等级、数量、起苗日期、批号、标准编号和检验证号。

苗木在运输途中，必须采取保湿防晒措施。

第五节　杨树育苗中的主要问题

杨树苗木质量，对造林成活率和人工林的生长有重要关系。目前杨树育苗普遍密度过大，出圃苗木细弱，品种混杂，不符合集约栽培的标准。对此，国内外专家曾多次提出改进意见，但在许多地方变化不大。我国普遍用1年生苗或二根一干苗造林。1米高处直径一般为1.5～2.5厘米，仅相当于意大利最差的五级苗的水平。弱苗造林的起点低，人工林的产量和成活率都受影响。

在我国杨树集约栽培中，育苗是一个薄弱环节，用弱苗和不合格的苗木营造杨树丰产林的情况，时有发生。这是我国杨树生产中长期存在而且较为普遍的问题。产生此问题的原因是，低估壮苗的意义，忽视苗木质量，为了片面追求较高的产苗数量和利润，苗木生长因密度过大而受抑制等。这些问题，应该一一加以解决。

一、育苗密度

育苗密度过大，是杨树育苗的通病，也是产生弱苗的主要原因。除了对苗木应按质论价和加强行政干预外，在技术上必须降低育苗密度。为了追求数量，每667平方米育苗数高达5 000～7 000株或以上，这样培育出的苗木必然是细弱的苗木。在一般情况下，为了生产合格的壮苗，黑杨派杨树的育苗密度宜在1 500～1 700株/667平方米之间，最多不得超过2 000株/667平方米。生产种条供繁殖用的，育苗密度可加大到3 000株/667平方米左右。

二、苗木标准

许多国家强调用大苗造林。如意大利规定的苗木，一级苗 1 米高处的直径应大于 5.5 厘米，五级苗木 1 米高处直径在 2.5～3.0 厘米之间。我国各地杨树苗木标准不一，但都低于意大利等国的标准。如我国一级苗 1 米高处的直径，一般在 3.0 厘米左右。由此可见，我国杨树苗的标准是比较低的，但在生产实际中还常见到不达标的杨树苗木。由于育苗密度大，一级苗的比率往往比较低，使用 1 米高处直径在 1.5～2.0 厘米的苗木造速生丰产林，不利于缩短轮伐期和提高单位面积的产量。

作者在山东临沂地区进行了壮苗造林试验。历时 8 年的试验结果表明，I-69 杨壮苗组（平均胸径为 4.4 厘米和 3.5 厘米）第七年时的平均胸径，比对照组苗木（平均胸径为 3.0 厘米和 1.8 厘米）相应粗 2.9 厘米和 2.1 厘米，材积比对照组相应多 4.8 立方米和 5.6 立方米（增加 31%～36%）（详见第四章“杨树丰产栽培技术”中“壮苗造林”一节）。由此可见，用壮苗造林，成本并不增加很多，但增产十分明显，是产出很高的一项投入。因此，作者认为，在长江中下游和中原营造丰产林，苗木 1 米高处的直径应该达到 3.0～4.0 厘米以上，苗高在 5～6 米以上。

三、苗木分级

有些苗圃对出圃的苗木不进行苗木分级，将优劣苗木一起出售。在造林地应该淘汰弱苗和等外苗。造林中常见到苗木参差不齐，影响林木生长和造成林木分化。1991 年，作者在河北邯郸地区的国家造林项目中看到，有一部分毛白杨和黑杨派苗木没有分级，导致林相不整齐、林木分化和减产。应该严格地进行苗木分级，按级论价，分级造林，剔除劣苗，保证苗木均匀一致。

四、插穗采集

杨树扦插育苗所用的插穗，应该采自苗圃1～2年生苗木，不应从大树上采条。有些苗圃忽视这点，由大树上采阶段发育老的枝条扦插，繁殖的苗木有老化和退化的现象，生长状态和干形都差，树皮形态发生变化。由于连年用弱苗做种条，以及从大树上采条繁殖，因而使一些表现很好的杨树良种发生退化，造成严重的损失。此类问题在印度也发生过，后来通过重新引种解决了这个问题。

五、育苗地要轮作和培肥

多数苗圃长期在同一块地上培育杨树苗，有的杨树连作长达十多年，苗木生长渐差，应该合理轮作和注意土壤培肥。

六、品种纯度和苗木质量

杨树苗木品种混淆不纯，是比较普遍的现象。品种混杂的苗木，使购买者误用品种，可能导致造林失败或林木参差不齐。如用于育苗，则可能在社会上以讹传讹，扩大杂苗数量。我国有些林业业务主管部门，将由意大利引进的各种杨树品种笼统地称为“意杨”，在业务部门的计划和技术设计中，常可见到所谓的“意杨”。这样做是错误的，不科学的。多年来，我国由意大利引进的杨树品种多达数十个，它们之间的差别很大，而“意杨”这个称呼模糊了品种间的界限，助长了杨树品种的混杂。作者认为，应该取消“意杨”这个名称，代之以每一个品种的具体名称，以利于对杨树品种的准确认定。购苗者也应该到品种来源可靠的、品种没被混淆的地方去购苗，最好到良种选育单位、由专家和林业局指定的良种繁育地点去买苗。育苗时必须分清品种，按品种分别育苗，切忌混淆。

在有些杨树产区，发现 20 世纪 80～90 年代才开始推广的杨树优良品种，现在已出现衰退，它们的苗木和人工林的长势，一代不如一代。有人归因于老品种不好，退化了。实际上，这是人们的育苗方法不好所造成的。育苗密度过大(每 667 平方米育苗 4 000～5 000 株，甚至 6 000～7 000 多株)，连续多代用病弱苗木做种条繁育后代，从大树或幼树上采枝条作为种条，育苗地肥力低下等，都是导致品种退化的人为原因，而不应该归罪于品种。如不切实改正，现在推广的优良品种很快也会退化。对于退化的品种，可采取复壮的办法进行繁育。

第四章 杨树丰产栽培技术*

杨树速生丰产，要依靠良种和良法。良种只有在良法的配合下，才能充分地发挥增产潜力。良种和良法都是适合一定的环境和条件的，甲地的良种和良法，在乙地就不一定是良种和良法。因此，采用良种和良法，一定要知道它们适用的条件，做到因地制宜。

我国农业大面积推广配套的最佳农艺措施方案，"亩产千斤的水稻栽培模式"，"亩产 400 千克的小麦栽培模式"以及"吨粮田模式"等的推广，卓有成效，可供借鉴。杨树人工林增产同样需要有多种措施的配合，单项措施有局限性，最高产量只有靠综合的优化丰产栽培措施才能取得。

我们在山东临沂地区采取的杨树丰产栽培模式，规定了材积产量指标，确定了达标必备的物质条件和 10 多项丰产栽培技术措施。其特点是，以较高的投入换取最高的产出。杨树人工林的生产力的高低，是林地土壤肥力，杨树品种特性和栽培环境(气候和栽培方法)的综合表现。多数地区现已选用良种，当前限制杨树林生产力的主要因素，是林地土壤肥力低下。土壤是人工林生态系统中物质和能量转换的仓库，土壤肥力水平是仓库的库容和流量的标志。杨树林地土壤物质流量和能量转换如何，决定木材生产力的高低。我国杨树产区

---

* 本章各节所引用的山东临沂地区的杨树丰产栽培试验结果(如壮苗造林试验、造林方法试验、密度试验、灌溉试验、间伐试验、萌芽更新试验)，均为"山东临沂地区杨树丰产栽培中间试验"(1981～1991)项目的成果。此中间试验项目地区的自然条件，可参阅 第五章"杨树丰产栽培模式"第一节。

多是人多地少的平原农区，农田不足，较好的土地不能用来种杨树，杨树林地的水、肥、气、热条件都较差。因此，杨树的丰产栽培模式，应该始终强调土壤肥力，着力培肥土壤，靠人的因素弥补地力的不足。模式中有七项措施，如整地、灌溉、施肥、林农间作、松土除草、杨叶饲用和畜粪还林及掩埋落叶，都是为了培肥土壤。同时还强调：①采用杨树良种，发挥遗传增益；②提高造林技术，用壮苗造林和选用适宜密度；③以无节良材为培育目标，及时合理修枝。山东临沂地区杨树丰产栽培模式的产量指标为：每667平方米年平均产小径材材积为2.0～2.3立方米，轮伐期为4～5年；每667平方米年平均生产中径材材积为1.3～1.8立方米，轮伐期为5～8年；每667平方米年平均生产大径材材积为1～1.5立方米，轮伐期为9～12年。通过配套丰产栽培措施的实施，各项丰产指标均已达到。

20世纪80年代，我们在山东临沂地区将多项优化栽培技术组合成杨树丰产栽培模式，10年间在166.67公顷(2 500亩)中间试验林中予以实施，结果证明，该模式是适用的。20世纪90年代，我们又在辽宁新民市2 000公顷(3万亩)杨树项目造林中，实行了适合当地的高产栽培模式，获得良好效益。读者可以在第五章“杨树丰产栽培模式”中知道详细情况，并根据自己的条件参考应用。

杨树丰产栽培模式在我国采用较少，一般只采用少数不配套的措施，经营比较粗放，致使杨树大多数处于中低产水平。因此，应该大力提倡和推广杨树丰产栽培模式。各地区应该根据当地的气候和立地条件，根据自己的杨树培育目标，制定适合当地条件的杨树丰产栽培模式。杨树丰产栽培模式一般包括以下主要栽培技术。

第一节 造林地选择

一、杨树对土壤条件的要求

与其他树种相比，杨树根系的呼吸速率极强。Eidman 1968 年测定了以下树种 1～2 年生苗木根系的呼吸速率。根系呼吸速率，以每克根（干重）在 24 小时内所释放的二氧化碳的毫克数来表示。所测树种根系呼吸速率，由小到大的排序是：冷杉，23 毫克；橡树，32 毫克；水青冈，43 毫克；山杨，75 毫克；落叶松，82 毫克；白桦，186 毫克；黑杨，403 毫克。由此可见，我们通常栽培的黑杨派杨树的呼吸速率最高，比其他树种高很多倍（见参考文献 27）。

杨树根系所需的氧，是从土壤空气中吸收的。因此，良好的土壤通气，是杨树栽培成功的重要条件。紧实的土壤，大孔隙度小于 10％的结构不良的土壤，不适于杨树。最适于杨树生长的土壤机械组成是：粘粒（小于 2 微米）与粉粒（2～20 微米）的比例为 1∶1，粘粒总含量不超过 20％～30％。青杨和山杨能耐较黏重的土壤。杨树的根系也能利用溶解在土壤水和地下水中的氧气。生长季土壤孔隙中的滞水，会窒息杨树根系，杨树根系不能在水分饱和的土层中发展。杨树根系对氧的需要量较高，土壤通透性不好会导致根系呼吸缺氧，造成危害。在长江中下游地区，选地时要特别注意地下水位过高可能长期淹没根系的问题，减少土壤有效土层的厚度。地下水位高于 1 米的立地，需经排水后才可选用。高地下水位的林地，通过排水可以明显提高杨树的生长量。

土壤容重是单位体积的烘干土的重量与同体积水重之

比。砂土容重小，小于 1.25，单粒结构，大孔隙多，疏松。砂壤、轻壤和中壤土的容重在 1.25～1.35 之间，团粒结构，最适于栽培杨树。重壤和粘土的容重在 1.35～1.45 以上，呈块状结构，土壤容易板结，不适于杨树生长。

植物吸收的营养元素，一部分溶解在土壤溶液中，如碳酸钙和硝酸钙。另一部分阳离子（钾、钙等）和阴离子（磷酸根等），被吸附在土壤吸收复合体上。它们可能由根系和土壤直接交换。吸收性复合体所能吸附的阳离子和阴离子的最大数量，称为代换量。代换量与土壤胶体（即粘粒和腐殖质）的含量有关。缺乏胶体的土壤，如砂土，代换量小，肥力低，不能满足杨树速生丰产的要求。肥力低下的砂土和通体沙，不可能通过改良达到标准，不可选用。选地不当，将累及多年，形成低产林或“小老树”。

二、造林地的标准

造林地选择，是杨树集约栽培成功的关键。立地质量不够标准的造林地，即使增加投入也不易改造好，不能保证高产。对造林地应进行详细的调查，查明土壤的厚度、质地、结构和肥力，以及地下水位等。造林地应选在河流的滩地、阶地或旧河道，采伐迹地以及退耕还林的低产地。杨树丰产林地最好是冲积物上形成的黄潮土，土层厚 0.8～1.0 米，土壤可溶盐含量低于 0.1%～0.2%，地下水位 1.5～3 米。

我国北方地区和中原地区，由于河流上游修水库和农业大量灌溉，以及城乡大量开采地下水，平原地区和河流沿岸的地下水位普遍大幅度下降，降至 3～4 米，甚至数米以下，生态条件发生明显的变化。过去地下水位 1.5～2.0 米的地方比较多，地下水能被杨树的根系利用，现在同一地的地下水位已深不可及了。这对于喜水的杨树是很不利的。水分可给性，对杨树生长的影响可能占到35%的份额。因此，在北方和中原地区的杨树造林地，往往不具备1.5～3米比较理想的地下水位。在选择造林地和从事杨树经营时，对此立地缺陷应该有足够的估计，并尽可能通过灌溉和林农间作予以弥补。

河滩上的砂潮土须经深翻整地、施肥和灌溉，才能满足杨树丰产栽培的需要；褐土、潮褐土和潮棕壤的地下水位低，需要有灌溉条件才适用。土壤的有效土层应在0.8～1米厚以上。栽培杨树的最佳土壤质地为砂壤—轻砂壤，砂土至轻粘土质地的土壤也可选用。土壤pH值应在6～8.4之间，以7～8为最好。土层有机质含量最好在1%～1.5%以上。我国多数杨树造林地有机质含量低于此标准，肥力较低，应该采取林农间作、追肥和掩埋落叶等措施来弥补。

长江中下游、江汉平原和洞庭湖区，是20世纪80年代新发展的杨树产区。这里的气候和土壤条件，很适合美洲黑杨和欧美杨的生长。但是，划给杨树造林的土地，大多是沿江、沿湖由于洪水淹没而不适于农业用的泛滥地，或是地下水位高的土地。黑杨栽培品种有一定的耐水淹能力，洪水连续淹没20多天，对生长几乎没有影响。如果洪水淹没40多天，则对它有较大影响。另外，流水淹没的影响较停滞水淹没轻。在长江中下游，有不少生长不良的杨树人工林，追究其原因，常常是地块的高程过低、洪水淹没期过长，以及地下水位过高。因此，在选择造林地时，要具体调查每一块地的高程，洪水淹没期的长短以及地下水位的高低，不可选用洪水淹没期在40天以上的立地造杨树林。

在北方地区，缺水常常是杨树产量降低的主要原因。但是，在南方长江中下游地区，水分过多往往成为抑制杨树生长的主要原因。那里有些土地，其他条件基本符合杨树的要求，惟有生长季地下水位在60～80厘米以上，土壤有效层的厚度不足，如不修建排水系统，不宜选作造林地。在武汉市郊低洼土地上营造的杨树林，幼林初期就可以看到地下水位对生长的限制作用。杨树的生长量随着地下水位的降低而增加，也就是说，随着土壤有效土层的加厚而增加。经常可以看见，地形略高处杨树的生长就明显比低洼处强。由于地下水位过高的连累，杨树呈现病态，秋季树叶提前变黄和脱落。这样的土壤条件，对于杨树不是理想的，需要排水降低水位。

欧洲的土地资源比较充裕，一般以集约栽培方式培育杨树大径材，对杨树造林地土壤条件要求较高。具体情况如下：

①土层深厚，厚度最好不少于1.5米。为保证根系良好地扩展，每株杨树需有40～50立方米土壤容积。如果有效土层不足，则加大株行距。常用的株行距为5米×6米，6米×6米，7米×7米和8米×8米。

②生长季应有充分的水分供应。地下水位稳定在2～3米深处，而且没有粗沙和卵石层切断毛细管上升水，生长季有600～1 000毫米均匀分布的降雨。

③土壤的细粒（粘粒及粉粒）含量不超过50%。粘粒与粉粒比例大致相等，土壤疏松，通气良好。

④营养元素氮、磷、钾含量较丰富，腐殖质含量应尽可能高，pH值为6.5～7.5。

我国的杨树造林地常达不到上述要求。通过比较，可以知道我国的杨树造林地在质量上存在的差距，以便通过栽培措施加以补偿。

在我国中原地区和北方地区，杨树造林地不同程度存在以下问题：在机械组成上，砂粒多，粘粒和粉粒少，腐殖质含量少，常不到0.5%～1%。地下水位在3～5米以下，杨树利用不到，有季节性的供水不足。在南方地区，长江流域则有土壤过于黏重，通气不良，地下水位过高，减少土壤有效土层的问题。实际上，我国多数杨树造林地的立地条件，与杨树的适宜条件之间，有相当大的差距。即使人工改良土壤，也有限度，太差的土壤不可能改良。

在平原农区，要找到大面积合格的杨树造林地，经常是很困难的。平原农区又是主要的杨树产区，如何找到能保证速生丰产的造林地？作者建议充分利用"四旁"空闲地种植杨树，并采用丰产栽培模式经营。在平原农区或水网地区，应充分利用"四旁"（路旁、水旁、村旁、宅旁）的空地。这些空地，土壤条件经常比较好，生产潜力很大。如道路两侧各种一行杨树，株距4米，每千米道路可栽500株杨树，相当于1.6公顷（24亩）林地（按培育大径材的株行距4米×8米计算）。每一个乡和村都有相当长的各级道路和渠道，如都能建成速生丰产的杨树基地，将使杨树的生产能力得到很大的发展。平原农区的乡村可以对"四旁"的土地进行全面的规划和设计，清除"四旁"的低产树，采用速生丰产的模式种植和栽培杨树。"四旁"杨树栽培丰产化，应该是今后的发展方向。另外，还应多种植对农作物"胁地"作用轻的窄冠型杨树品种，尤其在临近农田的道路和渠道上。

三、杨树立地质量的评价

Baker、Blackmon和Broadfoot，1972年提出了美国美洲黑杨的立地质量评价方法，介绍于下，供作参考。

杨树的生长，取决于四个主要的土壤因素：①土壤的物理性质；②生长季水分可给程度；③养分可给程度；④土壤通气性。这四个因素受各种土壤性质的影响。他们通过对四个土壤因素、各种土壤性质以及杨树生长之间相互关系的调查和统计，提出了美洲黑杨的土壤——立地评价方法，对四个主要土壤因素以及与其相关的土壤性质，按其对杨树生长的相对的重要性，给予了量化的评定，对于杨树栽培土地的选择、应用和管理，具有一定的指导作用。

(一)土壤物理性质

影响土壤物理性质，因而也影响树木生长的土壤——立地性质包括：土层厚度、有无人工或天然的硬盘层、土壤质地和结构、紧实度和以往的利用情况。不良的土壤物理性质降低水分和养分的可给程度和通气性，限制根系容量，影响杨树的生长。土壤物理性质和土壤水分可给性是相关的。紧实的中等质地的土壤，通气性差，水分和养分的运动也差。土壤物理性质也常受以往土地利用的影响。强度的农业利用和放牧使表面土壤紧实，破坏土壤结构。中等质地的土壤连续过度耕作，也会形成人工或机械的硬盘层，减少有效的土壤根系容量，阻碍水分和养分的运动。重粘土、硬盘层、岩石、停滞的高地下水位，限制土壤中根系深度。杨树一般至少要有 1.2 米深不受限制的根系，才能有最好的生长量。

(二)水分的可给程度

生长季适宜的土壤湿度，对杨树生长极为重要。杨树生长所需的水分，大部分是以降雨、洪水和底层补给的形式供应根系的。影响水分供应的土壤——立地性质有：人工的或天然的硬盘层、地形部位、微地形、地下水位深度、土壤质地和结构、泛滥频度及持续时间和以往的土地利用。河滩地的地下水常能为底土提供水分补给，但水位不宜过高，以免影响通气，妨碍根系发育。低洼的微地形，能得到附近的地表径流，生长季水分条件最好。土壤的结构和质地，直接影响水分的渗透、渗漏和保持。如果大小孔隙的比率适当，水分能很快渗入土壤，达到整个剖面。中等质地的土壤，具有较好的颗粒结构，渗水性及持水性较高。紧实的、有人工硬盘层的和结构差的土壤，在杨树生长季常没有适量水分供应。

(三)养分的可给程度

黑杨派杨树生长较快，组织内养分浓度较高。它不仅要求土壤含有丰富的氮、磷、钾元素，而且要求土壤有较高的盐基值和丰富的微量元素。土壤年龄、地质起源、矿物组成、表土深度、有机质、pH 值和以往土地利用状况等土壤——立地性质，都影响土壤的天然肥力和养分的可给态。

土壤的地质起源和矿物组成，对土壤肥力影响很大。养分含量高的母质所形成的土壤，显然较养分含量低的母质所形成的土壤肥沃。粘土矿物能促进良好的阳离子交换，粘土矿物比例高的土壤，肥力一般高。

有机质是潜在的土壤养分来源，也是土壤养分代换复合体的一部分。强度农业耕作和种植，常减少土壤的有机质总量和养分贮备。由于土壤表层可溶性养分的淋溶，土壤的养分含量随年龄增高而减少。剖面的发育表明淋溶情况，因而也说明了土壤年龄。在泛滥平原上发育的土壤，由于富有近代冲积物沉积，因而具有较高的肥力。

许多元素在一定的 pH 值范围内固定在土壤中，不能被植物吸收。所以，土壤 pH 值对养分的可给程度是很重要的。pH 值接近中性 7.5 时，多数养分都能被杨树所吸收。

(四)土壤通气性

空气和水是同一土壤孔隙的空间竞争者，土壤中的水分可给性和通气性之间有着密切的关系。土壤中适宜的水气平衡，对杨树的良好生长是很重要的。黑杨派杨树在空气不足，水分饱和的土壤上是长不好的。缺氧或二氧化碳过多时，根的呼吸受限制，从而妨碍养分的吸收和利用。通气良好，同时又有丰富的可给态水分的土壤，其大孔隙和小孔隙必须有一个合理的比率。在温带地区，一般大孔隙和小孔隙的容积比率应为 1∶1 。大孔隙能迅速排水，故能通气，而小孔隙能保持水分。如果土壤只有大孔隙或只有小孔隙，就难以保持适宜的水气平衡。表层或近表层有锈斑或呈暗灰色，说明土壤通气不良。

Baker、Blackmon 和 Broadfoot，对四个主要土壤因素，以及与其相关的土壤性质，按其对杨树生长的相对重要性，给出以下图 4-1 所示的量化评定。

在理想立地上，30 年生杨树可期望的最大高度为 39 米，即立地指数为 39 米。图 4-1 表示，在理想的立地上，立地指数比率（括号中的数字）在四个主要土壤因素及其各个土壤性质之间的分配（分配份额）。39 米树高在四个主要土壤因素间的分配（即立地指数比率）如下：土壤物理性质占杨树生长量的 35%（39 米中的 13.8 米），土壤水分可给程度占杨树生长量的 35%（39 米中的 13.8 米），养分可给程度占杨树生长量的 20%（39 米中的 7.8 米），土壤通气性占杨树生长量的 10%（39 米中的 3.6 米）。各土壤性质也得到相应立地指数比率。

立地指数也称地位指数。直接以树种的规定年龄的树高绝对值，作为表明林地地位高低的指数。一般以成熟年龄林分中优势木的平均高度为准。根据树种及其不同立地条件的立地指数，可以划分立地指数级，在生产中，可用来表明立地的质量及其生产力。杨树人工林的产量是土壤物理性质、土

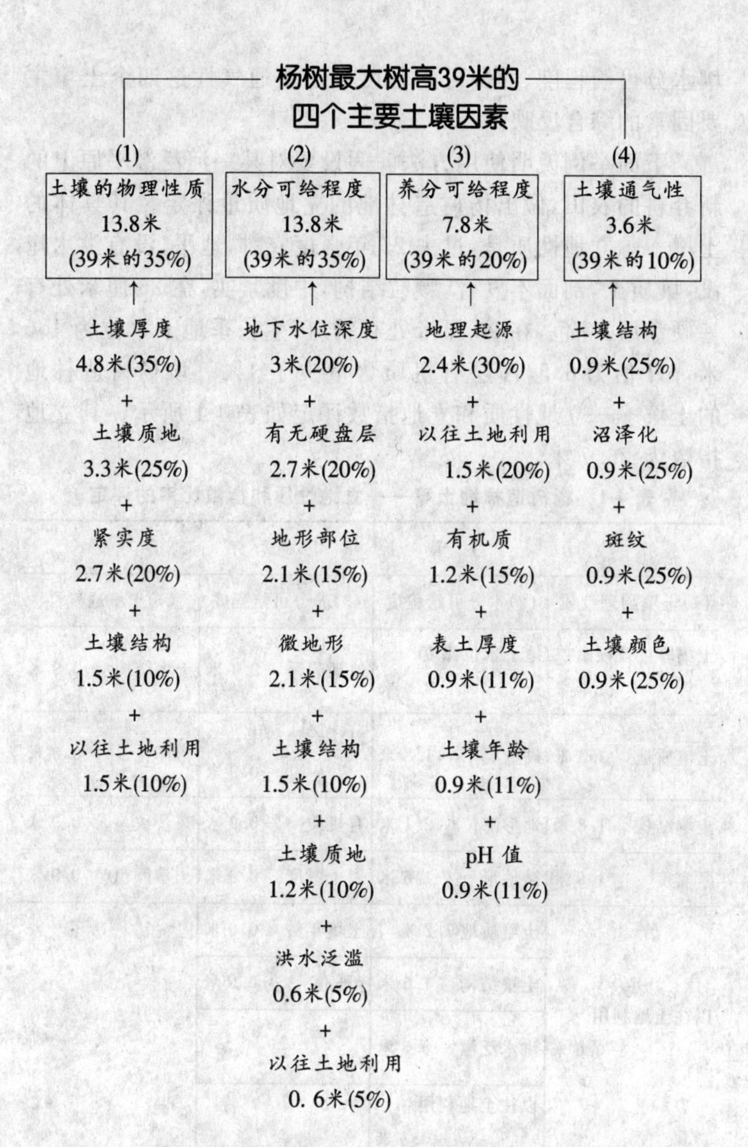

图 4-1　四个主要土壤因素及其各种土壤性质的立地指数的比率

壤水分可给程度、养分可给程度和土壤通气性这四个土壤主要因素的综合反映。

下面举例说明使用方法。假设要对某一河泛滥平原上的新弃耕的农田，做出杨树造林地的立地质量评定。其具体的土壤——立地性质是：过去25年强度农耕，地平，没有洪水淹没，壤质土，剖面不发育，颗粒结构，中度紧实，在25厘米处有一硬盘层，棕色，在90厘米处有锈斑，生长季地下水位为1.5米，pH值为6.5，A层有机质含量少于1%。该杨树造林地的土壤——立地性质和立地指数评定如表4-1所示。其立地指数为26.7米。

表4-1 杨树造林地土壤——立地性质和指数比率的评定

主要土壤因素			
(1)土壤物理性质	(2)水分可给程度	(3)养分可给程度	(4)土壤通气性
土壤厚度及硬盘层 3.3米	地下水位深度 3.0米	地理起源 2.4米	土壤结构 0.9米
土壤质地 3.3米	硬盘层 1.8米	以往土地利用 −0.9米	沼泽化 0.9米
土壤结构 1.8米	地形部位 2.1米	有机质 −0.9米	斑纹 0.9米
紧实度 1.5米	微地形 1.5米	表土厚度 0.9米	土壤颜色 0.9米
以往土地利用 −0.6米	土壤质地 1.2米	土壤年龄 0.9米	
	土壤结构 1.5米	pH值 0.9米	
	洪水泛滥 −0.3米		
	以往土地利用 −0.3米		

续表 4-1

主 要 土 壤 因 素			
(1)土壤物理性质	(2)水分可给程度	(3)养分可给程度	(4)土壤通气性
总计 9.3 米	总计 10.5 米	总计 3.3 米	总计 3.6 米
总计量为理想立地的比率 67%	总计量为理想立地的比率 76%	总计量为理想立地的比率 42%	总计量为理想立地的比率 100%
所选造林地的立地指数＝26.7 米			
理想立地条件的指数 13.8 米	理想立地条件的指数 13.8 米	理想立地条件的指数 7.8 米	理想立地条件的指数 3.6 米
理想条件下的树高(立地指数)＝39 米			

图 4-1 和表 4-1 说明，通过与理想立地的比较，可以看到所选的立地的各土壤因素，及其土壤—立地性质与理想立地的差距；还可以看到，土壤物理性质和水分可给程度这两个因素的重要性，它们的立地指数比率相应占理想立地的 67% 和 76%；营养可给程度的分数仅占理想立地的 42%，说明所选造林地缺乏养分，应通过施肥改善杨树的立地质量。立地指数不超过 24 米的立地，在美国被认为不适于种植杨树。此方法将立地指数分配给各个主要土壤因素及与其相关的土壤—立地性质，有助于正确了解造林地的立地条件。根据各地条件加以修改后，此方法可用于世界各种土壤为黑杨派杨树评价土壤—立地条件(见参考文献 38)。

第二节 整 地

我国的杨树栽培集中在平原地区。这里人多地少，较好的土地已用作农田，可用于杨树栽培的土地，往往是有某些缺陷而不适于农作物生长的土地。对这些质量偏低的土地，在造林前进行深翻整地，有特别重要的意义。许多杨树产区的经验证明，通过细致的深翻整地和客土，能使低产的林地丰产。深翻整地，降低了土壤的紧实度，改善了土壤的通透性，有利于杨树根系对深层土壤的利用。根系调查发现，在翻松的土层中，杨树的根系明显多于没翻动的土层。整地的方法和标准，有以下四种，可根据条件选用。

一、全面深翻后挖大穴

首先，将杨树造林地全面翻耕 30～40 厘米深，在定植点上挖 1 米×1 米×0.8～1 米的大穴。这种方法可用于荒地和采伐迹地整地。

二、带状深翻

沿植树行挖 1.5～2 米宽、0.8～1 米深的壕，回填时将表土或较好的壤土，填在 30～60 厘米深杨树的主要根系分布层。在壕内定植点挖 0.8 米深的穴。如果土壤砂性过大，最好由近处运来粘土或粘壤土，与砂土相掺后回填。每 667 平方米客土 50～100 立方米。山东临沂地区的群众，在冬闲季节采用此法整地，将低产林地和采伐迹地，改造为丰产林地，效果显著，但用工较多。

根据我们在山东莒县五年试验的结果，带状深翻地 I-69 杨的平均胸径，比对照（大穴整地）粗 1.6～2.1 厘米（增粗 11%～17%），平均每 667 平方米材积比对照多 0.95 立方米（增加 18.6%）。

三、大穴整地

在“四旁”地栽植杨树不便全面深耕的条件下，可以挖1米×1米×0.8～1.0米的大穴，用来栽植杨树。

四、客土深翻整地

此法用于低产林采伐迹地和贫瘠的河滩砂地，每667平方米客土200立方米，将附近的淤积壤土运来，盖于地表20～30厘米厚。然后，全面深翻0.8米，使之与砂土掺匀。通过客土改地，山东省费县祊河林场将大面积低产林地，改造成为丰产林地。一次性投入劳动虽多，但能长期发挥改土的作用。该林场通过整地及其他集约栽培措施，使木材产量提高了几倍，在瘠薄的河滩地上营造了大面积丰产林。经济条件不够的地方，不宜采用此法整地。

第三节　良种壮苗

杨树丰产栽培，要依靠良种良法。良种对杨树丰产具有重要意义，起着决定性的作用。目前，我国已有大量适合各区域的杨树优良品种，可供各地选用。正确选择良种可以带来巨大的增益。由于品种选择不当而造成多年损失的事，曾屡次发生。因此，要特别重视正确选择杨树栽培品种。

杨树苗木质量，对造林成活率和人工林的生长，有密切的关系。但是在生产中，培育和使用壮苗常被忽视，即使是国营林场，营造杨树速生丰产林，也并没有全部使用壮苗。目前，杨树育苗普遍密度过大，出圃苗木细弱，不适合集约栽培。我国普遍用1年生苗或二根一干苗造林。1米高处直径一般为

1.5～2.5 厘米，仅相当于意大利的五级苗的水平。弱苗造林，起点低，人工林的产量和成活率都受影响，生长滞后，在整个轮伐期都表现出来。人们往往觉察不到由此造成的损失。1982～1988 年，作者在山东省临沂进行了壮苗造林试验。供试验的 I-69 杨苗木，被分为四组，规格列于表 4-2。

表 4-2 四组供试 I-69 杨苗木的规格

组　号	平均苗高(m)	平均胸径(cm)	苗　龄	定植株数
1	6.12	4.4(4.0～4.9)	3 年根 2 年干	21
2(对照)	5.50	3.0(2.7～3.5)	3 年根 2 年干	18
3	5.60	3.5(3.1～3.9)	3 年根 2 年干	21
4(对照)	3.12	1.8(1.6～2.1)	1 年根 1 年干	18

经过 7 年的试验，得出以下结论：造林时，杨树壮苗组的平均胸径(4.4 厘米和 3.5 厘米)分别比对照组粗 1.4 厘米和 1.7 厘米。壮苗起点高，这一优势在 7 年中一直保持着，并有扩大的趋势。第四年末，杨树壮苗组的平均胸径分别比对照组粗 3.0 厘米和 2.6 厘米。第七年末，杨树壮苗组的平均胸径，分别比对照组粗 2.9 厘米和 2.1 厘米，壮苗组的每 667 平方米平均材积，分别比对照组多 5.59 立方米和 4.82 立方米，材积分别增产 31% 和 36%。如果第一组和第四组相比，材积增产幅度更大，达 72%。由此可见，壮苗的增产作用十分明显(表 4-3)(见参考文献 3)。

第七年时，壮苗组平均胸径比对照组(平均胸径为 3 厘米的 2 号组，平均胸径为 1.8 厘米的 4 号组)的苗木粗 2.9 厘米和 2.1 厘米，按杨树出材率为 70%，当时当地杨木每立方米 300 元计算，壮苗组每 667 平方米增收 1 012.2～1 173.9 元。

表 4-3　I-69 杨壮苗造林对材积产量的影响

调查时间	组　号	平均树高 (m)	平均胸径 (cm)	平均材积		
				m^3/株	$m^3/667m^2$	%
第四年末 (1985)	1	15.87	22.08	0.2446	10.86	138
	2(对照)	15.19	19.06	0.1775	7.88	100
	3	16.08	19.69	0.1958	8.69	139
	4(对照)	15.26	17.08	0.1403	6.23	100
第七年末 (1988)	1	21.80	28.20	0.5258	23.35	131
	2(对照)	20.40	25.30	0.4000	17.76	100
	3	21.80	25.00	0.4142	18.39	136
	4(对照)	18.89	22.90	0.3057	13.57	100

而每 667 平方米壮苗的成本费只需 30 多元。可见用壮苗造林，成本并不增加很多，但每 667 平方米可增产 4～5 立方米的材积，效益十分明显，壮苗投入的回报是很高的。事实证明，营造丰产林最好用 1 米处直径为 3～4 厘米，高 5～6 米的壮苗。苗木的起点高，还可以缩短轮伐期。

在造林地常见到苗木参差不齐，因为在出圃前没有进行苗木分级，没有淘汰弱苗和等外苗。这将影响林木生长和造成林木分化。因此，造林应使用均匀一致的苗木。意大利、法国等欧洲国家，多用 1 米高处直径大于 4～5 厘米的二年生大苗造林，是有其道理的，我们学习意大利经验多年，这一项还没有学好。

南京林业大学吕士行、徐锡增等人，对南方型美洲黑杨 I-

63杨、I-69杨和I-72杨的一根一干苗和二根一干苗，在苗圃中的表现，进行了研究，得出以下结果：一根一干苗，在4～6月份前期，生长量比较小，苗高生长占全年的29.9%～38.8%；7～9月份后期，生长量比较大，苗高生长占全年的61.2%～70.1%，秋梢比例很大。一根一干苗的秋梢，在秋季寒潮到来之前，往往来不及木质化，组织比较疏松，容易失水；如遇冬、春温度较低，雨量较少，很容易发生大量枯梢。二根一干苗，则与之相反，其根龄比前者大一年。4～6月份前期的生长量比较大，苗高生长占全年的56.5%～58.7%；7～9月份后期的生长量比较小，苗高生长占全年的43.5%～41.3%，生长结束较早，苗木木质化程度较高，因而造林成活率较高。二根一干的壮苗，组织充实，生活力较强，造林成活率比较高，栽后早期速生，营造速生丰产林最好采用这样的苗木(表4-4)(见参考文献51)。

表4-4　生长季前期和后期不同苗龄杨树苗木的苗高相对生长量

品　种	苗　龄	前期4～6月份 苗高相对生长量(%)	后期7～9月份 苗高相对生长量(%)
I-63杨	1根1干苗	56.5	43.5
	2根1干苗	29.9	70.1
I-69杨	1根1干苗	56.6	43.4
	2根1干苗	37.8	62.2
I-72杨	1根1干苗	58.7	41.3
	2根1干苗	38.8	61.2

意大利的杨树苗木标准为：1米高处的直径，一级苗大于5厘米，二级苗为4.6～5.4厘米，三级苗为3.8～4.6厘米，四级苗为3～3.8厘米。与我国的标准相比较，意大利的杨树

苗木标准高出很多。意大利人用大苗造林，苗高6米以上，造林时剪去全部侧枝，第一轮侧枝着生处在7米高以上，减轻了以后的修枝，有利于培育树干通直的无节良材。

意大利、法国和欧洲南部各国，要求杨树苗木必须同时满足粗度和高度两个标准，采用以下标准控制苗木的质量：

$$H/D = \text{苗高(厘米)}/\text{直径(毫米)} = 14\sim18$$

要求2年生杨树苗的苗高/直径的比值，应在14～18之间。各国苗木的苗高/直径值的变异范围比较大，在10～23之间。苗高/直径的值越大，说明苗木越细高；苗高/直径的值越小，说明苗木越粗壮，造林效果越好。我国的杨树苗木的苗高/直径的值，经常比较大，苗木细高。意大利人用苗高直径比作为衡量杨树苗木质量指标的做法，值得我们借鉴。

第四节　造林方法

造林成活率，对于杨树林的高产十分重要。由于杨树林木速生，补植的幼树在生长上明显落后，最后成为弱势的被压木，有名无实，等于缺株，导致减产。根据作者的经验，杨树速生丰产林第二年补植，劳而无功，经常无效。杨树丰产林的单位面积株数一般比其他树种的少，如培育大径材，每667平方米株数只有20株左右，如有两株种不活，就是缺10％，材积产量损失很大。杨树丰产林因缺株而减产的现象，屡见不鲜。因此，杨树丰产林的营造，要争取高存活率，一次成功，最好一次全苗。为了实现高产，应选择适宜的造林方法，精心施工，使成活率达到95％～100％，做到一次造林成功，不再补植。

我国中原地区和北方地区经常发生春旱，而且早春气温上升比地温快，不利于所栽植杨树的生根和成活，大面积造林的成活率有时仍不高,不稳定。目前,普遍采用单一的常规造林方法,不能适应不同条件,造林成活率不高仍是经常遇到的问题。因此,应该分析造林地区的气候和土壤特点。根据当时的旱情、土壤湿度以及苗木的水分状况,分析有利和不利的因素,有针对性地选择适宜的造林方法。

杨树造林的成败及成活率的高低,主要取决于杨树苗木栽后地上和地下部分的水分平衡,即干、枝、叶的水分消耗与苗根吸水保持平衡。我国北方早春大气增温快,土壤解冻和增温慢,早春的气候不利于苗木水分的收支平衡,常常造成苗木发芽放叶快,蒸腾耗水量多,而根系生长慢,吸收水分少,加上有些地区有风沙干旱,这就更增加了苗木的耗水量,从而导致苗木失去水分平衡而枯死。

造林前,应对上述水分平衡有充分的估计。所采取的造林技术措施,一方面应尽可能保证苗木更快地生根和生有更多的根量,比如通过深栽,使一部分苗干转化为根,即由地上部分转为地下部分,由消耗水分转化为吸收水分;另一方面,通过截去部分苗干及枝叶,甚至全部苗干,调控地上部分的耗水量,使苗木“开源节流”,保持水分平衡。

不论在北方或长江中下游,杨树丰产林的营造,是一项投入较高而又有风险的步骤,也是给杨树人工林整个轮伐期打基础的关键步骤,造林前应该认真制定符合实际情况的造林技术措施。以下列举的几种造林方法,是为不同气候和不同立地条件而制订的。它们适用的条件各不相同,应该因地制宜地选用。

一、常规造林

种杨树一般提倡“三大一深”,即采用大株行距、大穴和大苗，并要深栽。植树穴的规格为80～100厘米×80～100厘米×80～100厘米。栽植深度为80～100厘米，是为了使苗木有一定的干部能转化为根，增加根量，以吸收深层湿润土壤中的水分，提高抗旱力和成活率。一般用带根的大苗造林。苗木应强度修枝。

常规造林方法，只宜在造林后能及时灌水的条件下采用。如果春旱较重，又不能及时灌水，或带状深翻后渗漏加大，引起土壤干燥，则不宜用常规造林方法。在长江中下游地区，冬、春雨水较多，没有北方那么严重的干旱，杨树造林比较易成活，可采用常规造林的方法。

二、插干苗深栽

亦称插干深栽，截根苗深栽。在我国“三北”地区，20世纪80年代已大面积推广，效果很好。沿河滩地和台阶地，宜推广此法。在北方地区，地下水位1.5～2.0米的造林地，可用截根的大苗深栽入地下水中。在带状深翻和挖大穴时，可在沟底或穴底挖小穴，或用铁钎打孔至地下水，插入截根苗。用钢钎打孔时，可先挖小穴，倒入少量水，打孔时可湿润孔壁，使土变软，并防止砂土下塌，减少摩擦，可以提高工效。采用此法栽植的杨树成活率高，生长量大，苗木抗旱力强（彩图4.6，彩图4.7，彩图4.8，彩图4.10）。

此造林技术已被列入林业部1990年100项推广项目和国家科委重点技术推广项目。深栽入地下水的杨树，由于加深和扩大了根系，以及插干浸水部分能直接吸收地下水，所以有明显的水分优势，在无灌溉的条件下能达到95%以上的高成活率。我国西北地区推广此技术已取得好效益。在我国西北绿洲、沙漠丘间低地、湖盆周围、沿河阶地和山前地带，凡地下淡水深 2 米左右的非盐碱土，均可采用此法。据 1989 年的统计，在“三北”地区，其推广面积达到 4 600 公顷(6.9 万亩)。

中原地区和长江中下游地区，试验和推广了此法。为了解决杨树深栽大苗不足问题，1991～1993 年，我们与湖北省嘉鱼县林业局及山东省沂水县林业局协作，在世界银行贷款支持的国家造林项目中，进行留根育苗与截根苗深栽试验，试验面积共计 30 公顷(450 亩)(彩图 4.1)；接着在湖北仙桃市刘家垸林场又进行了杨树留根育苗—截根苗深栽系列技术的中间试验，试验面积 200 公顷(3 000 亩)，通过了技术鉴定(彩图 4.2，彩图 4.3)。彩图 4.4 清晰地表现了深栽的一年生截根苗干上所形成的大量不定根。试验效果良好，既提高了苗木质量，又提高了造林质量，一举两得。1992～1995 年，山东省推广了 2 000 公顷(3 万亩)，湖北省推广了 5 960 公顷(8.94 万亩)。由于条件适宜，现在此法在湖北已经普及。

长江中下游雨量和温度条件较北方优越，使用此法造林的潜力更大。在这里经常有适于造林的土壤湿度，不必像北方地区那样将插干深栽入地下水中，其插干只需深栽到 80～100 厘米深的穴中即可。中原地区沿河地下水位较高(1～2 米)的立地，在水分条件较好的情况下，也可深栽到 80～100 厘米。但是，如果土壤干旱，或不湿润，则不可采用。大面积生产性试验表明，截根苗深栽的成活率和生长量，均不低于常规造林。在山东省沂水县，深栽于地下水中(地下水位 1.6～1.7 米)的 I-69 杨和中林 46 号杨的截根苗，显示出很强的抗旱力。1992 年 5 月上旬到 7 月上旬，降水量为 48.5 毫米，较历年同期降水量 225.1 毫米少 176.6 毫米，出现了沂水县历史上少有的大旱。干旱使常规造林的杨树大量落叶，以后又发新叶，新梢冬季又干枯。而深栽造林的杨树，基本没有因干旱落叶的现象。1991年和1992年都观察到，深栽的杨树较常规造林的杨树，秋季晚落叶5～10天。

据报道，近几年来，湖北老河口市经常发生春旱，而且早春地温偏低，不利于杨树生根，杨树大面积造林成活率不高。当地汉江沿岸沙滩地和阶地，地下水位为1～1.5米。1997年前后，在沟底或穴底挖小穴至1米深，或用铁钎打孔至1米深，插入截根苗，浇入适量水，填土封实孔。或用截根的大苗深栽入地下水中。用此法造林233.3公顷，其成活率提高到97%以上，而且生长量大，方法简单，省工省时。

插干深栽，一般采用1米处直径大于2.5厘米，苗高4米左右的苗木。在长江中下游秋、冬、春三季，均可进行插干深栽。秋、冬季，只要有雨，土壤湿润，深栽效果就很好。在中原地区，山东和河南，只要土壤湿润，可以插干深栽。

三、长截干苗秋季深栽

进行长截干苗秋季深栽时，将1年生杨树苗在根颈以上35厘米处截干，苗木根系长30厘米。所挖栽植穴为60厘米×60厘米×60厘米。栽植深度为60厘米。栽时将苗木置穴中扶正，回填表土至根颈以上5厘米(半坑深)时，提苗3～5厘米，舒展根系，然后将填土踩实。再回填半坑土，并踩实至与地面相平。外露的苗木顶部，用土埋上。关于长截干苗秋季深栽方式的优点，详见第五章“杨树丰产栽培模式”第二节。

四、平茬造林

在旱情严重、常规造林把握不大时，或常规造林后苗木地上部分忍耐不了干旱和风沙，开始由上而下地干枯时，应采用平茬造林法。即在根系和茎干尚未失水或失水不多时,及时平茬或强度截干。错过平茬时机,苗木不能保活或生长不良。

有的林场预见到全苗栽植后地上部分会枯干,降低成活率,因此,造林前就在根颈以上 20～30 厘米处,将主干截去,挖 50～60 厘米深的穴,将苗根和苗干基部全部埋入穴中。用此法秋、春两季均可造林。苗木被埋在土中,能保持水分平衡,成活率高。其缺点是,苗干由零开始生长,起点低。

五、插条造林

在缺少苗木,土壤湿度较高时,可采用插条造林。插条截自 1～2 年生苗木,长 50～80 厘米,粗 2～3 厘米以上。栽植深度决定于当地条件,一般以 50～80 厘米深为好。插条上端与地面平,或高出地面 3～5 厘米,以利于发芽。这种方法与平茬造林相似,为了躲避干旱的威胁而全埋不露。其优点是节省苗木,1 株苗可截成 3～4 根插条,而且成活率高。留根育苗与插条造林结合,可形成完整的育苗和造林系列技术。

造林前,对插条进行催根处理。在北方地区,早春从土壤解冻化透到苗木萌芽时间短,因此造林季节短,大气增温快于土壤增温,放叶往往快于生根,为此常导致水分失衡。为了加快生根,宜预先将插条全浸于水中 3～4 天,取出置于砂土上,盖上塑料布增温催根数日。待插条皮部形成生根的突起时,即可造林。缺少浸水条件的地方,可挖坑,铺塑料布于坑内,再放水浸插条。

归纳以上各种造林方法的特点,无非是一方面增强地下部分,增加根系深度和根量,增加水分吸收;另一方面,削减地上部分,缩小干、枝、叶的体积,减少蒸腾耗水。只是各种方法增强根系的程度,和减缩干、枝、叶的程度不同而已。插干深栽，最大限度地增强了根系；平茬造林最大限度缩减了干、枝、叶。长截干苗深栽，则既增强了根系，又缩减了干、枝、叶。这一切都是为了抗旱保活。不论采用那种方法，都必须采取以下的措施：

第一，栽植前，将苗木基部 1 米长部分浸水 3～5 天。

第二，剪去全部侧枝，以减少蒸腾；顶梢木质化不好、顶芽不饱满者，可截梢至饱满的侧芽。

第三，起苗时尽量保证根系完整。起苗和运苗中，必须防止苗木晾晒失水，并随时采取防止风干和保湿的措施。苗木运到栽植地后，必须认真进行假植。

第四，栽植时，分三次回填土于植树穴，分层踏实，使苗木根系与土壤紧密结合。同时，要及时灌足水。

六、造林季节

长江中下游地区，人们习惯于春季种杨树。但是，春季经常阴雨连绵，又是农忙季节，不便整地和栽植，易误农时。秋、冬两季种杨树，效果不差于春季，甚至更好。因为秋、冬季深栽于土中的苗木根系和茎干，有较长的时间可以生根，有利于成活和迅速生长。因此，在长江中下游地区，除春季外，可以推广秋季和冬季种杨树。种植时间，以 11 月初到 12 月中旬雨水较多时最适宜，因为此时的气温和地温均较高。气温低于 0℃时，造林效果差。

北方地区主要在春季造林，应在土壤解冻化透到苗木萌芽之前进行。

在山东临沂地区及苏、豫、皖地区，春季造林时间对 I-69 杨、I-63 杨和 I-72 杨的成活率有很大影响。这三种杨树是南方型黑杨，生根需要的土壤温度比一般的杨树高。例如，在山东东南部的临沂地区，3 月下旬气温开始上升，如早种，生根慢，苗木失水较多，成活率较低。根据经验，在临沂地区，I-69 杨和 I-72 杨最适宜的造林时间，是 3 月底到 4 月初。清明以前，平均气温刚开始稳定通过 10℃之时，这时气温和地温升高快，有利于埋在土中的苗干形成不定根。清明以后，杨树开始发芽，不宜造林。窄冠白杨在北方地区，也有春栽宜晚的经验，这是为了使苗木在栽后就有最佳的生根条件，并且缩短苗木等待最佳条件的时间。

春季造林，有春旱、气温急剧升高和苗木水分容易失去平衡等不利因素，而且造林时间短，劳力较紧张。在冬季不很寒冷和干旱的中原地区，秋季造林如适时和得法，效果甚佳。秋季虽然气温降低快，地温却降低慢。据在山东临沂地区莒县的测定，80 厘米深处的土壤温度，11 月份为 14.6℃，12 月份为 9.3℃，3 月份为 7.8℃，4 月份为 12.5℃。在这样的温度下，如果有适宜的土壤湿度，秋栽的苗木可以利用漫长的秋、冬季，缓慢地生根和形成愈伤组织，在翌年春季放叶前形成大量的根，对成活和生长十分有利。秋季造林宜早。初霜之后，苗木叶子开始发黄和脱落时，即可秋栽。宜用木质化好的壮苗，强度修枝，深栽至 80～100 厘米。栽后及早春应浇水。但是，在我国北方地区冬季寒冷，干旱多风，秋季常规造林苗木地上部分容易失水，效果不好。然而，苗木全埋在地下的平茬造林、长截干苗深栽造林，则可以在秋季进行。

第五节　栽植密度

密度，是杨树人工林集约栽培的重要因素，密度一旦确定，在林分整个生长过程中都起作用，对采伐年龄和产量影响很大。确定合理的密度，应考虑到树种的生物学特性和林木个体间的关系，保证林木群体能最大限度地利用空间，达到高产和希望培育的木材径级。同时，要考虑到不同材种的价格和经济效益。

我国杨木，主要用作民用材和工业用材。民用材主要用于农村建房作檩条和梁，其需要量不稳定，随建房多少而变。同时，因使用建材代用品，杨木的用量也有所减少。杨树工业用材的需要量增长很快，经常供不应求。杨木小径材用于造纸、制造纤维板等；大径材用于制造胶合板和火柴。杨木工业用材的需要量，一般比较稳定。确定密度应该以各地市场需要的杨木材种为根据。

杨树是喜光树种，常是空旷地的先锋树种。在河谷的冲积土上，有杨树和柳树自然分布。用在全光下，每平方分米叶面积每小时吸收二氧化碳的毫克数，表示各树种的二氧化碳同化强度，其具体情况如下：橡树为 10～13 毫克，水青冈为 10～12 毫克，白蜡为 20 毫克，欧洲山杨为 20 毫克，欧美杨为 15～25 毫克。欧美杨的碳素同化强度最高，说明它对光的需求高。林分密度决定杨树的光照条件，在确定密度时，应该考虑到杨树对光的较高的需求(见参考文献 27)。

杨树的趋光性较强。当光照条件变化时，杨树的主干倾向于最强光的方向。这种现象是由于侧方光对生长激素的抑制而引起的。人们在宽林带的两侧，常见到倾斜上长的杨树。杨树的趋光性随其种和无性系的不同而不同。如 I-214 杨的趋光性极强，而健杨的趋光性不很强，因此，健杨在欧洲常用于行状造林。杨树的顶端优势明显，树干直立。如钻天杨、箭杆杨与新疆杨等的顶端优势，是由于顶端的分生组织的活动力强，抑制了侧枝的生长。

密度一般对树高的影响不很大，但对林分平均胸径和平均单株材积，影响很明显。随着年龄的增大，密度的作用愈加明显。单位面积蓄积量，受单位面积株数、平均单株材积和年龄因素的制约。生产小径材，单位面积上株数多，平均单株材积较少，林分的数量成熟较早，采伐期较早。生产大径材则相反，单位面积上株数少，平均单株材积较多，林分的数量成熟较晚，采伐期比较晚。数量成熟龄，是用材林在单位面积上每年生产材积数量最多时期的年龄。这个时期也是林木平均生产量最大的时期，因此也叫平均生长量最大成熟龄。

在林分初期，幼林阶段，单位面积株数对产量起主要作用；在林分后期，近熟林和成熟林阶段，单株材积的作用由弱变强，取代单位面积株数，对产量起主要作用。因此，培育大径材要为林分后期单株材积的增大，提供足够的单株营养面积（为 30～64 平方米）和较长的轮伐期（为 12～15 年）。

1979 年，国际杨树委员会规定的杨树密度等级标准，如表 4-5 所示。从表 4-5 中，由中等密度级的单株营养面积 25～35 平方米，到很稀密度级的单株营养面积＞60 平方米，可以看出国际上是重视和倾向杨树稀植的。这对我们克服杨

表 4-5　国际杨树委员会 1979 年规定的杨树密度等级

密度等级	每株占地面积（m^2）	每公顷株数	每 667m^2 株数
很　密	＜10	＞1000	＞66
密	10～25	1000～400	66～26
中　等	25～35	400～285	26～19
一　般	35～45	285～225	19～15
稀	45～60	225～165	15～11
很　稀	＞60	＜165	＜11

树种植过密的倾向有参考价值。我国的杨树密度主要属于密的前三级，极少有稀的后三级。

1980～1991 年，在山东省临沂地区“杨树丰产栽培中间试验”中，采取了 8 个密度级的试验，研究培育杨树各种材的适宜密度和轮伐期。密度试验是在暖温带半湿润气候条件下进行的，当地年平均温度为 12℃～13℃，年降水量为 800～900 毫米，属于平原农区，并实行农林间作和集约栽培。密度试验的结果，列于表 4-6 和表 4-7，可供条件类似地区参考。

表 4-6　杨树密度试验林的密度等级、培育径级和采伐年限

株行距(m)	2×3	3×3	2×5	3×4	3×5	2.5×6	3×6	4×5	5×6
单株营养面积(m^2)	6	9	10	12	15	15	18	20	30
每 667m^2 株数	111	74	66	55	44	44	37	33	22
采伐年限(年)	4～5	5～6	7～8	7～8	8～9	8～9	8～9	9～10	12～13
培育材种及径级(胸径,cm)	小径材(造纸材、纤维板材) 13～14	小径材(造纸材、纤维板材) 16～17	中小径材(造纸材、纤维板材、农用材) 20～21	中小径材(造纸材、纤维板材、农用材) 20～21	中径材 21～22	中径材 21～22	中径材(农用材) 22～23	中径材(农用材) 25～26	大径材(胶合板材、火柴梗材) >33～34

表 4-6 说明，培育小径材，可选用 2 米×3 米和 3 米×3 米株行距。培育中小径材，可选用 2 米×5 米和 3 米×4 米株行距。培育中径材，可选用 3 米×5 米和 3 米×6 米株行距。培育胸径 30～40 厘米的大径材，可采用 5 米×6 米、4 米×8 米、6 米×6 米的株行距。目前，我国很少采用 7 米×7 米和 8 米×8 米的“稀”和“很稀”的密度级来培育大径材。如果要培

育更粗的大径材(胸径为 50～60 厘米),30 多平方米的单株营养面积仍不足,株行距应扩大到 7 米×7 米和 8 米×8 米。

表 4-7 不同等级密度对杨树材积生长量的影响

株行距(m)	杨树无性系	林龄(年)	平均胸径(cm)	平均树高(m)	平均单株材积(m^3)	平均每667m^2蓄积(m^3)	年平均每667m^2材积生长量(m^3)
2×3	I-214	4*	12.5	15.6	0.0839	9.31	2.33
2×3	I-69	4*	13.1	15.5	0.0867	8.86	2.21
2×3	I-69	6*	14.26	16.95	0.1020	11.32	1.90
2×3	I-72	7*	16.6	18.4	0.1541	17.11	2.44
3×3	I-69	5*	16.0	16.6	0.1237	8.66	1.73
3×3	I-214	5*	15.7	15.5	0.1129	8.24	1.65
3×3	I-69	6*	17.9	17.9	0.1619	11.34	1.89
3×3	I-214	6*	17.3	16.8	0.1442	10.53	1.76
2×5	I-72	8	22.5	24.9	0.3286	18.73	2.34
3×4	I-214	6*	20.4	18.8	0.2318	12.52	2.08
3×4	I-69	6*	19.7	21.4	0.2649	11.25	1.87
3×5	I-69	8*	21.6	21.2	0.2649	11.13	1.39
2.5×6	I-72	7	20.4	24.3	0.2680	11.79	1.68
3×6	I-69	7	22.4	22.9	0.3030	11.21	1.60
3×6	I-69	8*	23.2	24.9	0.3479	12.87	1.61
4×5	I-72	8	24.0	24.6	0.3694	12.10	1.52
5×6	I-72	8	29.7	25.7	0.5697	10.82	1.35

*表示已采伐的林分

根据以上 8 个密度级在成熟或近熟时的材积产量和径级,可作以下评价:

第一,2 米×3 米株行距(111 株/667 平方米),是 I-69 杨和 I-72 杨的极限密度，超过则生长不良。在 2 米×3 米的株行距条件下，I-72 杨的天然整枝，从第三年即开始，材积连年生长量增长早，5～6 年达到高峰，然后急剧下降，第六年与材积平均生长曲线相交(图 4-2)，采伐年限为 5～6 年。每 667 平方米的年平均材积生长量 6～7 年时达到 2 立方米以上，平均胸径为14.26～16.6 厘米。此产品只适做造纸材。1986 年山东临沂市，小径木材售价较中径材低得多，而且没有市场，结果是高产低收入。由此可见，高产并不意味着高收入。选定密度时，要考虑到不同径级商品材的价格及市场需求，以销定产。在有造纸厂和纤维板厂收购原料的情况下，才可以用此密度培育造纸材，而且宜选用较窄冠的欧美杨，如 I-214 杨，最好不用冠大的 I-69 杨和 I-72 杨。

第二，3 米×3 米(74 株/667 平方米)，2 米×5 米(65 株/667 平方米)和 3 米×4 米(55 株/667 平方米)，可以视为近似的一组密度等级。3 米×3 米培育胸径 16～17 厘米的小径材，价格稍低；2 米×5 米和 3 米×4 米的密度，可培育胸径 20～21 厘米的中小径材，价格较高。I-69 杨和 I-72 杨的这三种密度等级的年平均材积生长量在 1.5～1.8 立方米。它们的材积年生长量增长早，4～6 年达到高峰，然后急剧下降，第六年与材积平均生长曲线相交(图 4-2)，采伐期可定为 6～7 年。表 4-6 中 8 年生 2 米×5 米的林分，每 667 平方米平均蓄积量为 18.73 立方米，年平均材积生长量为 2.34 立方米，平均胸径为 22.5 厘米，每株树造材可出 1 根梁和 2 根檩，每 667 平方米年平均产值为 941.7 元，经济效益较高。5 米的行距便于林农间作。此林分的立地较好，集约经营强度较高，所以产量高。根据对不同径级木材产品的经济分析，每株杨树能产一梁二檩木材的栽植密度，在经济上最有利，其林木的平

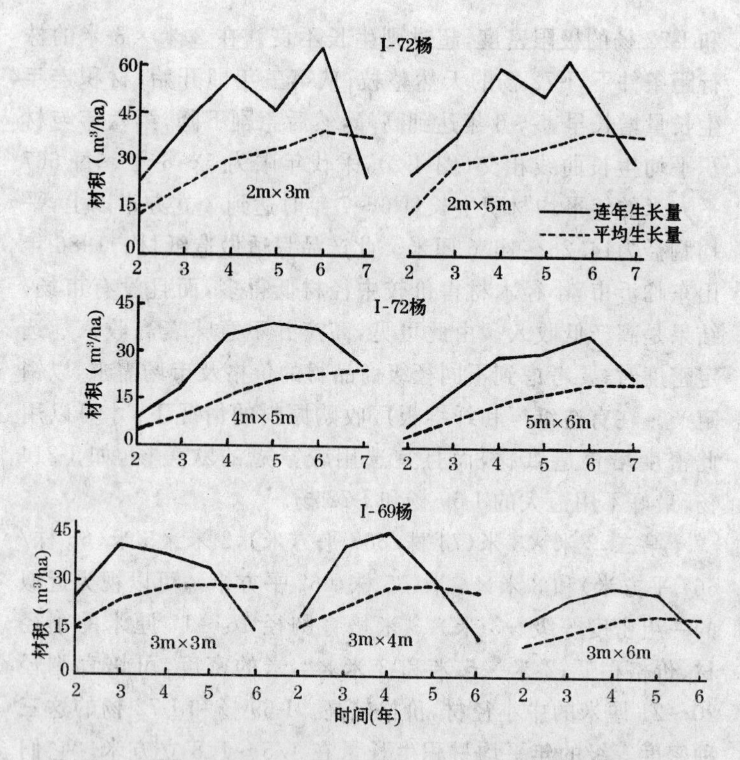

图 4-2　密度对杨树材积连年生长量和平均生长量的影响

均胸径至少为 21～22 厘米。采用 3 米×3 米的栽植密度，较难培育出这种径级的木材，而采用 3 米×4 米的栽植密度则较易达到。

第三，3 米×5 米（44 株/667 平方米），2.5 米×6 米（44 株/667 平方米），3 米×6 米（37 株/667 平方米）和 4 米×5 米（20 株/667 平方米）四种密度，适于培育胸径为 22～25 厘米的中径材，采伐年限为 8～10 年，年平均每 667 平方米材积生长量在 1.4～1.6 立方米之间。3 米×5 米与 2.5 米×6 米的单株营养面积相同，但后者行距多1米，便于林农间作。与前三种密度（3米×3米，2米×5米和3米×4米）比较，这四种密度的单位面积株数较少，其667平方米产材量及年均材积生长量稍低，但所产木材径级较大，价格较高。可以根据所需木材的径级和希望采伐的年限，选择适合的密度。

第四，5米×6米（22株/667平方米）和6米×6米（18.5株/667平方米）的密度，适于培育胸径为33～35厘米的大径材，采伐年限为10～12年，年平均每667平方米材积生长量，在1.2～1.5立方米（彩图4.5）。8年生的I-69杨，材积连年生长曲线6年达到高峰，然后下降，第七年与材积平均生长曲线尚未相交（图4-2），其采伐期可为10年。与7米×7米和8米×8米，以及更稀的密度比较，5米×6米和6米×6米的密度，可能更符合我国农民希望早伐和单位面积上株数尽量多的要求。培育杨树大径材单株，其营养面积至少应有30平方米，至少应有5米×6米、6米×6米和4米×8米的株行距。

在山东省临沂地区沂河林场的密度试验结果，列于表4-8及图4-2。2米×3米最大密度级第二年的平均胸径为2.2厘米，为其他密度的38%～52%。这说明在这样大的密度下，第二年就出现个体间的竞争，并开始抑制胸径生长。然而，在4米×5米和5米×6米的密度下，年平均胸径生长量，在2～5年内一直维持在3～6厘米之间，处于较高水平，受个体竞争的影响较少。其他四种种植密度（2米×5米，3米×3米，3米×4米，3米×6米）的杨树，在3～4年以后，胸径生长量因受到密度制约而逐年减少。

我国杨树栽培中，一直存在着造林密度过大的倾向，农民偏爱密植，希望密植多收。实际上过密常常导致减产和少收。不少地区由于密度偏大，中小径材过剩，大径材很少或没有。

表 4-8 密度对杨树材积生长的影响 (单位:$m^3/667m^2$)

株行距(m)	年龄(年)						$667m^2$ 年均材积生长量
	2	3	4	5	6	7	
I-72 杨							
2×3	1.71	4.47	8.05	11.09	15.46	17.11	2.44
2×5	1.85	4.32	8.29	11.65	15.80	17.75	2.54
4×5	0.65	1.88	4.24	6.84	9.30	10.99	1.57
5×6	0.46	1.63	3.55	5.55	7.90	9.31	1.33
I-69 杨							
3×3	2.12	4.91	7.53	9.84	10.81		1.80
3×4	1.64	4.44	7.53	9.68	10.57		1.76
3×6	1.34	2.98	4.90	6.70	7.64		1.27

有的地方农民建房减少,中小径材滞销,价格下降到 300~400 元/立方米。由于胶合板生产的发展,大径材紧缺,大径材的价格高达 800~900 元/立方米。有些县有数万亩杨树林,但不能满足本县小规模胶合板厂对大径材的需要,还要由远处购进大径材。这种产销脱节,培养目标与市场需求不符的问题,都与造林密度选择不当有关。山东莒县发展杨树丰产林 30 多年,全县拥有杨树 6 666.67 公顷(10 万亩)左右,天津某铅笔厂欲预购数量不多的杨树大径材,因缺少资源而不能提供。近年来,中原地区杨树造林仍大量采用 3 米×4 米和 3 米×3 米这类生产中小径材的密度,应引起注意。在能生产出大径材的地方,生产大径材的密度应占一定的比例。

湖北和湖南省杨树面积不少。但是,两省为数不多的几个胶合板工厂对杨树大径材的需要,不论在数量和质量上都不能得到充分的满足。这里的气候和土壤条件十分优越，适于培育杨树大径材。作者曾经看到，路旁或渠旁有的杨树林带，立地条件良好，但株距只有1.5～2米，长不成大材，经济上受损失，很可惜。其原因是单位面积上的株数超过了一倍多。实际上杨树林带的株距应在4～5米之间。不少片林的株行距小于5米×6米(培育大径材的低限)，这种情况应该改变。以为株数多，收入就多，其实未必如此。

I-69杨、I-72杨一类的美洲黑杨和欧美杨的速生特性明显，但只有在稀植条件下速生潜力才能得以充分发挥，在10年多时间内形成大径材。在密植的条件下，由于地上地下空间的限制，杨树只能生产小径材和中径材。杨树是喜光的阳性树种，黑杨派的栽培品种树体高大，树冠庞大，在地上和地下都需要比较大的空间。例如，在美国理想的立地上，黑杨派的栽培品种最大树高可达39米，这样的巨树没有足够大的空间，是长不成的。世界上最大的美洲黑杨，年龄在150～200年之间，胸径达2.31米，树高45米(彩图2.1)。由此可知，在适宜条件下，美洲黑杨能长成很高大的树木。

目前，我国所栽培的多数是适合培育大径材的黑杨派的栽培品种。如果立地条件适宜，采用7米×7米(每667平方米13.6株)和8米×8米(每667平方米10.4株)的株行距，10多年就能长成胸径超过50～60厘米的大径材，其经济效益未必比培育胸径小的差。据报道，江苏省睢宁县苏塘林场，有两行I-69杨、I-72杨和I-63杨大树，共236株。平均胸径为90厘米，最粗的达105厘米，每株可产木材约7立方米。

南京林业大学杨树课题组，在江苏省泗阳县的试验林，12年生的I-69杨、I-63杨和I-72杨，株行距为8米×8米，平均胸径相应为46.7厘米、46.2厘米和51.5厘米，平均单株材积分别为 2.0 立方米、1.88 立方米和 2.33 立方米，年均每 667 平方米材积生长量分别为 1.77 立方米、1.63 立方米和 2.03 立方米(表 4-9)。年均每 667 平方米材积生长量，均超过 1.5 立方米/667 平方米·年的比较高的丰产水平。12 年培育出46～50 厘米的大径级材，又有相当高的单位面积产量，经济效益是好的。

表 4-9　12 年生杨树大径材的生长量和材积量

无性系	平均树高生长(m)		平均胸径生长(cm)		平均立木材积(m^3)		
	树　高	年平均	胸　径	年平均	单　株	每 667m^2	每 667m^2 年平均
I-69 杨	32.1	2.6	46.7	3.8	2.0450	21.35	1.77
I-63 杨	30.0	2.5	46.2	3.8	1.8807	19.59	1.63
I-72 杨	30.0	2.5	51.5	4.2	2.3369	24.34	2.03
I-214 杨	27.5	2.2	45.3	3.7	1.6711	17.38	1.45

大径的杨树，下部可提供大径材，中部和上部分别提供中径材和小径材。稀植的大径级的杨树，能满足各种材种的需要；密植的小径杨树则不能。大径材由于种植得比较稀疏，成材后较长一段时间仍能维持比较高的生长量。如果市场价格不如意，可以拖延采伐时期。密植的小径材则不然，它们的材积连年生长量达到高峰后即陡然下降，林分较早衰退，因此，林木要及时出售。这些因素，在选定密度时应考虑周到。我国是世界上杨树面积最大的国家，但是在不少盛产杨树的县，几乎找不到胸径超过 40～50 厘米的杨树。大径材的效益并不差，应该重视大径材的培育，尤其在那些习惯密植的地方，更应该改变传统做法，把杨树大径材的培育摆到应有的高度。

第六节 林农间作

一、杨粮间作的配置

在杨树人工林的行间实行林农间作，利用对农作物的耕作、施肥和灌溉，改善杨树的生长条件。同时，在造林后的头2～4年，林地可充分利用，获得农产品，做到以短养长。在缺少农田的平原农区，林农间作是杨树集约栽培的必要措施，对于立地质量较差的林地效果尤其好。在5～12年的短轮伐期下，每次采伐由林地带走大量木材、枝、叶、树皮和根桩，也带走了大量营养元素。轮伐期愈短，林地流失的养分愈多，导致林地肥力递减。

林农间作，在轮伐期的头2～4年为农作物施入大量的基肥和化肥，有些地方土杂肥的施用量每667平方米达数千千克，对杨树生长十分有利。林农间作是适合我国社会经济条件的、有效的、培肥林地的措施。栽培杨树应该尽可能实行林农间作(彩图4.8，彩图4.9)。

造林后，头2～4年树小，可以在行间间作农作物。随着林木长大和林冠逐渐郁闭，农作物减产，则停止间作农作物，土地的经济收入，则以林业为主。为了间作方便和延长间作时间，最好适当扩大林木的行距，缩小株距，以便于在行间耕作，并使农作物有更大的生长空间。例如，培育大径材可采用4米×8米的株行距，培育中径材可采用3米×6米和3米×5米的株行距(彩图4.7，彩图5.4)。

实行林农间作的第一年，农作物一般不减产或减产很少。到第二年，农作物则大幅度减产，减产的程度随幼林密度的加大和林木生长的旺盛而加剧。在山东临沂地区,3米×6米的I-69杨,林农间作第二年,小麦和甘薯一般减产40%~50%;第三年约减产70%。3年后不能间作。3米×3米和3米×4米株行距的I-69杨林,只能间作农作物两年,第二年减产60%左右。

河北省邯郸地区普遍在毛白杨林内进行林农间作。近几年,在世界银行贷款支持的国家造林项目中,营造大面积灌溉型速生丰产林,农民在利用贷款造林前,先在荒地或低产耕地上打井,平整土地和修渠,在渠两侧种两行毛白杨,毛白杨窄林带之间的距离为16米或17米,林带内毛白杨的株行距为3米×3米。这种株行距可变成(3米×3米)×17米。这种林农间作方式,很适合当地的社会经济条件。

采用窄行毛白杨林带,既能保证单位面积有较多的株数(每667平方米有22株毛白杨),又有宽17米的行间种植农作物。长期间作可获得农作物的收益,同时对农作物的灌溉和施肥,又为毛白杨的速生丰产创造了条件。

采用这种配置,要注意给毛白杨足够的株行距,以防止偏冠和树干倾斜。这种配置方法,对树冠宽大的欧美杨和美洲黑杨,可能不太合适,容易产生严重的树干倾斜。

在河北省大名县,将路旁田边的林带种在路旁的沟底。其优点是:有利于保护杨树,沟内水分条件较好,可以减轻杨树根系串入农田(彩图4.10)。平原农区在路旁田边种植杨树时可以参考此经验。

南京林业大学吕士行、徐锡增等人,在苏北平原对I-63杨、I-69杨和I-214杨进行了三种密度的林农间作试验,其株行距分别为4米×10米、5米×10米和6米×10米。他们建议采用4米×10米的宽行距、窄株距的配置。

林农间作中，常见到农作物的播种行离幼树太近，容易损伤幼树和影响抚育管理。在农作物和树行之间必须保持1米的距离。林农间作，一般提倡间种豆科作物和矮秆作物，不主张间种高秆作物。但在集约栽培的条件下，间种高产的玉米，对杨树生产也可能起促进作用。如辽宁省新民市林场，在4米×8米的辽宁杨幼林里行间种玉米，5年杨粮间作面积达4 565.53公顷(68 483亩)，累计生产玉米2 605万千克；通过间作施肥和除草，明显地促进了杨树的生长，实现了林茂粮丰的目标。

杨树林冠有不同程度的遮荫，宜选择各种比较耐阴的作物进行间作，如姜、某些药材和平菇等。我国农民积累了丰富的林下间作经验，可参考应用。在3～4年生杨树下，条件好的地方，可间种白术、南星和半夏；条件一般的地方，可间种毛知母、黄芩、射干和元参。杨树林下，可种丹参。林下种药材，经济效益较高。

在杨树林下种食用菌，也有成功的经验。如山东省嘉祥县，在7年生杨树林下培育平菇，只需用草帘适当遮荫，既节约成本，又不占地。杨树林的平均胸径为17.4厘米，平均高度为14.5米，冠幅为1.9米，株行距为4米×4米，郁闭度为0.6～0.8，上午10时林内光照强度为3 300～4 900勒，林冠下只有散射光，湿润凉爽，对平菇生长很适宜。育菇所用的基料，对改良林地土壤和提高林木生长量，也很有益处。新疆昌吉回族自治州林科所，在0.4～0.8郁闭度的成林下培育平菇，省工、省料、省费用，而且菇大，质好。

在杨树林的行间，还可以间种牧草，如草木樨、沙打旺、紫花苜蓿、红豆草和三叶草等。这些牧草可割作饲料，也可作为绿肥压青，改良林地土质。辽宁省阜新地区，在4米×4米的杨树林内，头二年种大豆，后二年种草木樨，伏天盛花期压青，土壤肥力和杨树生长量明显提高，杨树的平均胸径和平均树高，比对照增加了 1 倍左右。

二、杨树团状配置

杨树团状配置，是一种林农长期共存的新型间作方式。根据我国杨树主要产区——平原农区的社会经济和自然条件，作者提出并且试验了一种新的杨树与农作物的长期间作方式，即杨树团状配置。其理由如下：

第一，我国平原农区地少人多，人均拥有耕地面积只有 667 平方米左右。近年来，经济建设和农村建房等占用大量耕地，使耕地面积减少，危及民生。因此，在平原农区种树，应尽量不占良田，而占用荒地、低产林地和低产农田，以缓解平原农区发展林业与农业争地的矛盾。

第二，在我国平原农区，多数情况下不容易找到立地质量高的土地栽杨树，面对的现实就是利用不适于农作物生长的、有一定缺陷的土地来种杨树。这些土地在土层厚度、土壤质地、肥力和地下水位等方面，往往不能满足杨树的需要。由于林业生产周期较长，林业无能力对贫瘠的土地进行改良，因而形成大面积杨树低产林。在这种贫瘠的土地上，如实行林农长期共存的间作方式，可以依仗农业对土地的水肥投入和管理措施，改良土壤，促使林农双丰收。

因此，栽培杨树应该发展一种新型的林农间作模式，即改传统的杨树行状配置为杨树团状配置，以适应我国平原农区的特点。其原则是，在整个轮伐期内，尽可能限制杨树所占的土地面积和空间，以农为主；林农间作的时间越长越好，使杨树林木在全轮伐期内，得以分享农业的水肥投入和土壤管理效益。

杨树的团状配置是，将多株杨树集中种植在一起，缩小杨树的投影(遮荫)面积，缩短杨树的投影(遮荫)时间。这与郁闭的杨树行林墙式的长时间的强度遮荫不同，杨树团的遮荫是短时间的、动态的和轻度的。由日出到日落，杨树团的阴影在西、北和东侧，定时扫描一遍，明显地减少了树冠的遮荫范围和时间，减轻了农作物的减产程度。

杨树团状林农间作的配置方法如下：每 400 平方米(20 米×20 米)，种植一个杨树团，每个杨树团种 4 株杨树，杨树团内株距为 4 米，杨树团之间的距离为 16 米，每 667 平方米土地有杨树 6.6 株，即 1.66 个杨树团。杨树成年时，如每个杨树团的占地由 4 米×4 米，扩大为 8 米×8 米，即 64 平方米，则每 667 平方米土地上杨树团的占地为 106 平方米，占土地面积的 16%。这样，保证有 84%土地用于长期间种农作物，可以实现长期共存的林农间作。作者已在湖北、山东、北京和辽宁等省、市的试验区进行试验，结果良好。

各地可以根据自己的具体条件试用，在实践中进一步完善和发展这种新型林农间作模式。

三、适于林农间作和农田林网的窄冠型杨树新品种

山东农业大学科技学院庞金宣教授，专门为农田林网和林农间作选育了十几个窄冠型杨树优良品种。它们生长快，材质好，树冠窄，适应性强，适于在华北和中原的平原农区推广。关于窄冠型杨树新品种在林农间作中的应用，可参阅本书第九章“窄冠型杨树的栽培”。

第七节 松土除草

松土除草，可以改善土壤的物理和化学性质，消灭与杨树竞争的杂草，是一项必要的有效措施。造林后，应及时松土除草，做到除早、除小、除了，每年进行 1～3 次。松土除草的深度一般为 5～10 厘米，要里浅外深，不伤树根。一般用轻型原盘耙或旋耕犁完成。在劳力或机械有困难的情况下，也可以考虑采用化学除草。

在林农间作的情况下，行间的松土除草可结合农作物的松土除草进行。株间地和幼树周围空地，也应松土除草，但这常被忽略。在签订林农间作承包合同时，应强调承包人有义务对行间和株间进行全面的松土除草。

林农间作一般只延续 3～4 年，许多地方在林农间作停止后就放弃了对林地的土壤管理，结果杂草茂密，土壤板结，杨树生长量大幅度下降。笔者在长江中游地区曾看到，许多种植得很好的杨树丰产林，林农间作停止后，多年没有松土除草，致使林地杂草丛生，草根盘结，与杨树争夺水分和养分。林分后期的粗放经营，使木材生长量明显下降，这是巨大的损失。对于成年林分，每年松土除草是不可忽略的，尤其在高温高湿的长江中下游地区，更为重要，因为那里杂草对杨树是厉害的竞争对手。

我国北方地区的一些国营林场，如内蒙古赤峰市城郊林场和辽宁省新民市机械林场，多年来坚持在成年杨树林的行间用圆盘耙松土除草，对促进杨树生长有明显的效果。

在法国对卢瓦尔河谷 I-214 杨的松土除草试验中，可以看出松土除草的明显增产作用。试验的三个处理是：①造林后从不松土(对照);②造林第五年后年年松土;③造林后每年松土。图4-3显示了9年的松土试验结果。连续9年松土除草的林分,平均胸围为90.7厘米,平均胸径为28.9厘米,比从不松土除草的对照(平均胸围36.8厘米,平均胸径11.7厘米)大1.5倍。由图4-3可见,第五年后年年松土的曲线,在第五年后急剧上升,后五年的松土使胸围达到60.8厘米,比对照大65%,胸径达到19.4厘米(见参考文献36)。

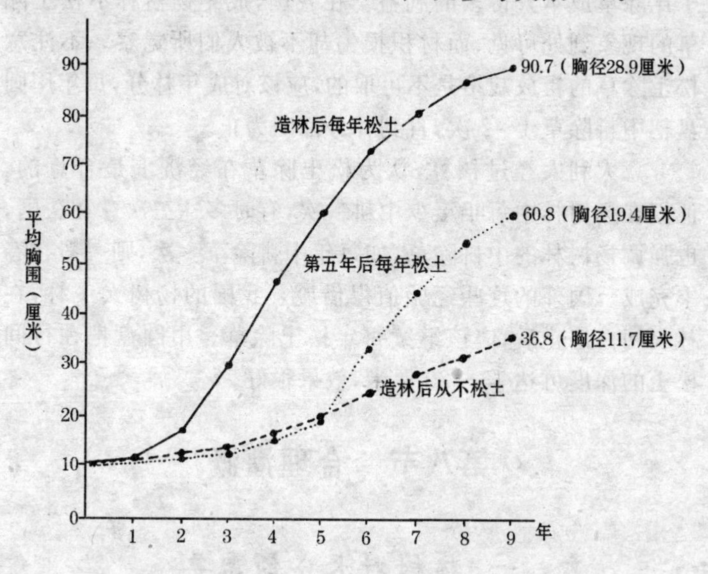

图4-3 松土除草对I-214杨树人工林胸围生长的影响

用意大利I-214杨的材积表推算以上三种处理的材积,可看出松土除草对材积增产的明显影响。9年连续松土除草的林分的材积(平均胸径29厘米,平均高23米,平均单株材积0.709立方米),比对照(平均胸径11.7厘米,平均高15米,平均单株材积0.095立方米)多6倍多。第五年松土除草的林分的材积(平均胸径 19 厘米,平均高 21 米,平均单株材积 0.323 立方米),比对照多 2 倍多。仅仅是每年松土除草这一项简单的措施,就能使杨树材积产量如此成倍增加,人们何乐而不为呢?我国许多林场和林农忽视松土除草的倾向,应该从此实例中得到启示切实改正。

不松土除草,从表面上看是降低了成本,但实际上却丢失了比除草成本大得多的利益。在我国,成年杨树林不松土除草的现象到处可见,而材积损失却不被人们所觉察。不注意松土除草的粗放栽培是不可取的,应该对成年林分,每年用圆盘耙中耕除草 1~2 次,直到林分郁闭为止。

意大利人经过核算,认为松土除草在经济上是合算的。他们在杨树林中每年至少中耕一次,有时多达三次。在法国,也强调杨树林的中耕除草,如每年中耕除草一次,则一般在春季完成。国外的这些经验值得借鉴。我国的杨树人工林,在林农间作停止后,应该继续每年松土除草。用圆盘耙在行间松土的深度可达 15~20 厘米,效果很好。

第八节　合理灌溉

一、杨树对水分的需要

杨树是湿生树种,对水分要求很高。各树种在 5~9 月份,每 24 小时每克叶(干重)的吸水量的顺序是:冷杉,为 5.1 立方厘米;水青冈,为 19.6 立方厘米;橡树,为 20.6 立方厘米;落叶松,为 20.6 立方厘米;欧洲山杨,为 35.5 立方厘米;桦树,为 45.1 立方厘米;黑杨,为 50.1 立方厘米(Eidman 的研究结果)。由此可见,我们在杨树栽培中应用最多的黑杨栽培品种的吸水量是最大的(见参考文献 27)。

在杨树生长季中,最适宜的土壤含水量是接近田间持水量时的含水量。所谓土壤田间持水量,就是土壤自上而下被水分充分浸湿后,停止水分渗漏时土壤所保持的水量。它代表田间土壤所能保持的最大毛细管悬着水量和最大有效水量。也就是说,杨树最适宜的土壤湿度,是下透雨后,土壤大孔隙中水分渗漏后所保持的湿度。杨树速生丰产的上述最佳土壤湿度,说明丰产栽培中供水的重要。实际上,我国大部分杨树产区的土壤湿度与适宜湿度之间,存在较大的差距。

Broadfoot (美国) 认为,在排水良好的土壤上,土壤湿度等于田间持水量或接近田间持水量,杨树生长最好。Fritzsche(1967)认为,在质地粗的土壤上(指砂性土),100%的田间持水量是杨树最适宜的土壤湿度。另一些研究人员认为,70%~85%的田间持水量,是杨树最适宜的土壤含水量。

如果杨树的根系能经常接触到地下水或毛管上升水层的上缘,供水就能改善。因此,适宜的地下水位,是选择杨树造林地的一个重要条件。毛管水的上升高度约变动于 40 厘米(砂土)到 2 米(粘土)之间,壤土的毛管水上升高度约为 1 米。杨树深栽,就是为了使苗木基部能更接近或到达毛管水的上升层和地下水位,改善根系的水分供应。

王世绩等对我国普遍栽植的十种杨树品种的苗木,进行了水分关系的研究,得出以下结果:①欧美杨的日平均蒸腾速率最高(为 0.72~0.81 克/克·小时),小叶杨和合作杨的蒸腾速率最低(为 0.61~0.63 克/克·小时),欧美杨的上表皮的气孔以及上下表皮的气孔总数,都显著地高于其他品种。欧美杨叶片的保水力也较其他品种差。根据测定结果,将十个杨树品种的喜水程度,划分为 5 组,其排列顺序如下:①I-

69 杨，I-72 杨；②I-214 杨，沙兰杨；③北京杨；④小黑杨，美小杨；⑤小叶杨，合作杨，群众杨。它们的耐旱能力的排列顺序，则相反。这五组不同类型杨树品种，代表五种不同的抗旱能力，对于人们选择适宜的杨树品种有参考价值，尤其在半干旱、干旱地区，参考价值更大。

二、杨树水分生理与灌溉

杨树是湿生树种，对水分要求很高。我国的杨树栽培区，除了长江中下游北亚热带气候区雨量充沛，基本上不需要灌溉外，其他北方地区和中原地区的杨树栽培区，年降水量不能满足杨树丰产的需要，杨树的生长经常受到干旱的限制。灌溉在杨树丰产栽培中占有重要地位。施肥，在许多条件下也需要配合灌水，才能发挥效益。因此，将杨树人工林水分生理与合理灌溉的研究列为“临沂地区杨树丰产栽培中间试验”的重点，由刘奉觉研究员主持，郑世锴、臧道群协作完成。试验地的自然条件可参阅 第五章“山东临沂地区杨树丰产栽培模式”第一节。杨树人工林水分生理的研究为合理灌溉提供了科学依据。现将其主要研究成果简介于下：

I-69 杨灌溉试验林在山东临沂地区莒县二十里乡，实行集约栽培，株行距为 3 米×6 米，划分 7 个试验小区，每个小区面积为 6.75×667 平方米。

1983～1985 年，用滴灌管道供水，每一小区装水表记录灌水量。1986 年，因灌水量增加改用畦灌，按进畦水流速和时间计算灌水量。试验设三级供水水平，一级和二级供水设两次重复，对照设三次重复。

①对照：仅有天然降水。

②一级供水：天然降水 ＋ 人工计量灌水。

③二级供水：天然降水 ＋人工计量灌水，其灌水量比一级供水量约多一倍。

课题组系统地测定了杨树林木的蒸腾速率、水分饱和亏缺、叶含水率、水势和细胞汁液浓度，用多元统计分析方法，研究了这些指标的相互关系与生理含义(见参考文献 13)。

课题组研究了杨树林木蒸腾速率在时间和空间上的变异。I-69 杨叶下表面的蒸腾大于上表面，同一叶表面不同部位的蒸腾值相近；枝条上顺序叶位的蒸腾值呈波动式变化；树冠下部蒸腾较高，中部居中，上部较小；蒸腾日进程呈单峰曲线，峰值出现在上午 10 时左右。还研究了蒸腾的季节变化。根据影响蒸腾的空间因素、时间因素和气象因素，提出了估算树冠蒸腾耗水量的公式(见参考文献 14)。

课题组根据田间供水、蒸腾耗水与材积产量的关系分析，对杨树的需水量进行了估算。分析结果表明，林木蒸腾耗水量和材积年产量，均随供水水平的高低而增减。用四种模式分析了田间供水量与材积产量的关系。其中以 $Y = b + a\ln x$ 的回归显著性最好(式中 Y 为材积生长量，x 为供水量，a、b 为常数)。在分析的基础上，进一步探讨了杨树材积生长对供水量的反应，提出了估算杨树林木需水量的方法，用以推算出 I-69 杨人工林需水量表(见参考文献 10,11,12)。

三、杨树人工林水分供应与生长关系的分析

我们的试验研究表明，灌溉对杨树的树体结构、叶量和生长有较大影响。在幼林期，与不灌溉的林分(对照)比，灌溉可增加树高 17.2%～24.6%，增加胸径 10.7%～22.1%，增加材积产量 20%～42.6%。灌溉林分 5 年生时的材积，比对照

增加18%～32%。

灌溉促进了树干、枝条、叶数和叶面积的增长，改变了树体的结构。树冠叶数、单叶面积和叶面积指数的增加，扩大了受光面积，增加同化产物向枝条中的运输与积累，结果促成杨树人工林材积的增产。灌溉促进了树冠和叶面积扩大，对于材积增产起着关键的作用。

(一)灌溉对枝条生长的影响

灌溉促进林木直径增大、树高生长和枝条延伸，增加叶的数量和叶面积，扩大受光面积，使杨树能充分利用太阳能，制造更多的有机物质。根据我们在山东临沂地区莒县对3年生I-69杨幼林(3米×6米)的测定，灌溉林分的一级枝条的数量，比对照多47.6%，二级枝条数量比对照多60%；灌溉林分的一级枝总长度比对照长43.2%，二级枝总长度比对照长40.3%。灌溉林分枝条和树冠的扩大，为叶片数量的增多和叶面积的扩大，奠定了物质基础。

(二)灌溉对叶面积的影响

叶面积指数，是单位面积上树冠的叶面积(m^2/m^2)，是人工林光合能力的最佳指标之一。1984年，我们在山东临沂地区对灌溉试验林的实测表明，灌溉增加了叶片数和增大了单叶面积，从而增加了林分叶面积指数。灌溉林分平均单株树冠叶片总数，比无灌溉林分(对照)多94%～120%，灌溉林分平均单叶面积比对照大28%。1984年8月17日，3年生I-69杨灌溉林分的平均叶面积指数(在3米×6米的株行距下)为6.19(m^2/m^2)和6.3(m^2/m^2)，比对照的2.07(m^2/m^2)多2倍。在短轮伐期集约栽培的条件下，灌溉迅速扩大了叶面积，使杨树能在三年内就拥有6(m^2/m^2)以上的叶面积指数，幼林获得了很高的光合生产能力，因此增产了木材。

根据我们的研究，I-69杨每平方米叶面积每年生产的主干材积约612立方厘米，而每生产1立方米木材，大约需具有1 300～1 800平方米的叶面积。叶面积与增产木材之间的关系大致如此。我们可以通过灌溉，大幅度扩大叶面积，为林分高产创造条件（见参考文献15）。

(三)人工林初期供水的重要性

研究表明，杨树人工林1～2年的供水效应可以影响以后5～6年的材积生长。供水处理的林分3～4年的供水量虽然不足，但它们的材积产量仍然明显高于对照，比对照的增加了18.0%～32.0%。由此可见林分初期供水的重要性。

(四)生长季供水要注意均匀

林木的材积生长，是一个连续的过程。5月下旬到8月下旬是材积生长旺盛的时期，缺水会影响材积的积累。林木灌溉的原则，应当是在生长季节内均匀地供水，保证土壤相对含水量在70%以上；低于45%时，即应及时灌水。由于降水量分布不均匀和灌溉条件的限制，实际上经常保持70%的土壤相对含水率有一定困难。合理灌溉，就是要延长土壤适宜含水率的时间，促进材积的稳定增长。1985年5月份干旱，降水量为20.5毫米，由于未能及时供水，使材积生长出现了明显的马鞍形低谷。根据耗水节律，各月略有高低，但不可长期缺水，否则会降低材积生长。

(五)临沂地区杨树丰产林的最低灌水标准

根据山东临沂地区杨树材积生长与供水关系的分析，杨树速生丰产林的年供水量的下限约为800毫米（包括降水量）。每年起码要灌水3～4次：①返青水，3月下旬树木发芽前灌。②促生水，在5～6月份灌，促进枝叶扩展。③夏季干旱时浇水，降雨多时可免浇。④封冻水，11月份灌，促进根系发育。灌水量可采用以下方法确定：

灌水量(立方米/公顷)＝10000×(田间持水量－当时土壤含水率)×土壤容重×预定湿润层厚度

例如，林地土壤容重为 1.43 克/立方厘米，田间持水量为 23.92%，当时土壤含水率为 15%，湿润层厚 1 米。则其灌水量＝10000×(0.2392－0.15)×1.43×1＝1275.6(立方米/公顷)，相当于 128 毫米。

我们在山东临沂地区系统地探讨了灌溉与杨树水分生理及生长的关系，研究了林分蒸腾耗水和生长的关系，查明了林木蒸腾耗水和材积年生长均随田间供水水平的高低而增减。通过回归分析，我们提出了 I-69 杨人工林需水量(表 4-10)。

表 4-10　I-69 杨人工林需水量分配表

(株行距：3m×6m，37 株/667m²)

林龄(年)	单位面积年材积生长量 (m³/公顷)(m³/公顷)(m³/667m²)	单株年材积生长量(m³)	全年总量(毫米)(m³/公顷)(m³/667m²)	生长季月份							
				4	5	6	7	8	9	10	11
2	7.5	0.01351	813.8	128	26.2	89.9	107.6	101.5	155.6	77	128
	7.5		8138	1280	262	899	1076	1015	1556	770	1280
	0.5		542.53	85.3	17.5	59.9	71.7	67.7	103.7	51.3	85.3
2	13.5	0.02432	945.9	128	32.4	111.1	133.1	125.6	192.5	95.2	128
	13.5		9459	1280	324	1111	1331	1256	1925	952	1280
	0.9		630.6	85.3	21.6	74	88.7	83.7	128.3	63.5	85.3

续表 4-10

林龄（年）	单位面积年材积生长量（m^3/公顷）（m^3/公顷）（m^3/$667m^2$）	单株年材积生长量（m^3）	全年总量（毫米）（m^3/公顷）（m^3/$667m^2$）	生长季月份							
				4	5	6	7	8	9	10	11
	30		713	128	95.5	82.3	100.5	74.5	53	51.2	128
5	30	0.05405	7130	1280	955	823	1005	745	530	512	1280
	2		475.3	85.3	63.7	54.9	67	49.7	35.3	34.1	85.3
	45		1562.7	128	273	235.2	287.5	213	151.6	146.4	128
5	45	0.08108	15627	1280	2730	2352	2875	2130	1516	1464	1280
	3		1041.8	85.3	182	156.8	191.7	142.0	101.1	97.6	85.3

山东临沂地区属暖温带半季风区半湿润大陆性气候，年降水量为 850～899 毫米，气候有一定的代表性。其他杨树产区可参考表 4-10 为杨树设计的全年各个月需水量和每次灌水量的计算方法，结合当地条件，制定自己的灌溉方案。根据研究，要想取得 I-69 杨的材积高产，每年生长季内至少应为林分供水 800～1000 毫米（包括降水量）。这是比较合理的水平。根据 1984～1986 年试验林的实际情况统计，每投入 1 元于灌溉，能获利 5.3～14.6 元，可见灌溉的经济效益是高的。

第九节　合理施肥

施肥，是为了改善土壤的养分供应，促进杨树生长和发育而进行的育林措施。杨树进行正常的生命活动，必须由土壤中吸收多种营养元素。我国的杨树林地多数肥力偏低，土壤有机质少，常不到0.5%～1%；氮、磷、钾含量处于低下水平。北方地区的不少造林地，土壤含砂粒多，含粘粒、粉粒少，肥力低，而且地下水位又常低于3米，季节性供水不足。实际上，我国多数杨树林地的立地条件与杨树的适生条件之间，存在相当大的差距，肥力不足限制了杨树的生长。

此外，在人多地少的平原农区，杨树连作很普遍，杨树轮伐期短，杨树重茬连作的现象到处可见。有的林地已连作2～3茬以上，土壤养分流失，肥力递减。在人口密集的平原农区的杨树人工林内，人员活动频繁。人们每年秋季不止一次到林内扫落叶和收集枯枝做燃料；杨树采伐后，将全部树桩挖出做燃料。在7～8年一轮伐的短轮伐期下，这种"全树利用"体制，加快了由土壤摄取养分的进程，因而更需要施肥和培肥林地，否则，就不具备杨树速生丰产的物质基础。

意大利G. Frison于1969年对I-214杨的主要养分吸收量作了分析，由表4-11可以知道波河流域30年生的I-214杨

表4-11　30年生I-214杨人工林单株的平均干物质及无机盐吸收量

部　位	干物质（千克）	吸收的营养元素（千克）			
		氮	五氧化二磷	氧化钾	氧化钙
叶	217	3.9	0.9	3.7	10.4
树干及树枝	906	1.5	0.7	2.1	5.2
根桩及根系	124	0.2	0.1	0.4	0.9
共　计	1247	5.6	1.7	6.2	16.5

注：吸收量系指30年生I-214杨各部位的当年最终含量

每株树的平均干物质重量及其所含的无机盐量。

关于杨树人工林对土壤养分的需求，许多研究结果一致认为：杨树对土壤养分和水分需要较高。杨树对土壤中的氮、磷和钙等营养元素，消耗量很大。Frison 发现杨树苗木和成年树，对氧化钙的摄取量很高，大部分留在叶中，落叶后大部分吸收的钙又返回土壤。他还发现，除钙吸收量大外，杨树苗木吸收的无机盐量与禾谷类作物差不多。这些材料说明，杨树是对养分要求高的树种。在山东省沂南县对 6 年生 I-72 杨地上部分生物量的测定表明，在 6 米×6 米的密度下，生物量为每公顷 64.3 吨（干重，每 667 平方米 4.3 吨）；3 米×6 米的生物量为每公顷 85.1 吨（干重，每 667 平方米 5.7 吨）；在 2 米×5 米的密度下，生物量为每公顷 122 吨（干重，每 667 平方米 8 吨），每公顷每年平均生产 20 吨，达到了较高的水平。高的生物量积累，需要有充足的养分供应才能维持。因此，施肥是必要的措施。

杨树缺少某种或某些营养元素时，会引起缺素症和生长减弱。对杨树进行营养诊断，是为了了解土壤和树体内各种营养元素的盈亏情况。合理的施肥，就是针对林木各种营养元素的盈亏程度，确定各种肥料的用量和比例，避免过量施肥或施肥不足。叶分析是常用的营养诊断方法。若将它与土壤分析和林木施肥试验等其他方法相配合，则效果更好。林木缺乏营养，在缺素症状出现前，就已影响生长，只是不易觉察而已。进行林木营养诊断，可以及早发现缺素，便于通过施肥调整某些营养元素的不足。对各树种确定叶内各种营养元素含量的临界值有重要意义，可以作为诊断的标准，用以指导施肥。杨树如缺氮，叶片由绿色变为黄绿色，严重时叶片很小，植株生长量降低。一般认为美洲黑杨叶含氮量的临界值为

2%。低于此水平，则缺氮，需要施氮肥。J. Garbye 为 5～20 年生的欧美杨，提出以下营养元素的适宜含量标准（以叶干重百分数表示）：氮 2.2%，磷 0.3%，钾 1.5%，硫 0.5%。欧美杨也可参考以下叶的缺素水平：磷 0.17%，钾 1%，镁 0.12%。当某种或某些营养元素的不足，已成为进一步提高产量的限制因素时，根据营养诊断结果合理施肥，可以显著增产。在肥力中等或中等以下的立地，以及重茬杨树的立地上，在有水分保证的条件下，施肥能显著增加杨树人工林的生长量，获得较大的经济效益。合理的科学施肥，应该根据树木、土壤和时间的具体情况，制定施肥方案。以下主要引用李贻铨研究员有关杨树施肥的资料（见参考文献 48）。

一、土壤的氮素营养

农作物缺氮在全世界很普遍。97%～99%的土壤氮，是存在于十分复杂的有机物质中的，植物无法吸收这些氮。只有在其被微生物缓慢分解，释放出无机态氮后，才能被植物吸收。这个过程极为复杂，受到土壤多种因素的影响。因此，很难确定土壤有机氮与植物能吸收的速效氮之间的相互关系。

土壤全氮，主要来自有机质，少量来自无机矿化氮。土壤全氮可以粗略表示土壤氮素的供应水平。也可以通过测定土壤有机质来估计土壤中的全氮量。土壤全氮量是重要的土壤肥力指标。水解性氮除包括无机的铵态氮和硝态氮外，还包括可溶于水的含氮有机化合物，如水溶性蛋白质和氨基酸。

以尿素为例，看氮肥在土壤中的变化。土壤对尿素呈分子吸附，是一种弱吸附，不像对铵态氮肥离子吸附那样牢固，明显低于对硫酸铵、氯化铵和碳酸氢铵的吸附。因此，尿素氮在土壤中的移动较铵态氮大，更易随水下移，多分布于 10～

30 厘米深的土层之间。铵态氮则多在 0～10 厘米深土层之间。尿素在土壤微生物分泌的尿酶作用下，先水解为碳酸铵，最终形成铵态氮和二氧化碳。在尿素水解为碳酸铵的同时，另一个生化过程，即硝化过程立即开始。尿素水解氨化作用和硝化作用，在 25℃～35℃的温度下，比 15℃～20℃下快。施肥后第四天，达到氨化高峰。同时，铵态氮转化为硝酸态氮也较快。施肥后第十一天，硝化量占施氮总量的 3/4。尿素转化为硝态后，可继续被植物吸收，同时也增加了随水的淋失。林木吸收铵态氮，比直接吸收尿素态氮要快。

一般质地黏重的土壤对尿素的吸附量，大于质地轻的土壤对尿素的吸附量。尿素的氮损失与尿素使用和土壤质地有关。一般施用量大或土壤质地黏重，氨的损失量大；反之则小。尿素转化为铵态氮后，氮素容易挥发。在微碱性至中性的土壤上，这种挥发损失有时比铵态氮肥大，可达 20％～40％ 。因此，在无灌溉的条件下，施尿素和铵态氮肥一样，应该深施覆土，以防氨的挥发。

二、土壤的磷素营养

土壤的全磷含量以五氧化二磷（P_2O_5）的多少来表示，一般为 0.10％～0.15％，低于 0.05％则属于土壤全磷低的土壤。我国南方地区的酸性土，全磷含量一般低于 0.10％，最低的在 0.04％以下；北方地区的石灰性土壤，全磷含量较高。黄土母质全磷含量较高，在 0.13％～0.16％之间。粘土的全磷含量高于砂土。有机质含量高的土壤全磷含量较高。土壤全磷含量在 0.05％～0.10％的情况下，土壤中的有效磷含量常感不足。

但是，全磷含量高的土壤，也不一定有充分的有效磷供应，因为土壤中大部分磷存在于难溶性化合物中。如发育于黄土母质的石灰性土壤，全磷含量均在0.13%～0.16%之间，但土壤中有大量的游离碳酸钙，大部分磷与之作用，形成难溶的磷酸钙盐，故植物可吸收的有效磷仍不足。因此，除了测定土壤全磷含量外，还要测定土壤有效磷含量，才能全面反映土壤磷素的供应水平。

磷肥按溶解性可分为水溶性（磷酸铵、过磷酸钙）、弱酸溶性（钙镁磷肥）和酸溶性（磷矿粉）三类。当水溶性磷肥施入土壤后，很快与土壤中某些成分发生化学反应，转化成另一些新的磷酸盐。林木在整个生长过程中所吸收的肥料磷，实际上已不是原有形态的磷酸盐，而是新形成的含磷物质。

水溶性磷肥，如过磷酸钙，施于酸性土壤或石灰性土壤后，与土壤中的活性铁、铝离子或钙盐起化学反应，均转化为溶解度较小的弱酸溶性磷酸盐，对于林木只有一定的肥效，甚至转化为溶解度更小的难溶性磷酸盐，对于林木的肥效则更差。这种过程，称为磷的化学固定。

三、土壤的钾素营养

土壤中的钾，主要以无机形态存在。按其对作物的有效程度，分为速效钾（包括水溶性钾和交换性钾）、缓效性钾（次生矿物）和无效性钾（原生矿物）三类。它们之间存在着动态平衡，调节钾对植物的供应。土壤中的速效钾，只占全钾的1%左右。速效钾是土壤钾营养诊断的主要对象。土壤速效钾含量的等级，分为：极低<30毫克/千克，低等为30～60毫克/千克，中等为60～100毫克/千克，高等为100～160毫克/千克，极高>160毫克/千克。

氯化钾施入酸性土壤后，钾离子既能直接被林木吸收利用，也可与土壤胶体上的阳离子产生代换反应，成为代换性钾。残留下的氯离子（Cl^-）形成盐酸，随水淋洗至下层和附近的河流中。土壤溶液中的钾与土壤胶体上吸附的代换性钾，均可被根系吸收利用，属于速效钾。土壤中一部分速效钾，还可以进入粘土矿物层，转化为非代换性钾，从而降低钾的有效性，称为“钾的晶格固定”。这种钾，在一定条件下还会再释放出来的，故称此为“缓效性钾”。

根据钾肥在土壤中的移动性不大的特性，施用钾肥应当适当深施作基肥，将肥料施到湿度变化较小的土层中，使肥料集中施在林木根系分布密集的地方。一般粘质土壤含粘土矿物多，固钾量大，而砂质土壤固钾量小。因此，前者施用的钾肥应比后者多。这是因为施用的钾肥，只有先满足土壤固定需要后，才能被林木吸收。

四、主要化肥的性质和施用

我国的农业生产中，一般氮肥的利用率为30%～75%，当年的利用率不超过40%～50%；磷肥的利用率仅为10%～25%；钾肥的利用率仅为20%～30%。我国林业生产中的化肥利用率更低，尿素的利用率只有15%～20%。因此，了解化肥在土壤中的变化情况，改进施肥方法，对于提高肥料的利用率，具有重要的意义。

（一）尿　素

尿素[$CO(NH_2)_2$]属于酰胺态氮肥，含氮量为46%，是一种高浓度固体氮。它为白色结晶，易溶于水。粉状尿素易吸湿。尿素多制成颗粒状，以降低吸湿性。在高温潮湿条件下，应置于阴凉干燥处，以防吸湿结块。

尿素一般作追肥用，适宜沟施或穴施，施后即覆土，以减少损失。砂土地，尤其是无粘质夹层的通体砂土，漏水漏肥，不宜一次施入尿素过多。在北方地区旱季施尿素后，应适量灌溉，以提高肥效；否则，易引起灼根。尿素可以用于根外追肥，以0.2%～0.5%的浓度，喷施于苗木和幼树的叶面。

(二)过磷酸钙

过磷酸钙为水溶性速效磷肥，灰白或浅灰色，主要成分为磷酸一钙和硫酸钙，含五氧化二磷12%～20%，残留有少量磷酸和硫酸等游离酸及铁、铝等杂质。易吸水受潮，由水溶性磷变为难溶性磷，因此，应将其存放在干燥阴凉处。宜施于石灰性土壤或微碱性土壤中；在酸性土壤中施用时，可配合施石灰，以中和土壤酸度，减少磷被铁、铝离子所固定。将其与有机肥混合施用，可以提高过磷酸钙的有效性。过磷酸钙可以用作基肥、追肥和种肥。应集中施用，以提高肥效。过磷酸钙也可以作根外追肥，以减少被土壤固定，一般以0.5%～1%的浓度，喷施于苗木和幼树的叶面。喷前应滤去杂质。根据磷的转化固定特点，采取正确的施肥方法，可以提高磷肥利用率，防止其污染环境。

水溶性磷在土壤中移动性很小，一般不超过1～3厘米，而绝大部分集中在施肥点周围0.5厘米的范围内。因此，施用水溶性磷肥，既要减少磷肥与土壤的接触面积，减少磷的化学固定，又要尽可能增加磷肥与林木根系的接触，以利于根系吸收，提高磷肥的利用率。无论是作基肥、种肥或追肥，水溶性磷肥都以集中施用效果好，如条施或穴施。

(三)磷酸铵

磷酸铵，简称磷铵。磷酸铵为氮、磷二元复合肥，是用氨中和浓缩磷酸而制成的。由于中和的程度不同，可生成磷酸一铵和磷酸二铵。目前供应的多为磷酸二铵。磷酸二铵，氮含量为16%～18%，五氧化二磷含量为46%～48%，氮：五氧化二磷为1：2.5，呈碱性，pH值为8.0。磷酸铵易溶于水，水溶液的pH值为7.0～7.2，属中性。

(四)氮磷钾复合肥

氮磷钾复合肥，是三元复合肥。复合肥的氮、磷、钾的配方，对于各地的土壤和树种不一定是最适宜的配方，有的养分元素可能不足，有的可能过多。因此，应该适当补施其他单肥，以协调氮、磷、钾的比例。

指导林木施肥，主要依靠典型土壤条件下完成的田间林木施肥试验结果，以及对林木和土壤的营养诊断。以下试验结果可供幼林施肥参考。刘寿坡先生于1982～1984年，在山东省西部粘壤质褐潮土上，对I-214杨进行了施肥试验，结果是：施用氮肥、磷肥和绿肥，对杨树生长有明显促进作用。施肥区的材积生长量，比对照区最多可以提高274.2%，胸径比对照提高74.5%，树高比对照提高69%。其中绿肥的效果最为明显。其次是磷肥和氮肥，钾肥的效果则不显著。化肥宜与绿肥结合使用，紫穗槐绿肥中，氮、磷的比例为4.5：1，氮含量高于磷含量，因此，施化肥时，氮素与五氧化二磷的比例为0.5～1：1，可少施或不施钾肥。最佳的施肥量是：每株幼树施氮素150克，五氧化二磷150克，氧化钾25克，紫穗槐绿肥10千克。在此施肥量水平下，I-214杨幼林的胸径年生长量可达5厘米左右，高生长量为2～3米。在鲁西地区，林下种植紫穗槐和沙打旺作绿肥，及时压青，有良好的经济和生态效益(见参考文献49)。

我国许多杨树林地的土壤，有机质含量低，只含0.3%～0.6%，相当于欧美国家杨树林地的1/10～1/8，土壤保水保肥能力差。由表4-11可以看出，在生物量中叶的养分含量最高。据分析，树皮的养分含量也较高。我国平原农区的农民，每年将全部枯枝落叶搜集走作为燃料，使林地流失大量养分，破坏了林地土壤养分的良性循环。一方面对林木追施化肥，另一方面又将林分凋落物收走，是很不合理的现象，应该改正。在山东省临沂地区，提倡秋季掩埋落叶，用中耕机械将枯枝落叶埋入土中，或开沟掩埋。这种做法值得各地效仿。

我国的杨树造林地缺乏有机质，造林时在植树穴内施基肥有很好的效果，可以较长久地供肥和改良土壤理化性质。基肥一般是农家肥和缓效化肥。可用土杂肥、饼肥和绿肥压青。土杂肥，每株可施 10～20 千克；棉籽饼或菜籽饼，每株可施 2～5 千克，粉碎后施用；绿肥压青，每株施 10 千克。造林的当年不必追肥，因为苗木根系尚处于恢复阶段，吸收养分的能力较弱。追肥时间不宜太晚，应在杨树生长高峰出现之前，以 4 月底至 5 月上旬追肥为最好。

杨树施肥应以氮肥为主。有机质含量低的土壤，用农家肥作基肥，再追施氮肥和磷肥，可以明显促进杨树生长。氮、磷或氮、磷、钾配合施用，效果均比单施好。因此，最好将两种或三种肥料配合施用，以氮肥为主。根据土壤条件，决定用量及氮、磷、钾的配比，氮素的用量一般为每株 250～500 克，氮∶五氧化二磷∶氧化钾＝3(2)∶1∶0.5。目前各地的杨树施肥，多数只施氮肥，忽视磷肥，这种倾向应该纠正。

五、杨树施肥方案的确定

合理的施肥方案，应该根据当地土壤养分的盈亏、林木的年龄和生长等实际状况，确定各种肥料的用量和比例。作者根据经验提出以下两种不同杨树培养目标的施肥方案，供作参考。其使用的尿素含氮 46％，过磷酸钙含五氧化二磷 14％。

(一)杨树大径材的施肥方案

这种杨树大径材施肥方案，按每667平方米20.8株（4米×8米）设计。

1. 施肥时间 基肥，造林时施于植树穴内。追肥应在5月份林木旺盛生长开始时或开始前进行，最好在有雨时追施，或追肥后进行灌溉。

2. 基肥 造林时，每株施5～10千克农家肥作基肥，每667平方米施农家肥104～208千克，或每株施2.5千克饼肥（如油菜籽饼、豆饼）作基肥，每667平方米施饼肥52千克。同时，每株施过磷酸钙1千克，每667平方米施过磷酸钙10.4～20.8千克。

3. 追肥 第一年不追肥。第二年，每株施尿素0.3千克，每667平方米施尿素6.24千克。第三年每株施尿素0.4千克，每667平方米施尿素8.32千克。第四年每株施尿素0.5千克，每667平方米施尿素10.4千克。第四年以后，每隔一年追肥一次，每株施尿素0.5千克，每667平方米施尿素10.4千克。采伐前3年停止追肥。

(二)杨树中小径材的施肥方案

中小径材杨树的施肥方案，按每667平方米74株（密度为3米×3米）及每667平方米55.5株（密度为3米×4米）设计。

1. 施肥时间 基肥，造林时施于植树穴内。追肥，应在5月份林木旺盛生长开始时或开始前实施，最好在有雨时施，或追肥后灌溉。

2. 基肥 造林时，每株施2～3千克农家肥作基肥，每667平方米施农家肥148～222千克，或110～166.5千克，或每株施1～1.5千克饼肥（如油菜籽饼、豆饼）作基肥，每667

平方米施饼肥 74～111 千克，或 55.5～83.25 千克；同时，每株施过磷酸钙 0.5～1 千克，每 667 平方米施过磷酸钙 37～74 千克，或 27.75～55.5 千克。

3. 追肥 第一年不追肥。第二年每株施尿素 0.1～0.15 千克，每 667 平方米施尿素 7.4～11.1 千克或 5.5～8.3 千克。第三年每株施尿素 0.15～0.2 千克，每 667 平方米施尿素量为 11.1～14.8 千克，或 8.3～11.1 千克。第四年每株施尿素 0.3～0.4 千克，每 667 平方米施尿素量为 22.2～29.6 千克，或 16.65～22.2 千克。第四年以后不再追肥。采伐前 1～2 年，停止追肥。

六、施肥方法

（一）基肥施法

栽植时，在回填表土入穴时施入肥料，将肥料与土壤混匀，使肥料大约分布在主要根系分布层 30～50 厘米深土层内，施于根系四周。如 1 米见方植树穴，可先回填 40 厘米土，再将肥料与表土在外混匀后回填。过磷酸钙或磷酸铵，切忌与苗根直接接触，以免烧根。

（二）追肥方法

在杨树的株间两侧各开一条沟，施入相应的肥料。施肥沟长 80 厘米，宽 20 厘米，深 20～30 厘米（砂质土宜浅，粘质土宜深）。沟与树干的距离随树冠大小而定，沟应位于树冠边缘投影下，随树冠扩大而逐年外移。肥料均匀施于沟中后，随即覆土。施肥前，要除净杂草。遇干旱时，施肥后应灌透水一次。杨树林地间作，最好间种矮秆豆科作物（如花生、黄豆）。不少农民愿意间种高产的玉米，并为玉米增施大量肥料。这对于促进幼林生长也很有利。

第十节 修 枝

杨树修枝，是培育供应胶合板工业用的大径材，必不可少的栽培措施，其目的就是生产通直无节的大径材（彩图4.11）。在我国，普遍忽视修枝，多数杨树丰产林没有及时和正确修枝，导致干材不通直和多节，严重降低了杨木的质量，给胶合板工厂造成损失和麻烦。

杨树的节子，是杨树生长过程中被包埋在木质部中的树枝，它破坏了木材构造的均匀，使节子周围的细胞变形，纹理扭曲，不仅影响木材的美观性，更重要的是降低了木材的强度，尤其是抗弯性。活的侧枝与主干的组织相联系，形成活节子，其颜色较浅。如节子为死侧枝，则形成死节。如侧枝腐朽，则其节留下孔洞。节子对杨木的加工利用，尤其对制造胶合板，十分不利。因此，应通过正确的修枝，及时将节子消除（彩图4.12，彩图4.13，彩图4.14）。

在我国的杨树栽培中，对杨木的通直和节子的缺陷重视不够。这主要因为以往绝大部分杨木用于农村的建房，对节疤和干形要求不高。另外，在市场上收购杨木，没有按质论价也是原因之一。杨木是最适于加工利用的工业用材。随着我国杨木加工业的发展，大面积杨树丰产林将成为工业原料基地。世界银行贷款支持的两期大规模造林项目，在20世纪90年代营造了25.133万公顷（377万亩）杨树丰产林，就是以胶合板材、火柴用材与造纸用材为生产目标的。培育供造纸和制造纤维板的小径材，不需要修枝。培育制胶合板的大径材，修枝就是集约栽培中的重要技术措施。

由于过去忽视定向栽培和修枝，因而使我国生产的杨木大径材质量很低，干材多节，不通直，工厂收购的原料中，不合格的杨木占有很大的比例。湖南长沙、湖北嘉鱼和江苏泗阳等地的胶合板厂，以及不少火柴厂，虽然附近有大面积杨树林，但却缺少合格的大径杨木，因而不得不到远地收购和进口做面板的大径材。杨木质量低的问题，困扰着工厂，剔除的废材多，缺少合格的面板，降低了设备效率和产品质量，也降低了经济效益。作者曾看到，有的胶合板厂专门增加了一道工序，修补有节疤的单板。由于过去没按工业用材标准生产杨木大径材，我国各省达不到工业用材标准的杨树林，其面积以数万公顷或十万公顷计，这是很大的损失。

过去，我们的营林目标仅限于速生丰产，只提出数量指标，没提出对木材质量的要求。今后杨树栽培逐步转向培育工业用材，杨树用材林的目标应该是“速生、丰产和优质”，包含时间、产量和质量三方面的更全面要求。

树干通直的无节良材，应是杨树培育的目标。修枝是达到此目标的手段。有些林业技术干部由于顾虑群众修枝过头，而往往不发动修枝。这种因噎废食的做法是不对的，重要的是普及正确的修枝技术。杨树在不同阶段有不同的修枝目的，可分为整形、修枝和修剪萌条三种作业。

一、整　形

整形的目的，是为了剪去影响顶部主梢生长的竞争侧枝，防止出现双杈，保证中央领导枝的压倒优势。同时，还要剪去8米以下主干上的粗大的竞争侧枝，保证树干通直。整形在第一年生长结束后就应开始。随着树木的长高，还要修去树冠下部和中部的粗大竞争枝，直到树干8米以下通直无杈为止，一般1～4年完成(图4-4，彩图4.11)。

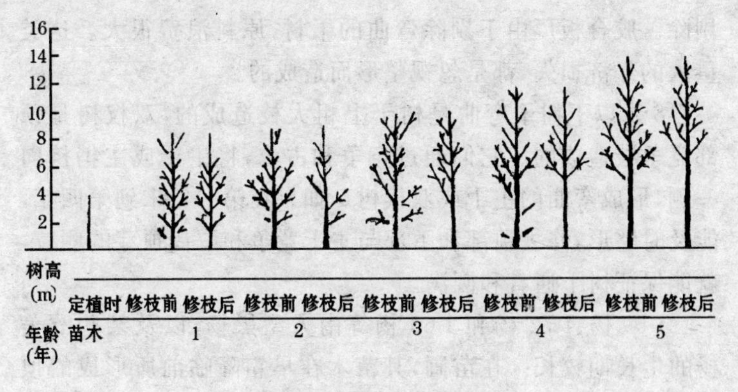

图 4-4 杨树修枝示意图

第一年，生长季末，修去与中央领导枝竞争的顶部竞争枝，以及很少量下部侧枝

第二年，修去与中央领导枝竞争的顶部竞争枝，以及可能过于粗大的下部侧枝

第三年，修去与中央领导枝竞争的顶部竞争枝，以及可能过于粗大的下部侧枝

第四年，修去树干下部直径达到 10～12 厘米处的侧枝，修去 8 米以下的粗大枝

第五年，修去树干下部直径达到 10～12 厘米处的侧枝，修去 8 米以下的粗大枝

第六年以后，继续修枝直到形成 8 米长通直无节的树干

在我国的杨树栽培中，对幼树早期整形的忽视，往往更甚于后期的修枝，甚至林业技术人员也常说："杨树丰产林头三年不修枝"。这种观点不对，应该纠正。他们不知道早期整形修枝的重要。如果幼树头三年不整形修枝，主干可能就已经形成双杈和粗大侧枝，使主干不通直。只要留意观察，就可以看到，片林或"四旁"的杨树，很多主干不通直，在 3～8 米之间有不同程度的弯曲，俗称"歪脖"。还有一些是双杈树。这些都是头三四年就已形成的。树干 8 米以下这段木材是否通直，对旋切胶合板的单板关系很大，弯曲部分没法旋切，必须

剔除。胶合板厂由于剔除弯曲的干材，原料浪费很大。这类重大的经济损失，都是忽视整形而造成的。

8 米以下树干弯曲是树干上粗大枝造成的，双杈树是顶部竞争枝造成的。它们通过竞争和占位，将主干或主梢挤向一侧，形成弯曲的主干或双杈树。如果在第一年末到第四年，能及时整形，修去顶部和下部与主干竞争和取代顶芽的侧枝，就能保证树干通直和圆满。

I-69 杨、I-72 杨和 I-63 杨等南方型黑杨，以及某些欧美杨的生长期较长。在苗圃，其苗木在早霜降临前所形成的顶芽往往不够饱满，所以顶梢的木质化较差，顶芽较弱，这就为下部侧芽创造了与顶芽竞争和取代顶芽的有利机会。在 2～4 年生的幼树顶部，我们经常能看到有 1～2 个甚至 3 个侧枝与主梢竞争。在运苗过程中，主梢受损伤也可能导致这种结果。为了避免出现杨树苗木顶部侧芽的生长超过较弱的顶芽，与顶芽竞争，形成双股顶梢的现象，造林前可将木质化不充分、不充实的细弱顶梢剪掉。选定顶部壮实的侧芽，在其上 2 厘米左右剪去顶梢。通过人工方式，以壮实的侧芽取代较弱的顶芽。这样合理的截梢不仅不会减少树高的生长，反而还有利于加强主梢。

杨树树冠如何发展，取决于顶端优势。杨树是顶端优势强的树种，尤其是某些栽培种，主干有自然直立的特性。其顶端优势是由于顶端分生组织的作用，控制了一级侧枝的生长。整形就是通过控制侧枝加强主梢，人为地加强和形成顶端中央领导枝的优势。

意大利及欧洲其他一些国家用大苗造林，如意大利二年生苗的高度可达 7～8 米，栽植前剪去全部侧枝，这样可以减轻以后的整形和修枝工作。

二、修　枝

8 米以下的树干，直径达到 10～12 厘米的部分，其上的侧枝即应修去。此举称为“固定直径的修枝法”。从造林后第三年开始，每年修去树干下部直径达到 10～12 厘米处的侧枝，直到 8 米高为止。这样，可以保证干材芯心 10～12 厘米以外没有节，而 10～12 厘米以内的芯心是旋切完胶合板的单板后所要废弃的，其内有节没有关系。根据树干的直径修枝，可以为胶合板、火柴工业提供无节良材（彩图 4.12，彩图 4.13，彩图 4.14）。

修枝的高度大致如下：1～3 年，少量整形修剪；4～5 年，修枝到树高 1/3 处；6 年以后，可修枝到树高 1/2～2/3 处。

三、修剪萌条

修枝以后，主干上还可能再长出萌条，有时是由于修枝的刺激在原处长出的。这些萌条应及早剪去。法国的经验是：夏季修枝和修剪萌条，可以减少萌条的发生。

整形在秋季落叶后进行。此时，侧枝看得清楚，比较方便。修枝可在冬季进行，也可在春、夏进行。修剪应贴近树干，不应留茬。使用的工具应锐利，伤口应平滑，不得撕伤树皮。经常可以看到，杨树修枝后树干上留下长短不等的侧枝的茬。这些茬将成为木材中的节子，而且常形成死节子，降低木材质量。对此应注意克服。

1～3 年生的树干较细，架梯整形修剪常有困难，最好使用高枝剪，人员站在地上操作。天津林业工具厂生产的伸缩式高枝剪，有剪和锯，两根杆的总长度为 2.5 米。修枝是一项费力和操作困难的工序。目前，在我国没有适用的修枝工具，为满足大面积杨树工业用材林的修枝，应该尽早研制国产的修枝机具。国外用液压的升降机修枝效率很高，但价格昂贵。为了克服上树修枝的困难，我们用电工上电线杆的脚镫爬树，修枝时系上安全带，可以修剪 8 米高处的侧枝。将铁匠打的锋利铲刀，安在长杆上，可以铲修 5 米左右高处的侧枝。

第十一节　间伐与主伐

一、间　伐

密植杨树人工林，间伐是否有利，是生产中常遇见的问题。为了查明“先密后稀”的密度调控效果和早期生产小径材、后期生产大径材的可能性，我们在山东临沂地区对三种密度的杨树林进行了 11 年的间伐试验。结果表明：①间伐不增加木材产量，但能提前收获小径材，得到早期收入。在主伐时收获大径材。②2 米×3 米和 2 米×5 米等密度较大的林分不宜间伐，其保留树木胸径增粗较少，效果不大。③3 米×5 米和 3 米×6 米这类密度的林分，可以间伐，间伐强度为 1/2 或 1/3。在第四至第六年，间伐胸径 16～18 厘米的小径材，第十一至第十四年主伐时，收获胸径 30 厘米以上的大径材。

我国栽培杨树的多数是农民，经济较困难，培育大径材的生产周期在 10 年以上，长时期内没有收入，还要不断投入资金和劳力，经常难以支付林分后期的抚育管理费用，因此，削弱了林分的抚育。有些密度的林分可以间伐，在第四至第六年，每 667 平方米可收获 2～3 立方米木材，中期经济收入可缓解资金不足的困难。第四至第六年间伐材的收入可用于成年林的施肥和松土除草，加强抚育管理，培育大径材。

邢有华先生在安徽省长江沿岸，对株行距为3米×5米的I-69杨人工林（每667平方米44株），在栽后第四年间伐1/2，成为5米×6米的株行距（每667平方米22株），每667平方米获得3立方米间伐材，提前收入1 080元（每立方米约360元），解决了农户资金短缺的困难，促进了林分的后期抚育管理。

在南斯拉夫，4.5米×4.5米的杨树栽培密度越来越受欢迎。这种栽培密度（每667平方米32.9株）的杨树，可在第八年间伐50%，作为造纸材。而将所保留的杨树（密度为4.5米×9米），培育成大径材。

（一）3米×6米I-69杨林的间伐试验

20世纪80年代，在山东省莒县赵家二十里村，我们对3米×6米的I-69杨林分进行的间伐试验，获得了较好的效果，可供参考。

试验分为三个处理进行：①不间伐（对照），株行距为3米×6米。②间伐1/2，株行距改为6米×6米。③间伐1/3，隔两行伐去一行，形成3米×6米与6米×6米相间的株行距。间伐在第五年春到第六年冬之间完成。为了获得较好的间伐收入，间伐木胸径达到16～21厘米，树高达到16～21米时才采伐。分三次间伐完，间伐木作檩材出售。间伐试验林面积为68×667平方米，分作两片。每片林的三个处理，均有三次重复，即每片林均设九个小区。

在第五至第六年间伐1/2和1/3株数后，经过3～5年时间的生长，三种处理的杨树材积有很大变化。处理二（间伐1/2）和处理三（间伐1/3）的平均胸径明显增粗，每667平方米材积产量则降低。与不间伐的对照林相比，间伐1/2的，杨树胸径平均增粗3.9～4厘米，每公顷材积减少10%～

11.9%；间伐 1/3 的，平均胸径增粗 1.8～1.9 厘米，每 667 平方米减少材积 4.4%～6.7%(彩图 4.15)。间伐强度越大，平均胸径越大，每 667 平方米材积产量越小。三个处理的平均胸径排序如下：间伐 1/2(28.9 厘米和 27.4 厘米)＞间伐 1/3(26.8 厘米和 25.3 厘米)＞对照(25.0 厘米和 23.4 厘米)。两个间伐处理，在 9 年时平均胸径为 25～ 28 厘米，再生长 3 年后，其胸径完全能超过 30 厘米 ，达到大径材标准，木材可以增值(表 4-12)。

表 4-12　间伐对 9 年生 I-69 杨人工林材积生长的影响

地点	处理号及间伐强度	株行距 (m)	每亩株数 (株)	平均树高 (m)	平均胸径 (cm)	单株材积 (m^3/株)	间伐材积 (m^3/亩)	平均材积		年平均每亩材积
								(m^3/亩)	(%)	(m^3/亩·年)
大口井西	1. 不间伐(对照)	3×6	555.0	25.4	25.0	0.4805	—	17.78	100	1.98
	2. 间伐 1/2	6×6	277.5	26.9	28.9	0.6637	3.39	15.67	88.1	1.74
	3. 间伐 1/3	6×6～3×6	370.5	26.8	26.8	0.5741	2.83	17.01	95.6	1.89
大口井南	1. 不间伐(对照)	3×6	570.0	26.0	23.4	0.4255	—	15.75	100	1.75
	2. 间伐 1/2	6×6	277.5	27.0	27.4	0.6061	2.98	14.19	90.0	1.58
	3. 间伐 1/3	6×6～3×6	370.5	26.5	25.3	0.5089	2.12	14.69	93.3	1.63

注：表中的"亩"为 667 平方米

表 4-12 中，9 年生 I-69 杨每 667 平方米平均材积产量的排列顺序为：对照(100%及 100%；17.78 立方米/667 平方米及 15.75 立方米/667 平方米)＞间伐 1/3(95.6%及 93.3%；

17.01 立方米/667 平方米及 14.68 立方米/667 平方米)>间伐 1/2(88.1%及 90%;15.67 立方米/667 平方米及 14.19 立方米/667 平方米)。三个处理的年平均每 667 平方米材积生长量均在 1.58～1.98 立方米的范围内,说明不间伐的及间伐的处理,到第九年均能达到较高的产量水平。间伐 1/2 和间伐 1/3 的,木材产量虽然下降 4.4%～11.9%,但是木材径级增粗,提高了木材价值,可弥补产量降低的损失(彩图 4.15)。另外,这是 9 年的结果,在主伐之前,由于空间较大,间伐 1/2 和间伐 1/3 的处理在生长上可能还有较大的潜力。

(二)2 米×3 米和 2 米×5 米 I-72 杨林的间伐试验

在山东沂南县沂河林场,我们对 4 年生林分进行了间伐试验。间伐区的面积分别为 9.5×667 平方米和 1 公顷,对照区的面积分别为 667 平方米和 0.1 公顷。2 米×3 米的间伐强度为 42%,每 667 平方米间伐去 44 株,2 米×5 米的间伐强度为 38%,每 667 平方米间伐去 22 株。两种间伐处理,通过间伐,分别获得胸径 13.1 厘米和 14.7 厘米 的小径材,间伐材售价分别为 22.85 元/株和 26.15 元/株(表 4-13)。

2 米×3 米的 I-72 杨林分,间伐三年后每 667 平方米面积的木材总产量(17.34 立方米/667 平方米)与对照(17.11 立方米/667 平方米)相接近,虽然主伐的木材比对照粗 3 厘米,但两者的木材总收入相差不大。因此,间伐的好处在于提早获得一次收入和主伐时获得较粗的木材,间伐并不能额外增产木材(表 4-13)。

2 米×5 米的 I-72 杨林分,间伐三年后林木的平均胸径比对照粗 1.1 厘米,但每 667 平方米材积总产量比对照少 22.4%,每 667 平方米面积的木材总收入少 17.5%。此密度的间伐不仅没有增产木材,反而还减产不少。

表 4-13　间伐对 I-72 人工林材积的影响

间伐处理	每亩株数（株）	1986 年 4 月				1989 年 4 月			每亩材积总产量（m^3）	每亩木材总收入（元）
		平均高（m）	平均胸径（cm）	每亩间伐材积（m^3）	每亩保留木蓄积（m^3）	平均高（m）	平均胸径（cm）	每亩主伐材积（m^3）		
2m×3m 间伐	60	14.0	13.1	2.98	5.27	18.4	19.6	14.45	17.43	5677.2
2m×3m 对照	104	14.0	13.1		8.25	18.4	16.6	17.11	17.11	5475.6
2m×5m 间伐	35	14.7	14.7	2.30	4.13	23.0	22.5	11.48	13.78	5436.8
2m×5m 对照	57	14.7	14.7		6.43	22.6	21.4	17.75	17.75	6592

注:表中“亩”为 667 平方米

根据以上三种处理的间伐试验,可以看出:①间伐不能增加单位面积的木材产量。②间伐可以提前收益,以短养长,并在主伐时收获较粗的木材。③比较大的密度,如 2 米×3 米和 2 米×5 米,不适宜间伐,间伐效果不如较稀的密度,如 3 米×6 米,因前者的轮伐期短,保留木胸径增粗有限,间伐的 2 米×3 米,主伐时平均只增加到 19.6 厘米;间伐的 2 米×5 米,主伐时平均直径只增加到 22.5 厘米,都达不到大径材的径级,木材增值不多。④间伐林分的密度不宜大于 3 米×5 米,4 米×4 米,3 米×6 米。⑤间伐的时机很重要,间伐太迟,不利于保留树木扩展树冠,可能导致减产。一般杨树间伐宜在栽植 4～6 年时结束,最好当间伐木达到 15～16 厘米时,即将其作纤维材使用。

有些杨树产区,杨树中小径材的价格不高,有时滞销。对某些以培育中径材为目的的幼林,适时进行间伐,在经济上可能是可取的。

虽然杨树是轮伐期短的高产树种,但育成大径材至少要

10 年以上，在大规模营造工业用材林的情况下，也存在着投资数额大和投资回收期长的问题。间伐在中期增加一批小径材的收入，可以缓解此矛盾。胶合板厂和中密度纤维板厂有很好的前景，也适宜用杨木做原料。有些单位正在筹备建厂和建设杨树工业原料林基地。如果设计一次间伐收获中小径材供中密度纤维板厂做原料，主伐大径材供胶合板厂用，很可能对造林企业是有利的。初植密度可以为 3 米×6 米，或 4 米×4 米，4～5 年间伐后改为 6 米×6 米和 4 米×8 米。这样，在一块林地上中期和末期能生产两种材种，满足不同用材需要和提前收益。这是作者根据试验结果和经验推荐给农民和企业的间伐方案。

二、主　伐

采伐年龄，也叫主伐年龄。它是指林分达到成熟而进行采伐的年龄。杨树用材林的材积生长量，达到什么水平才是适宜的采伐年龄，这是杨树林经营中的重要问题。不少农民由于没有正确了解杨树林分材积生长进程，在材积生长量还没有达到高峰期，或仍处于高峰期，就过早地采伐林分，无形中便受到了损失，而自己却还没有觉察到。作者称此为超前采伐。

杨树林的材积生长量一般早期低，然后进入高峰期，最后逐年下降。材积年平均生长量，是指整个年龄期间内(即整个轮伐期内)平均每年的材积生长量。连年材积生长量是指林分生长过程中，各年度的当年的材积生长量。单位面积上年材积生产数量最多时期的年龄，是林木平均生长量最大的时期，即数量成熟龄。随着林龄的增长，通过生长高峰期后，连年生长量下降，材积的连年生长曲线下降与材积平均生长曲线相交，此时即为适宜采伐的年龄。此后，连年生长量低于平均生长量。以上提到的超前采伐，就是指当杨树林分的材积连年生长量，还没有降到低于材积年平均生长量时，即林分尚能继续高产时的过早采伐。在密度不同和集约栽培强度不同的情况下，上述两条曲线相交的时间，有很大的差异，应该进行具体的分析。

杨树林分的材积连年生长量高峰期，有时能持续一段时间，尤其是密度小的林分，如 5 米×6 米，6 米×6 米，4 米×8 米。密度大的林分，较早达到材积生长高峰，而且生长量较快地下降。

计算杨树立木材积可以参考和选用陈章水研究员编制的以下杨树二元立木材积表，将调查所得杨树林分的平均树高(H)和平均胸径(D) 代入以下公式可以计算出该林分的平均单株立木材积，将其乘以每 667 平方米的株数，便可得到每 667 平方米的立木材积(V)。

毛白杨二元立木的材积计算公式

$$V=0.513407H^{0.826956}D^{1.995375}$$

I-72 杨、I-69 杨、I-63 杨二元立木材积公式：

$$V=0.19328321D^2H+0.007734354DH+0.82141915D^2$$

沙兰杨、I-214 杨二元立木材积公式：

$$V=0.254547545D^2H+0.784642807D^2$$

新疆杨树二元立木材积公式：

$$V=0.420834D^{1.9608934}H^{0.8911061}$$

例如，毛白杨的平均树高(H)为 24 米，平均胸径(D)为 0.3 米，将其分别代入相应的公式中，即得：平均单株材积 V=0.6434 立方米。

第十二节　萌芽更新

杨树根桩具有旺盛的发出萌条的能力。如果经营得法，第二代萌芽林的生产力并不低，甚至能够超过第一代。萌芽更新可以节约清除根桩、整地、准备苗木和栽植的费用。这笔费用在整个栽培成本中，占有很大的份额。萌芽更新对于培育栽植密度大的杨树小径材，尤其适用。杨树萌芽林的高度较低，干形较差。所以，萌芽更新不适于培育杨树大径材，而适于培育杨树小径材。

在国外，用萌芽更新，或称矮林作业(Coppicing)，培育杨树和柳树纤维用材。有的采用1～3年的超短轮伐期，采用翻耕土地、灌溉与施肥等农业措施培育大密度的萌生矮林。有的用0.3米×0.9米的株行距，进行扦插造林。在萌芽林经营中，杨树无性系、密度和轮伐期三者密切相关。欧美国家的研究成果，为不同的培育目标提供最佳方案。

在加拿大，欧美杨无性系DN25号，两年轮伐期，年产干物质17吨/公顷，是最高的产量。两年轮伐一次，轮伐四次，其间不会降低伐根的萌芽，但第九年必须重新造林。

在法国，有8个造纸厂用直径为7～9厘米小径杨木作造纸原料，对10个杨树无性系进行萌芽更新试验。栽植前深耕40厘米，每公顷施氮、磷、钾化肥100千克。头两年要中耕除草，以后不再管理。平均每年每公顷产干的木材12吨。最好的密度是每公顷4 500株(300株/667平方米)。柳树无性系的效果不如杨树。

意大利罗马农林研究中心，在20世纪70年代，用I-214杨等无性系进行了萌芽更新试验。比较了不同的密度(2

米×3米、2米×2米、1米×3米、1米×1.5米)、不同的繁殖材料(插穗和2年生苗)造林、不同的轮伐期(3年,4年,5年,6年)及第二轮矮林的萌条数量等。试验结果表明,轮伐期3年的I-214杨,密度为2米×3米,第二次轮伐所得的材积比第一次轮伐所得的多50%。密度和轮伐期与产量的关系也很密切。在第二轮伐期,即第二茬萌芽树,每个根桩留一萌条的处理,产量比较高(表4-14,表4-15)。

表4-14 两次轮伐I-214杨林分的材积产量比较

(密度:2米×3米)

处 理	轮伐期(年)	材 积($m^3/667m^2$)	年平均材积生长量($m^3/667m^2$)
第一次轮伐	3	2.70	0.88
第二次轮伐(萌芽林)	3	4.05	1.48
	5	8.50	1.70

表4-15 密度和轮伐期对I-214杨萌芽林材积产量影响的比较

轮伐期(年)	密 度(m)	材 积($m^3/667m^2$)	年平均材积生长量($m^3/667m^2$)
4	1×3	3.53	0.88
6	1.5×3	5.51	0.92
6	2×3	4.60	0.77

我们在山东临沂市薛庄村进行了杨树萌芽更新试验(彩图4.16)。1987年春,在采伐了5年生的I-69杨(3米×3米)林分以后,进行萌芽更新试验。萌芽更新面积为33.4×

667 平方米，常规造林面积（对照）为 16×667 平方米。在集约栽培条件下，萌芽林的生长很快，第一年的平均高生长量为 3.6 米，平均胸径生长量为 2.9 厘米。头三年，年平均高生长量为 3 米和 3.2 米，年平均胸径生长量为 3.1 厘米和 3.8 厘米，第三年计算的年平均材积生长量已达 1.27 立方米/667 平方米·年和 1.15 立方米/667 平方米·年，达到较高水平。其旺盛生长的趋势还在延续。萌芽林的年龄比常规造林小一年（没有苗龄），其第三年材积比对照少 14%～15%（表 4-16）。1 号萌芽林由于每 667 平方米的萌条株数，比常规造林的苗数多 75%，萌芽林的单位面积林木蓄积量仍能进一步增加。

表 4-16　三年生 I-69 杨萌芽林与常规造林的生长比较　（株行距：3m×3m）

处　理	每 667m² 株数（株）	平均树高		平均胸径		平均单株材积（m³）	平均 667m² 蓄积量（m³）	每 667m² 材积年均生长量（m³）
		（m）	（%）	（cm）	（%）			
1 号萌芽林	130	9.2	100	9.4	100	0.0294	3.82	1.27
1 号对照林	74	12.0	132	12.4	132	0.0609	4.44	1.48
2 号萌芽林	79	9.6	100	11.5	100	0.0437	3.45	1.15
2 号对照林	74	11.7	104	12.0	104	0.0552	4.08	1.38

根据我们的试验和国外的经验，萌芽更新可以作为杨树人工林的一种更新造林方式。尤其是密度较大的林分可以节约更多的苗木栽植和整地费用。

萌芽更新应注意以下事项：

第一，在冬季休眠期采伐杨树。

第二，春季伐桩上大量萌条出现后，选留 1～2 条粗壮的，将其余的全部除去。可以根据计划培育的径级，决定保留多少萌条，调节林分密度。

第三，采伐时尽量降低伐桩，不要高于地面 5 厘米，萌条发出后在基部培土堆，以防被风吹倒。

第四，I-69 杨和 I-72 杨的根桩，能发出大量萌条，有时多达几十条，除后还可能再发生。第一年应该多次除去根桩上的萌条，最后每个根桩只宜保留 1～2 条。

试验结果表明，每个根桩保留 3～4 条萌条，萌条的生长量第一年就受影响，第三年影响更明显。多数杨树栽培品种都有萌芽更新的能力。

第五章　杨树丰产栽培模式

第一节　山东临沂地区杨树丰产栽培模式中间试验*

山东临沂地区杨树丰产栽培模式中间试验项目，是国家科学技术委员会委托中国林业科学研究院林业研究所实施的“杨树丰产栽培中间试验”专项合同项目（1980～1991 年）的一部分。其主要内容，是在鲁东南平原农区营造 166.67 公顷（2 500亩）杨树中间试验林，实行短轮伐期集约栽培，对丰产栽培技术措施进行系统的试验研究，提出适合当地自然条件和社会经济条件的杨树丰产栽培模式。

本项目采用林农间作和短轮伐期（4～8 年）集约栽培体制，以适度的投入换取最大的产出。共布置了十几项试验，如杨树无性系试验、整地方法试验、壮苗造林试验、造林方法试验、幼林株间育苗试验、造林密度试验、灌溉试验、施肥试验、修枝试验、间伐试验、萌芽更新试验和杨叶饲用中间试验等。根据试验结果，筛选出优化方案，形成适合当地生态、经济条件的杨树丰产栽培模式。此模式包括了多项优化技术，期望

---

* 本模式试验项目，由郑世锴主持，课题组成员有刘奉觉、臧道群、高瑞桐、窦忠福和徐宏远。参加协作的主要成员有临沂地区林业局崔富德，莒县林业局李富恩，临沂市林业局吕清霄、王宪梓，沂南县沂河林场卢永农，费县祊河林场刘曾三等同志。

最大限度发挥杨树人工林的生产潜力。

项目合同规定的生产指标是，每667平方米杨树林年平均材积生长量为1.5～2.0立方米。1989年10月，课题历时9年后获得成功。除40公顷(600亩)林由于试验原因产量较低外，其余126.67公顷(1 900亩)试验林均达到和超过年均667平方米产材积1.5～2.0立方米的指标。166.67公顷(2 500亩)中间试验林的总蓄积量为22 663.74立方米，总产值为679.9万元(按当时市场价格300元/立方米计)。中间试验林的培养目标，为20世纪80年代市场需求量最大的农村建筑用材(胸径为16～25厘米的中小径材，轮伐期为4～8年)。少量大径材的轮伐期为12～14年。以下介绍作者在山东省临沂地区四县(市)10年试验研究的经验和结果，从生产实践中得出的经验和教训，具有较大的实用价值，希望这些对于读者能有所帮助。

一、试验地区的自然条件

临沂地区位于山东省东南部，东临黄海，南与江苏毗邻，地跨北纬34°17′～36°20′，东经117°25′～119°38′。数百条河流纵横全区，以沂河和沭河为最大。沂河和沭河冲积平原，为发展杨树集约栽培提供了良好的基地。试验林位于临沂市、莒县、沂南县和费县。通过对试验地区气象条件和土壤条件的具体了解，读者可以知道产生本栽培模式的条件和适用范围，以免生搬硬套。

(一)气象条件

本地区属暖温带季风区半湿润大陆性气候，水、热条件基本能满足南方型黑杨I-69杨和I 72杨的要求。年平均温度在12.1℃～13.3℃之间，比其在美国原产区的年平均温度低

3℃左右。临沂地区的生长季在187～225天之间，初霜出现在10月20～27日之间。此时I-69杨和I-72杨的叶子仍呈绿色，但生长被迫停止。11月上旬，作者看到，林中大量落叶和树上残留的叶子，都不是枯黄的，而是绿色的。这说明当地的生长季对I-69杨和I-72杨偏短，热量偏低。因此，这里应该是I-69杨和I-72杨引种区的北部边缘。临沂地区春季造林，I-69杨和I-72杨苗木常发生不同程度的枯梢。作者认为，这种现象的发生，除了春旱以外，还与生长季不足，苗木木质化不够有关。

试验地区的年降水量为850～899毫米，6月中旬至9月上旬为雨季，降雨量约占全年降水量的75%。此时，正值杨树旺盛生长期，降雨的季节分配十分有利。以沂南县为例，生长季温度＞10℃时的降水量为721毫米，占年降水量的82.7%。但是全年降水量对杨树丰产仍嫌少。春季缺雨，而且降雨的年变率较大，干旱仍是当地的主要灾害。按伊凡能诺夫公式计算，沂南县年平均干燥度，K值为1.34，属半湿润气候，但各月干燥度(K)的差异很大，6，7，8三个月为湿润，9月份为半湿润，其他各月均属于半干旱或干旱，12月份属很干旱。年平均相对湿度在61%～71%之间。

根据多年的气象记录，本区春旱是全年最重的干旱，时间长，三年一遇。如1981年2月20日至4月下旬，沂南县63天无降水，当年的年降水量为452.8毫米，是22年一遇的旱年。1982年临沂地区继续发生春旱。这就给我们春季营造的1 000多亩中间试验林，带来严重的威胁。春旱经常明显地降低造林成活率。

夏旱一般出现在初夏，往往是春旱的延续。5月份至6月上旬，土壤水分明显不足。个别年份出现伏旱。严重的夏旱3～4年一遇。1982年5月下旬和1983年6～7月份，作者在临沂市石河林场观察到，大面积3年生I-69杨的顶梢，因干旱而落叶干枯。在其他地方，作者也见到过6～7月份干旱时幼林或近熟林大量落叶。干旱解除后，杨树再次发叶。这些现象，说明了干旱的严重危害和喜湿的杨树的水分平衡方式。I-69杨和I-72杨是国内最喜湿的杨树无性系，对水分供应十分敏感。在临沂地区，干旱是杨树丰产的主要限制因素。因此，我们在本中间试验中加强了杨树水分生理、灌溉和抗旱造林技术的研究。

(二)土壤条件

四县(市)的试验林，都分布在河流的阶地上，多数林地为砂土及砂壤土，只有沂河林场200×667平方米林地的30厘米以下土层为粘土。林地土壤的机械组成中，砂粒比例偏高，如临沂市薛庄村40公顷林地的土壤，砂粒占89.1%～97.19%(主要是中砂和细砂)，粉粒仅占0.4%～9%，粘粒占2.0%～2.7%。试验林的土壤质地偏粗，砂粒与粘粒的比例不适当，保水保肥能力差。

四县(市)杨树中间试验林的土壤化学分析表明，土壤有机质含量极低，仅在0.35%～0.62%之间，氮、磷、钾养分含量均处于低下水平，土壤肥力较低。如与湖南洞庭湖区的汉寿县相比，那里的杨树林地土壤有机质含量为1.89%～2.71%，相差很大。因此，应该注意通过林农间作和施肥，来弥补土壤肥力的不足。

二、杨树丰产栽培模式

临沂地区杨树丰产栽培模式，包括14项配套的优化栽培技术措施。对于其中的多数措施仅作简要叙述。欲知详细情况，可参阅第四章“杨树速生丰产栽培技术”的有关内容。

（一）造林地的选择

选地标准：河流的阶地、滩地、旧河道；地下水位为1.5～3米；黄潮土或砂潮土；有效土层厚度在0.8～1米以上；土壤质地为砂壤至轻砂壤，pH值为7～8。

（二）带状深翻整地

试验地区属于平原农区，地少人多。较好的土地全已用作农业，166.67公顷（2 500亩）试验林的土壤都比较贫瘠。20世纪70年代后期和80年代，临沂地区推广带状深翻整地，改良土壤，使立地质量差土地上的杨树，明显地提高了生长量，实现了丰产。全部试验林都进行了带状深翻整地。

1985年，在莒县二十里乡设置了2公顷带状深翻整地和大穴整地（对照）的对比试验，种植I-69杨，株行距为3米×6米。带状深翻处理方法是：沿植树行挖1.0米宽、0.8米深的壕沟，回填时将壤质土填在主要根系分布层30～60厘米处。大穴整地处理方法是：在植树点挖1米×1米×1米的大穴。5年的试验结果，可以从表5-1和表5-2看出，带状深翻明显地促进了杨树生长。在前五年内，带状深翻处理地上的杨树，平均胸径，比大穴整地处理（对照）地上杨树的胸径，大1.6～2.1厘米（增大11%～17%），带状深翻地杨树的胸径增粗效果已保持到第五年。第五年时，带状深翻整地的平均每667平方米材积，比对照多0.95立方米（增多18.6%）。这一优势，继续保持到采伐。

由此可见，带状深翻整地的经济效益是显著的，每667平方米面积上的杨树，可以增产约1立方米的蓄积量。此法用工多，费用高，在雇工的情况下不适用。但是，在农民自己承包地上，如有剩余劳动力，则可以采用。带状深翻整地，可在较大范围内改善土壤通透性,降低土壤紧实度,使初植杨树的根系能在深层土壤中更好地扩展,为林木生长打好基础。

表 5-1　带状深翻整地对 I-69 杨胸径生长的影响

处　理	平　均　胸　径							
	第二年		第三年		第四年		第五年	
	cm	%	cm	%	cm	%	cm	%
带状深翻整地	10.8	117	14.1	117	17.3	111	19.0	111
大穴整地(对照)	9.2	100	12.2	100	15.6	100	17.1	100

表 5-2　带状深翻整地对五年生 I-69 杨材积生长的影响

处　理	平均树高(m)	平均胸径(cm)	平均单株材积(m^3/株)	平均每 667m^2 材积	
				(m^3)	(%)
带状深翻整地	15.8	19.0	0.1635	6.05	118.6
大穴整地(对照)	15.3	17.5	0.1378	5.10	100.0

现在,农村的劳动力比 20 世纪 80 年代时紧缺和贵,上述带状深翻整地很可能不再适用。建议采用以下较省劳力的深翻整地方法:全面机耕,翻耕深度为 30～40 厘米。然后,在定植点上挖 80 厘米深的穴植树。

(三)良种壮苗

在试验地上栽培的杨树,主要采用 I-72 杨、I-69 杨和露易莎杨品种。较差的立地条件,采用 I-214 杨和沙兰杨品种。用 1 根 1 干 或 2 根 1 干 的壮苗造林,苗木胸径为 2.5～3 厘米,苗高 5 米左右。

主要栽培品种的对比选择情况如下，1984年春季，用平茬造林方法，营造了18.6×667平方米五个杨树无性系的对比试验林，每一个无性系有5次重复，共设25个小区。根据试验林6年的生长情况，可以得出以下结果(表5-3)。

表5-3 六年生五种杨树无性系的生长比较

无性系	平均树高(m)	平均胸径(cm)	平均单株材积(m^3)	平均每667m^2材积		年平均每667m^2材积(m^3)
				m^3	%	
I-72杨	17.1	20.7	0.2042	7.555	253	1.26
露易莎杨	20.8	20.8	0.2080	7.697	205	1.28
I-69杨	18.0	19.4	0.1888	6.987	234	1.16
西玛杨	18.8	18.8	0.1657	6.132	257	1.02
I-214杨(对照)	13.7	13.8	0.0807	2.985	100	0.50

①材积生长量的顺序是：露易莎杨和I-72杨>I-69杨>西玛杨>I-214杨(对照)。

②第五年，I-72杨的胸径生长开始超过I-69杨；第六年末，I-72杨的平均胸径比I-69杨大1.3厘米(粗6.7%)，平均每667平方米材积比I-69杨多0.57立方米(增加8.1%)，但I-72杨的树高比I-69杨低0.9米(减少5.2%)。

③临沂地区杨树人工林中，可利用I-72杨的粗生长略快于I-69杨的这一优势，增加I-72杨的比例，以获得更多材积。

④露易莎杨平均每667平方米的材积，与I-72杨的相似，超过I-69杨，可在本地区推广。

⑤第一、二年，I-214杨、西玛杨和露易莎杨，受天牛侵害较严重，I-214杨受害尤重，对材积生长影响较大。推广露易莎杨要注意防虫。

优良的杨树品种，是速生丰产的基础；适宜的气候和土壤条件，是发挥杨树良种遗传特性的必要条件。I-72 杨、I-69 杨和露易莎杨，这三个优良的杨树无性系，速生，高产，抗病，基本适应临沂地区的气候和土壤条件，因此可选作当地主要栽培品种。

(四)造林方法

在地下水位为 1.5～2 米的条件下，采用深栽造林法；在干旱年份灌水不及时和不足的情况下，采用平茬造林；在其他条件下，采用常规造林。临沂地区经常发生春旱，而且早春地温偏低，不利于要求较高的 I-69 杨和 I-72 杨生根和成活，大面积造林成活率不够高或不稳定。春旱使苗木水分平衡失调，在扎根前失水过多，苗木不同程度地由顶梢向下干枯，甚至死亡。为保成活，不得已预先截干或平茬。有些林地因缺株而减产，有的因成活率过低而重新造林。造林前，进行带状深翻整地，使整个土体疏松，灌水量增加多倍，而且保水能力降低，从而加大了灌溉的困难。春旱年份，在灌水不足或不及时的条件下，带状深翻在一定程度上降低了造林成活率。这些是 20 世纪 80 年代临沂地区 I-69 杨和 I-72 杨造林中存在的问题。

为了提高 I-69 杨和 I-72 杨的造林成活率，1982～1983 年，在莒县二十里乡及临沂市薛庄村，对四种造林方法进行了试验和研究。二十里乡的造林试验地为 3 公顷，植树 1 665 株，无性系为 I-69 杨，株行距为 3 米×6 米。四种处理重复三次。1983 年的成活率如下：常规造林的成活率为 71.1%，深栽造林为 98.3%，平茬造林为 98.5%，埋干造林为 90%（表 5-4）。深栽造林，是用深栽钻孔机在定植点上钻孔到地下水位（1.7 米），将截去根的插干插在地下水中，然后填土捣实。

表 5-4　四种造林方法对造林成活率和生长的影响

调查时间	处　理	成活率(%)	每亩株数(株)	平均树高(m)	平均胸径(cm)	平均株材积(m^3)	平均每 $667m^2$ 材积		年平均每 $667m^2$ 材积(m^3)
							m^3	%	
第一年末(1983)	1 平茬造林	98.5	36.4	3.2	2.3	0.001286	0.0468	37.0	
	2 深栽造林	98.3	36.4	4.7	4.1	0.004344	0.1581	125.1	
	3 埋干造林	90.0	33.3	3.4	2.3	0.001405	0.0468	37.0	
	4 常规造林(对照)	71.1	26.3	4.9	4.3	0.004804	0.1263	100	
第七年末(1989)	1 平茬造林		36.4	21.5	21.8	0.273400	9.9500	129.0	1.42
	2 深栽造林		36.4	23.5	22.0	0.298500	10.9000	141.0	1.56
	3 埋干造林		33.3	23.0	20.9	0.286200	8.8670	115.0	1.27
	4 常规造林(对照)		26.3	23.6	21.7	0.292800	7.7000	100.0	1.1

常规造林的成活率低，是由于苗木地上部分比较大(苗干全部保留)，苗木在生根前失水过多，丧失水分平衡，栽后挑水浇树，一个月后才沟灌，太迟了。深栽造林成活率高，是由于插干通过下切口从地下水中直接吸收水分，缓和了苗木生根前后和放叶时水分供应的紧张。杨树平茬造林和插干造林成活率高，是由于造林时杨树苗木完全没有露出地面，在生根、发芽和放叶的过程中，杨树苗木的地上和地下部分容易维持水分平衡。

春季深栽造林，第一年新梢生长量为 2.47 米，约比常规造林大一倍，虽然因为深栽而使树高降低约 1 米(常规造林的栽植深度为 0.8 米，深栽造林的深度为 1.7～2.0 米)，苗木胸径也相应减小。但由于深栽苗木的水分优势，第一年深栽造林的平均高和平均胸径就已接近常规造林（表 5-4）。刘奉觉研究员和作者进行的以下水分生理测定，说明了深栽造林成活率高和生长快的原因。春季造林后，4 月 16 日测定，深栽的 I-69 杨枝条的水分饱和亏缺值仅为常规造林的 77%；5 月 16 日，其叶的水分饱和亏缺值，仅相当于常规造林的 61%。根据观察设备的记录，深栽的 I-69 杨，第一年生长季通过插干下切口，由地下水中直接吸收 4710 毫升水；第一年生长季末，比较单株的鲜叶重和干叶重，深栽造林比常规造林分别多 58% 和 46%。这些指标都说明，深栽为苗木提供了优越的水分供应条件。

杨树平茬造林和埋干造林，比之常规造林，树高低 1.5～1.7 米，胸径小 2 厘米左右。但是，到了栽后第七年末，差别则不明显。

根据造林方法七年的试验，可以得出以下结论：

①深栽造林的效果比其他三种造林方法好，其成活率比常规造林高 38%，第一年深栽造林的生长与常规造林差不多，显示出明显的生长优势。第七年深栽造林的平均每 667 平方米材积达 10.9 立方米，比常规造林多 41%（实增 3.2 立方米/667 平方米），比平茬造林多 9.5%。深栽造林的年平均每 667 平方米材积生长量，在 3 米×6 米密度下，7 年为 1.56 立方米，达到较高水平。

②平茬造林的成活率高，材积生长较常规造林高 29%（实增 2.2 立方米/667 平方米）。

③按材积生长量的大小，四种造林方法的排列顺序是：深栽造林，平茬造林，埋干造林，常规造林。

④造林成活率或造林后单位面积的株数，对材积产量影

响甚大。试验中，常规造林产量低的主要原因是单位面积株数少，缺株 29.9%。因此，为了实现高产，要十分注意选择适宜的造林方法，使造林成活率一次达到 96%～100%。临沂地区当时普遍采用单一的常规造林方法，不能完全适应当地的气候和土壤条件，以及 I-69 杨与 I-72 杨的生物学特性。许多人工林因缺株而减产，说明应提高造林技术。

以上情况说明，应该根据造林当时的气象、立地、土壤湿度及苗木状况，选择适宜的造林方法。常规造林只宜在造林后能充分灌水的条件下采用。在不能及时灌溉，春旱较重，或带状深翻后土壤渗漏剧增与土壤干燥的情况下，不宜采用常规造林。

⑤滩地和阶地应大力推广深栽造林。在地下水位约 1.5 米的造林地，结合带状深翻整地，或人工挖穴进行深栽，不仅成活率高，而且幼树生长量大。

⑥在旱情较重，杨树常规造林成活把握不大的情况下，可采用平茬造林。如果常规造林的杨树苗木忍耐不了干旱，开始由上而下地枯干时，应该在根系和苗干下部失水不多之时平茬或重度截干。错过平茬时机，则不能保活，或幼树生长不良。最好造林当时有预见，及早平茬。作者曾经多次见到，造林人由于舍不得截干或平茬，最后导致杨树苗木死亡，造成损失，悔之莫及。

⑦在缺少苗木的地方可采用埋干造林。

⑧造林前，最好将苗木放在水中浸泡 5～6 天。

(五)造林当年株间育苗

本地区大规模造林中，I-69 杨和 I-72 杨的成活率，因春旱和苗木细弱而往往偏低。由于这两个品种生长迅速和一般采用较小的株行距(如 3 米×6 米，3 米×5 米，3 米×4 米，3

米×3米和2米×3米)，株距较小，多数为3米，第二年补植的苗木在生长上赶不上前一年定植的幼树，其落后和受压抑的状况，一直要延续到主伐时。本试验区的经验证明，补植是徒劳无效的。如果造林成活率不高，缺株造成的损失是难以挽回的。作者看到，许多林分因成活率不够，高度缺株，而明显减少木材产量。例如以上造林方法试验中的常规造林处理就是这样。为了保证林地全苗和额外增产苗木，1983年春季，在莒县二十里乡，于杨树造林的当年，进行了幼林株间育苗试验。

造林当年，一般只在杨树行间间种农作物，而杨树株间的窄条土地(约1～1.5米宽)则空着没有充分利用。这一窄带正是带状深翻和灌水沟的位置，适于育苗。试验地45×667平方米，I-69杨的株行距为3米×6米，在3米的株间育两株苗(株距1米)，每667平方米育74株苗。用40～50厘米长的插穗育苗，以利用深层土壤的水分和养分，提高成活率和生长量。插穗直插入土，上端与地面相平。造林后，对插穗与幼树共同灌一次水。

1983年，45×667平方米株间育苗试验林，春季常规造林的成活率为71%，每667平方米缺苗10株。这时，将死亡幼树一侧的苗木留下，不起苗，代替补植苗。这样，就保证了全苗，又避免补植苗在生长上明显落后。1985年春季，莒县二十里乡四个村的366.2×667平方米一年生I-69杨幼林中，进行株间育苗，插穗的株距为50～100厘米，生产一年生苗40 623株。其中苗高大于3.5～4米，地径大于3.0～3.5厘米的苗木占93%。这是一方面的好处。另一方面，每667平方米可以额外增加数十株稀植壮苗的收入。此法受到当地农民的欢迎。因此，在杨粮间作的条件下，第一年利用杨树株间空地育苗,是保证幼林全苗和增加收入的好举措。

(六)林农间作及林农轮作

株行距为2米×3米,林农间作一年,农作物减产明显。株行距为2米×5米,3米×3米,3米×4米,林农间作二年;株行距为3米×5米和3米×6米,林农间作一年以后,农作物减产不明显,可以间作2~3年。采伐后,实行轮作,纯农作物栽培1~2年,然后再种植杨树(彩图5.1,彩图5.2)。

(七)密　度

根据要培育的目标材种,可由表5-5中选定株行距和轮伐期。

表5-5　培育的目标材种与株行距和轮伐期的关系

密度等级	培育的目标材种	径级(cm)	株行距(m)	单株营养面积(m^2)	每667m^2株数(株)	轮伐期(年)
大	小径材—纸浆材	13~14	2×3	6	111	4~5
中	中小径材—梁材、檩材	20~21	2×5,3×3	10,9	66.6,74	7~8
中	中径材—梁材、檩材	22~23	3×6,3×5	18,15	37,44.4	8~10
小	大径材—胶合板材	33~35	5×6,4×8,6×6	30,32,36	22.2,20.8,18.5	12~14

(八)合理灌溉

每年灌水三次:4月下旬灌返青水,5~6月份灌足生水,10~11月份灌封冻水。每年每667平方米灌水量为250立方米左右。

(九)林地培肥

培肥林地,可采取以下措施:①施好基肥。土杂肥用量为每株 15～25 千克。②适量追肥。氮素每株用量为 250～500 克,氮、磷、钾配合比例为 3(2)∶1∶0.5。有些地方不需要施钾肥。③掩埋落叶,增加土壤有机质。

(十)松土除草

林木郁闭前,结合林农间作,进行松土除草。林木郁闭后,每年耙地 1～2 次。

(十一) 间　伐

采用 3 米×5 米和 3 米×6 米的密度,栽后 4～5 年即可间伐一次,收获中小径材。12～13 年主伐时,收获大径材。

(十二) 修　枝

栽植一年后,修去与领导枝竞争的顶部侧枝。栽后2～3年,修去主干粗大枝,解放弱枝。栽后 4～5 年,修净主干下部的侧枝,直到树高 1/2 处。栽后6～7 年,修枝到 6～8 米高。

(十三)杨叶饲用

通过杨叶饲用和畜粪还林,建立林农牧结合栽培体制。

(十四)防治病虫害

清除虫源木。保护和招引益鸟。用药剂防治虫害。

三、丰产栽培模式的产出和投入

(一) 产　出

由于实施了上述丰产栽培模式,本中间试验达到了预定的生产指标,即每 667 平方米林年平均材积生长量达到1.5～2.0 立方米。以下列举几种典型密度的实际木材蓄积产量,并在表 5-6 中,介绍培育不同材种所需的密度和轮伐期,供读者设计造林计划时参考。

表 5-6 杨树丰产栽培模式的产出

生产周期（年）	材 种	株行距（m）	平均胸径（cm）	木材产量（m^3）		
				每 667m^2 蓄积	年均每 667m^2 蓄积	每 667m^2 木材*
4～5	小径材 纸浆材	2×3	13～14	8～10	2.0	5.6～7.0
7～9	中径材 农村建筑材	2×5 3×4 3×6	20～25	11.9～15.3	1.7	8.3～10.7
12～13	大径材 胶合板材	5×6 4×8	33～36	18.0～19.5	1.5	12.6～13.6

生产周期（年）	材 种	株行距（m）	生物量（吨/公顷）						
			干	皮	枝	叶	根	合计	年平均
6	小径材 纸浆材	2×3	70.5	13.8	14.2	5.9	12.4	122.1	20.4
9	中径材 农村建筑材	3×6	80.5	15.1	22.0	4.8	23.8	145.7	16.2
13	大径材 胶合板材	5×6	81.3	13.6	28.9	7.7	28.9	160.4	12.3

* 出材率按 70%计算

栽植密度为 2 米×3 米的 4 年生 I-69 杨，平均胸径可达 13.1 厘米，平均树高 15.5 米。每 667 平方米平均蓄积量可达 8.86 立方米，年均 2.21 立方米。密度为 2 米×3 米的 4 年生 I-214 杨，平均胸径可达 12.5 厘米，平均树高 15.6 米，每 667 平方米平均蓄积量可达 9.31 立方米，年均 2.33 立方米。按 1985 年冬采伐时，12～13 厘米粗的小径材，每立方米售价 95 元计算，木材总产值每 667 平方米平均为 788.5～883.5 元，平均每年每 667 平方米为 197～220.8 元。木材产量虽高，但是当时小径材价格低，农民增产不增收。虽然单产最高，但是经济效益不佳。

栽植密度为 3 米×3 米的 I-69 杨，6 年后采伐时，平均胸径可达 17.9 米，平均树高 17.9 米，每 667 平方米平均蓄积量可达 11.3 立方米，年均 1.89 立方米。

栽植密度为 2 米×5 米的 8 年生 I-72 杨，平均胸径可达 22.5 厘米，平均树高 24.9 米，每 667 平方米平均蓄积量可达 18.73 立方米，年均 2.34 立方米。

栽植密度为 3 米×4 米的 6 年生 I-69 杨，平均胸径可达 19.7 厘米，平均树高 21.4 米，每 667 平方米平均蓄积量可达 11.25 立方米，年均 1.87 立方米。

栽植密度为 3 米×5 米的 8 年生 I-69 杨，平均胸径可达 21.6 厘米，平均树高 21.2 米，每 667 平方米平均蓄积量可达 11.13 立方米，年均 1.39 立方米。

栽植密度为 3 米×6 米的 8 年生 I-69 杨，平均胸径可达 23.2 厘米，平均树高 24.99 米，每 667 平方米平均蓄积量可达 12.87 立方米，年均 1.61 立方米(彩图 5.3)。

栽植密度为 5 米×6 米的 8 年生 I-69 杨，平均胸径可达 29.7 厘米，平均树高 25.7 米，每 667 平方米平均蓄积量可达 10.82 立方米，年均 1.35 立方米。所产木材达到大径材标准，木材价值较高。

(二) 投　入

1. 资金投入　根据对 20 世纪 80 年代各项实际支出所进行的统计，包括整地、苗木、栽植、基肥、追肥、灌溉、除草、虫害防治和采伐等项目，资金投入情况如下：

灌溉用水每年每667平方米200～250立方米水；化肥，每年每667平方米18.5～37千克尿素（按3米×6米株行距计算）；劳力投入，年平均每667平方米14～21个工日。全轮伐期每667平方米的资金投入为人民币300～350元；年平均每667平方米50～60元。

2. 木材成本 每立方米的木材成本为30～40元（按1990年每立方米杨木售价300～400元计）。杨木生产的成本利润率（即每100元投资可获得的利润率），一般为600%～800%，最高可达1025%。每667平方米每年平均年利润为300～400元，最高达到540元。由此可见，临沂地区栽培杨树的投入并不很高，但杨树速生，丰产，轮伐期短，成本利润率高，投资效果好。用科学的方法栽培杨树，是农民致富的好门路。

第二节 辽宁杨大面积高产栽培模式*

杨树的丰产栽培技术，已有很多研究，但多项技术配套、大面积丰产的成功例子，目前仍不多，丰产技术的产业化，仍是当前的主要问题。为了解决杨树集约栽培中的关键问题，加快丰产技术的产业化开发，而进行本项研究。本研究是世界银行贷款支持项目“中国森林资源发展和保护”中“杨树速生丰产技术的研究与推广”课题的内容。1993年以来，在总结经验教训的基础上，建立了一套适用于辽宁杨的大面积优

---

* 本课题由郑世锴主持，课题组成员有刘奉觉、巨关升和高瑞桐，与辽宁省国营新民市机械林场合作完成。林场参加协作的同志有兰荣光、赵文忠、左根成、胡万库和兰虹等。

化高产模式。通过严格的管理，此高产栽培模式已应用于营造2 066.67公顷(3.1万亩)辽宁杨示范林，在大规模生产中产生了明显的经济效益。我国大多数杨树人工林仍属于中低产林，生产力较低。新民林场2 066.67公顷(3.1万多亩)辽宁杨示范林的成功说明，只要充分开发良种良法的潜力，加强技术和产业化的结合，就可能在中低产林地上营造出优质高产的林分，产生巨大的效益。本成果1998年通过现场验收测定，1999年通过技术鉴定，可以推广(见参考文献32)。

新民林场，位置纬度为41°55′，经度为122°45′，处于温带半湿润—半干旱季风气候中，干旱多风，生长季短。年平均气温为7.6℃，≥10℃的年积温为3 348.3℃，年平均降水量为657毫米，年平均蒸发量为1 743毫米，年均相对湿度为63%，年无霜期为151天。造林地分布在辽河、柳河和饶阳河两岸，地势低平，有少量风积沙岗，海拔29米。其土壤主要是砂质碳酸盐草甸土，属贫瘠的砂土，有少量风砂土。土壤pH值为7.5～8.5，有机质含量为0.33%，全氮含量为0.03%，速效氮含量为2.0毫克/100克土，速效磷含量为0.1毫克/100克土，速效钾含量为4.6毫克/100克土。土壤结构不良，肥力较低，地下水位为1～3米。

新民市机械林场的气候和土壤条件并不很好，在我国北方有代表性。由于充分发挥了良种良法的潜力，新民机械林场2 066.67公顷幼林(1～5年生)的生长量，与山东、湖北的南方杨树产区的丰产水平十分接近(彩图5.4，彩图5.5，彩图5.6，彩图5.7)。

一、大面积杨树示范林的技术指标

新民机械林场2 066.67公顷杨树示范的主要技术指标

如下：

(一)造林成活率

2 066.67 公顷(3.1 万亩，五个林龄的全部 112 个小班)的总平均造林成活率为 97.22%，其中 95%～100%成活率的幼林，占 90.7%；90%～95%成活率的幼林，占 9.3%。

(二)幼林保存率

1 953.33 公顷(2.93 万亩，4 个林龄的 83 个小班)的总平均幼林保存率为 95.7%。

(三)幼林的胸径和树高生长量

1 733.33 公顷(2.6 万多亩)幼林的平均年树高生长量在 2.5～3.0 米之间，平均年胸径生长量在 2.2～3.7 厘米之间。采用截干苗深栽造林，苗木不露出地面，第一年的树高和胸径生长量，由零开始，第一年年底所测的生长量为年净生长量。

平均年胸径生长量在 3 厘米以上，平均年树高生长量在 2.5～3.0 米及以上的 1 类林和 2 类林，共有 1 488.33 公顷(22 325 亩)，占 84.9%。这说明在四类林中，最高产的一类和二类林的比例很高。大面积的杨树人工林均一地达到如此高的生长量，在国内气候比较寒冷地区，是罕见的(表 5-7)。

表 5-7 新民林场 1 733.33 公顷(2.6 万多亩)辽宁杨幼林胸径及树高年平均生长量分类统计表

林分类别	1 类林		2 类林		3 类林		4 类林		面积合计
年平均生长量分类指标	D>3cm H>3m		D>3cm H2.5～3m		D2.5～3cm H2～2.5m		D<2.5cm H<2m		
林　龄	亩	%	亩	%	亩	%	亩	%	亩
1 年生	2798	45.1	3164	51.0	163	2.6	76	1.2	6201
2 年生	2228	38.0	1502	25.6	1000	17.1	1127	19.2	5857
3 年生	3640	58.9	1618	26.2	917	14.9			6175

续表 5-7

林分类别	1类林		2类林		3类林		4类林		面积合计
年平均生长量分类指标	D>3cm		D>3cm		D2.5～3cm		D<2.5cm		
	H>3m		H2.5～3m		H2～2.5m		H<2m		
林　龄	亩	%	亩	%	亩	%	亩	%	亩
4年生	1519	24.2	4064	64.8	433	6.9	253	4.0	6269
5年生	314	17.5	1478	82.5					1792
面积总计	10499	39.9	11826	45.0	2513	9.6	1456	5.5	26294

注:表中的"亩"等于667平方米

二、优化丰产栽培模式

(一)杨树优良品种选择

通过多品种的对比试验,选择辽宁杨为主栽品种。辽宁杨(*Populus×liaoningensis*),是辽宁省杨树研究所陈鸿雕高级工程师通过人工杂交所选育的美洲黑杨良种。其亲本是:I-69杨(*Populus deltoides* cv. "Lux" I-69/55) × 山海关杨(*Populus deltoides* cv. *Shanhaiguan*)。试验研究和大面积的栽培表明,辽宁杨干形通直饱满,速生,抗病虫,材质好,木浆白度高,对土壤条件要求不苛刻。辽宁杨的选育成功,1994年获辽宁省政府科技进步二等奖。该品种已大量用于生产。

根据新民机械林场6年生(1992～1997年)的45个杨树无性系对比试验林的调查,辽宁杨生长量排在第一位,明显超过对照品种I-214杨及锦县小钻杨,平均单株材积比I-214杨多49.96%,比锦县小钻杨多两倍以上(见参考文献46)。

辽宁杨在本栽培模式中,充分发挥了良种的遗传增益作用,带来巨大的经济效益。实践证明,良种的投入是廉价的投入，也是高产出的投入。

(二)扦插育苗技术

辽宁杨属于美洲黑杨的品种，扦插成活率低。20世纪90年代初，扦插成活率仅50%～60%，曾是困扰林场的难题。通过改进育苗技术，扦插成活率提高到95%。

1. 延长插穗浸水时间 扦插前，将插穗的浸水时间，由1～3天延长到7～10天，每天换水一次。这有利于清除抑制生根的物质和使插穗吸足水，提前5～7天生根出苗。

2. 选择最佳的扦插时机 辽宁杨插穗生根需要较高的土壤温度，当10厘米深处的地温达到12℃时，扦插效果最好。根据历年地温资料，在辽宁新民地区，宜在4月25～30日扦插。林场苗圃1994年4月15日扦插辽宁杨，出苗率为60%，1995年4月26～29日扦插，出苗率提高到95%。

3. 改进种条贮藏技术 林场一般结合秋季造林采条。每年10月下旬，将截干苗用于造林，截下的干条用作种条。此时气温略高，种条上的叶片尚未落尽，埋入沟内贮藏后，种条容易发霉变质。经过摸索，增加了一道预贮藏工序。即将经过去杂和分级的种条，每100根扎成一捆，使其基部向下，单捆垂直排列于半米深的沟内，灌足底水，两边用土封严保湿。这样预贮藏可保证种条通风，防止霉变；此外，叶片逐渐枯萎，叶内部分营养返回种条。11月中旬土壤封冻前，将种条取出，埋入1.0～1.2米深的沟内，越冬贮藏。种条成捆平放入沟，每层上填10～15厘米厚的沙土后，再放第二层种条。每沟埋4～5层，最上层表面覆盖5～30厘米厚的砂土。

(三)长截干苗秋季深栽

新民地区的年平均蒸发量为1 743毫米，年平均风速为3.8米/秒。八级以上的大风，年平均出现39次。冬、春干旱多风，不利于幼树成活。1979～1984 年，新民林场大面积初植的杨树，越冬后干枯死亡，损失很大。通过总结失败的教训和多年的试验，1991 年以后，采用长截干苗秋季深栽。此造林方法适合当地条件，效果好。具体做法是：在秋季，用起苗犁起出一年生苗，起苗深度为 30 厘米，在根颈以上约 35 厘米处截干。栽植穴为 60 厘米×60 厘米×60 厘米，栽植深度为 60 厘米。将苗木置穴中扶正，回填湿表土至根颈以上 5 厘米（半坑），提苗 3～5 厘米，舒展根系，再踩实，即完成第一阶段作业。在全地块对第一阶段作业质量检查合格后，再回填上半坑土，踩实，使穴口与地表相平，再进行第二阶段质量验收。对外露地表苗木顶部，用土埋上（见参考文献 47）。

秋季长截干苗深栽的优点是：①造林后苗木不露出地面，春季随着根系的伸展，逐渐萌芽展叶。苗木消耗水分的地上部分的体积缩到最小，躲避了冬、春大气干旱的威胁。②深栽 60 厘米，使根系处在深层比较湿润的土壤中，加上根颈以上的 30 厘米苗干也能发出不定根，就明显增加了根量，增强了抗旱性。③在大面积造林中，很难真正做到“三埋两踩一提苗”，普遍存在坑底土壤与苗根不能紧密接触的问题。杨树长截干苗深栽分阶段作业法，两次对回填土及其踩实情况进行质量验收，确保下层和上层土壤都能与苗根紧密结合。④一年生苗的基部 60 厘米用于造林，上部用于育苗，一苗两用，成本低。此法还可以提高劳动效率。⑤大面积造林成活率高达 95%～100%，苗木缓苗期短，苗木生长量大而且整齐。此造林方法已被列入辽宁省地方标准（DB 21/T－927－1997），在辽宁省推广 3 万公顷（45 万亩）。

（四）大株行距、林农间作及林农轮作

1994 年以前，新民机械林场一直采用较小的株行距，如

2 米×2 米(83 株/667 平方米),3 米×4 米(55.5 株/667 平方米)和 3 米×5 米(44.4 株/667 平方米),栽植杨树。事实证明,这样的窄株行距不利于林农间作,速生的杨树在光照和水肥吸收上,较快地对间作的农作物产生压抑,农作物在第二、第三年就大幅度减产,农民因收益少对林农间作的兴趣不大,而对土壤耕作和施肥投入较少。一般只能间作 2～3 年。这样的林农间作,对土壤管理水平的提高和杨树生长的促进,作用有限。因此,在这样的造林密度和经营条件下,基本上只能生产价值比较低的中径材和小径材。

1994 年以后,新民机械林场普遍采用 4 米×8 米的大株行距(20.8 株/667 平方米),8 米宽的行距,在较大程度上缓解了杨树对农作物的压抑,使林农间作延长到 4～5 年,提高了农民对林农间作的积极性。农民增加了林地的施肥和耕作的投入,提高了林地土壤管理水平,明显地促进了杨树的生长。4 米×8 米的大株行距,可以生产价值高的大径材。

主伐后,采伐迹地租给农民种两年庄稼,熟化土地。这样,林地与农业轮作和间作的时间长达 6～7 年,约为大径材的半个轮伐期,实现了用地和养地相结合,保证了林农双丰收。林农轮作和林农间作的做法,有利于防止土地衰退。

(五)追肥和中耕除草

林场与承种土地的农民订立合同,并且严格执行。合同规定,杨树行两侧 1 米内绝对不允许种农作物;对 1～2 年生幼林,每年必须在树行除草 4 次;3～4 年生幼林,每年必须在树行除草 3 次;树行内不得有草,违者受罚。由于管理严格,因而基本实现了林地无杂草。林场为农业间作创造了良好的条件,农民在 8 米行间内 6 米宽的土地上种植玉米,每 667 平方米每年约施化肥 22.5～28.5 千克(磷酸二铵和尿素)。农民在林地上精耕细作、除草施肥，实际上为林场高标准地完成了杨树幼林的抚育管理，施肥很大一部分被杨树吸收。林农间作不仅为林场节约了大量的林地土壤耕作和施肥的经费，而且给林场增加了一大笔地租收入。肥力不高的 1 333.33 公顷(2 万多亩)林地，其幼林之所以能够持续保持高生长量，这在很大程度上得益于林农间作对林地的投入。

(六)整形修枝

整形修枝，是达到培养通直无节的优质大径材的重要保证。造林后第一年苗高 10 厘米时，去蘖定株，保留一株芽位低的健壮萌蘖。在生长期，陆续抹去主干上的侧芽，直到树高 2 米左右才停止。侧芽长度没超过 10 厘米时，就应抹芽，以免伤及主干。2～3 年生幼树时，仅修去竞争枝，使树木顶部没有“双股杈”或“三股杈”，树干上没有粗大的竞争枝，绝大多数幼树干形通直，没有“歪脖”现象。第三至第六年，继续修去竞争枝。第三年冬季，修枝到树高 1/3 处；第六至第七年冬季，修枝到树高 8 米处，修枝高度不超过树高的 1/2。修枝工具应锐利，使修枝切口平滑，贴近树干。4 米以下的主干，离中心 10 厘米以外的木材中没有节子；4～8 米的主干，离中心 12～14 厘米以外的木材中没有节子，以达到培养通直无节的优质大径材的目标。

三、大面积高产栽培模式的经济效益

(一)幼林施肥的节支

租地间作的农民，在幼林 8 米的行间种植玉米，为了保证较好的收获，一般每年都施磷酸二铵(基肥)和尿素(追肥)。根据调查统计，在 1～2 年生幼林内间作，每年每 667 平方米施磷酸二铵 12.5 千克，尿素 16 千克；在 3～4 年生幼林内间作，每年每667平方米施磷酸二铵10千克，尿素12.5千克，1994～1998年，5年累计间作面积为4 565.5公顷(68 483亩)，累计施肥量为：磷酸二铵800 295千克，尿素1 017 689千克。化肥价格：磷酸二铵为125元/50千克，尿素为80元/50千克。累计化肥总费用为3 629多万元。如按10%的化肥被杨树吸收计，林场累计节支化肥费用为362.9万元以上。其中磷酸二铵200万元以上，尿素162万元以上。

(二)幼林松土除草费的节支

按合同规定，租地的农民有义务在树行两侧1.4米宽的地带内除草；在1～2年生幼林地内间作，每年必须松土除草四次；在3～4年生幼林地内间作，每年必须松土除草三次。幼林株行距为4米×8米，每667平方米有杨树20.8株。各年松土除草的费用计算如下：

每株杨树的除草面积＝1.4米×4米(株距)

＝5.6平方米

每667平方米杨树的除草面积＝1.4米×4米(株距)×20.8(株·667平方米)＝116.48平方米＝0.175亩。每年幼林松土除草费用＝间作林地亩数×0.175亩×10元/667平方米×4(次/年)或×3(次/年)，累计除草面积约为4 565.5公顷(68 483亩)，累计节约松土除草费用44万元以上。

(三)林地地租的增收

农民对幼林地间作的积极性很高，争相承租林地。一个轮伐期内(包括采伐迹地土壤熟化二年)，林地有6年(约占半个轮伐期)进行农业耕作，这对于改良林地土壤很有利。采伐迹地第一年的租金为150元/667平方米，高于第二年(为120元/667平方米)，是因为第一年可以种西瓜，西瓜地不宜连茬，种西瓜收益高，因此地租较高些。林农间作的地租，随林龄增加而递减：林龄一年地为100元/667平方米，二年地为70元/667平方米，三年地为50元/667平方米，四年地为10元/667平方米。在七年内，出租轮作和间作林地8 000公顷(12万多亩)次，林场地租收入累计1 185万元以上。

(四)杨粮间作的粮食产量

杨树林场地间作的农作物，主要是玉米。玉米的667平方米产量，主要取决于当年的气候(年景)好坏和林地的林龄的高低。出租时，根据对农民的调查，为不同年景，即平年、丰年和歉年，确定了玉米的平均亩(667平方米)产量；同时也为不同林龄的林地，确定了玉米的平均亩产量，作为统计的依据。按实际的年景和林龄统计，5年杨粮间作面积为4 565.5公顷，累计生产玉米2 605万千克以上。按当时玉米市价1.0元/千克计，间作玉米的产值累计为2 605万元以上。

总而言之，1994～1998年的5年间，累计杨粮间作面积为4 565.5公顷，为林场累计节约化肥费362.9万元以上；农民为林场无偿松土除草，累计节支松土除草费用44多万元。7年林地农业轮作和间作的地租收入，累计为1 185多万元。农民累计增收玉米2 605多万千克，产值累计为2 605多万元。由此可见，此大面积高产栽培模式是成功的，经济效益、社会效益和生态效益十分明显。

四、试验结论及问题讨论

新民市机械林场的立地条件并不好，土壤为贫瘠的砂土，在我国北方有代表性。这里的2 066.67公顷杨树创造了大面积高产记录，表明本栽培模式的配套技术措施是适用的；科学技术与产业化管理相结合，就能够转化为生产力。良种和良法为各地发展杨树提供了示范。其技术创新如下：

第一，长插干苗秋季造林技术，能促进根系生长，提高抗旱力，有效地提高造林成活率。两次回填土、踏实工序分阶段进行，并配有质量检查，使上下层土壤与根系紧密结合，保证高成活率。这是造林管理上的革新。

第二，改变过去单纯追求单位面积株数多，蓄积量大，杨木材质差，经济效益低的局面，将每 667 平方米的平均栽植株数减少到 20.8 株，培育高产值的优质大径材。合理整形修枝，保证成材树木有 8 米长通直无节良材。

第三，大株行距、林农间作和林农轮作，是本研究取得较大经济效益和社会效益的重要技术创新，使精细的农业栽培产生多种效益。其中，农业施肥和农业除草使林场节支增收，林地出租增加收入，是新的技术思路，也是新的管理思路。

新民机械林场的 2 066.67 公顷高产杨树林，尚处于幼林阶段，现行的栽培模式和以后的营林还存在一些问题，需要引起重视和解决。①目前在林场造林中，辽宁杨占 95%以上，杨树品种的遗传基础单一，不利于病虫害防治。应该尽快加大适合当地的其他良种(辽河杨、盖杨、中林 46 号杨等)的造林比例。②造林 4～5 年后，林农间作停止，施肥和土壤耕作的投入急剧削减，林木速生的支撑条件减弱。在林农间作停止后，应该加强抚育管理，每年应对林地进行一次重耙。在 6～10 年时应对林木进行施肥。③继续加强整形修枝，达到培育大径无节良材的目的。

第三节　杨树人工速生丰产用材林国家专业标准简介

中华人民共和国专业标准“杨树人工速生丰产用材林”，

是全国必须执行的杨树人工速生丰产林专业标准。现在摘录一些主要内容，以便在杨树生产中参考和执行。

本标准规定了杨树人工速生丰产用材林的栽培区划、树种组及计算标准年龄，各栽培区、各树种组和各种栽培密度条件下，计算标准年龄的低限生产指标、各树种组不同年龄生长量指标，各栽培区、各树种组林分轮伐期、速生丰产用材林的规模、对存活率和保存率的要求，以及作为完成指标保证的主要栽培技术措施。

1. 栽培区划分

根据杨树人工速生丰产用材林栽培区的自然地理要素、生态条件和主栽杨树种生长情况，并照顾行政边界走向，全国共划分出五个栽培区和七个栽培亚区，即：

Ⅰ、东北—内蒙古区

Ⅰ1、松嫩及三江平原亚区

Ⅰ2、辽河平原及内蒙古高原亚区

Ⅱ、华北区

Ⅱ1、冀鲁亚区

Ⅱ2、苏鲁豫皖晋陕甘亚区

Ⅲ、黄土高原区

Ⅳ、西北区

Ⅳ1、北疆及河西走廊亚区

Ⅳ2、南疆亚区

Ⅳ3、青海高原亚区

Ⅴ、长江中下游区

2. 树种(组)及计算标准年龄

计算标准年龄时，包括苗龄在内。

2.1　毛白杨，计算标准年龄 13 年；

2.4　小钻杨组(包括群众杨、昭林6号杨、赤峰杨34号、赤峰杨36号、白城杨、二白杨等),计算标准年龄14年;

2.5　小黑杨组(包括小青黑杨),计算标准年龄14年;

2.6 沙兰杨组(包括I-214杨),计算标准年龄11年;

2.8　圣马丁诺杨(即I-72杨)组,包括I-69杨(即鲁克斯杨)、I-63杨(即哈沃德杨),计算标准年龄7年。

3. 速生丰产用材林指标

3.1　速生丰产用材林计算标准年龄生长量,见附表1。

附表1　各栽培区各树种人工速生丰产用材林计算标准年龄低限生长量指标

栽培区	树　种	栽植密度(m^2/株)	生长量指标	
			胸　径(cm)	每667m^2蓄积年平均生长量(m^3)
Ⅰ1	群众杨、小黑杨	16	22.1～22.4	0.80～0.79
Ⅰ2	群众杨、小黑杨	16	23.3～23.6	0.98～0.97
Ⅱ1	群众杨	16	23.3	0.98
Ⅱ1	健杨	30	26.4	0.93
Ⅱ1	健杨	16	22.4	1.20
Ⅱ	毛白杨	30	25.2	0.62
Ⅱ	毛白杨	16	19.4	0.57
Ⅱ	沙兰杨、I-214杨	30	29.3	1.27
Ⅱ	沙兰杨、I-214杨	16	24.6	1.32
Ⅱ2	I-72杨、I-69杨、I-63杨	36	23.3	0.71
Ⅱ2	I-72杨、I-69杨、I-63杨	16	20.9	1.39
Ⅴ(湖区)	I-72杨、I-69杨、I-63杨	36	33.9	1.63
Ⅴ	I-72杨、I-69杨、I-63杨	36	24.7	0.86

3.2　各树种(组)速生丰产用材林不同年龄生长量指标见附表2、附表3和附表4。

附表2至附表4中,年龄包括苗龄;密度为代表性密度。

附表2　毛白杨人工速生丰产用材林生长量指标

年龄	(1)Ⅱ栽培区,密度 $30m^2$/株			(2)Ⅱ栽培区,密度 $16m^2$/株		
	胸　径(cm)	树　高(m)	每 $667m^2$ 蓄积年平均生长量(m^3)	胸　径(cm)	树　高(m)	每 $667m^2$ 蓄积年平均生长量(m^3)
3	6.4	6.8		5.2	5.1	
4	8.7	8.3	0.12	7.1	6.5	0.18
5	10.9	9.8	0.18	8.7	7.7	0.18
6	12.9	11.1	0.28	10.2	8.7	0.22
7	14.8	12.4	0.29	11.7	9.8	0.28
8	16.7	13.5	0.34	13.1	10.7	0.33
9	18.5	14.6	0.40	14.4	11.6	0.38
10	20.2	15.6	0.45	15.7	12.4	0.43
11	21.9	16.6	0.51	17.0	13.2	0.48
12	23.6	17.6	0.57	18.2	13.9	0.52
13	25.2	18.5	0.62	19.4	14.7	0.57
14	26.8	19.3	0.68	20.5	15.4	0.62
15	28.4	20.2	0.73	21.7	16.1	0.67
16	29.9	21.0	0.79	22.8	16.7	0.72
17	31.4	21.8	0.84	23.9	17.4	0.77
18	32.9	22.6	0.90	25.0	18.0	0.81
19	34.4	23.3	0.96	26.0	18.6	0.86
20	35.9	24.1	1.02	27.0	19.2	0.90

附表 3 I-214 杨人工速生丰产用材林生长量指标

年龄	(17) Ⅱ栽培区,密度 30m²/株			(18) Ⅱ、Ⅲ栽培区,密度 16m²/株		
	胸 径 (cm)	树 高 (m)	每 667m² 蓄积年平均生长量 (m³)	胸 径 (cm)	树 高 (m)	每 667m² 蓄积年平均生长量 (m³)
3	7.4	5.6		6.0	5.0	
4	10.5	8.7	0.18	8.1	7.3	0.18
5	14.4	12.0	0.35	12.0	9.7	0.39
6	18.5	15.3	0.59	16.0	12.2	0.69
7	21.5	18.0	0.78	18.1	14.5	0.87
8	24.3	20.2	0.96	20.5	16.7	1.10
9	26.6	21.8	1.10	23.3	18.0	1.23
10	28.6	22.8	1.18	23.5	18.9	1.28
11	30.3	24.1	1.27	24.6	19.7	1.32
12	31.9	25.1	1.34	25.6	20.5	1.36

附表 4 I-72 杨、I- 69 杨、I-63 杨人工速生丰产用材林生长量指标

年龄	(22) Ⅴ(湖区)栽培区,密度 36m²/株			(23) Ⅴ栽培区,密度 36m²/株		
	胸 径 (cm)	树 高 (m)	每 667m² 蓄积年平均生长量 (m³)	胸 径 (cm)	树 高 (m)	每 667m² 蓄积年平均生长量 (m³)
3	8.8	7.0		6.0	6.6	
4	13.4	10.4	0.29	10.5	9.9	0.18
5	20.0	14.0	0.60	15.0	13.5	0.38
6	27.8	17.6	1.12	20.6	16.9	0.62
7	33.9	21.0	1.63	24.7	20.1	0.86
8				28.8	23.1	1.18
9				32.1	25.9	1.37

续附表 4

年龄	(24) Ⅱ2 栽培区,密度 $16m^2$/株			(25) Ⅱ2 栽培区,密度 $16m^2$/株		
	胸径 (cm)	树高 (m)	每 $667m^2$ 蓄积年平均生长量 (m^3)	胸径 (cm)	树高 (m)	每 $667m^2$ 蓄积年平均生长量 (m^3)
10				35.2	28.6	1.60
3	5.4	5.5		4.8	6.4	
4	9.5	8.2	0.13	9.0	9.8	0.30
5	14.5	11.2	0.28	14.1	13.2	0.68
6	19.0	15.0	0.48	17.6	16.5	1.01
7	23.3	18.3	0.71	20.9	19.7	1.39
8	27.6	20.8	0.96	23.0	22.5	1.63
9	31.2	22.8	1.16	25.1	25.2	1.88
10	34.5	24.4	1.34	27.1	27.9	2.14

3.3　各栽培区各树种(组)人工速生丰产用材林轮伐期,见附表 5。

附表 5　各栽培区各杨树品种树种
人工丰产用材林计算轮伐期

栽培区	树　种	轮伐期 (年)	林分平均胸径 (cm)	林分立木胸径变化幅度 (cm)
Ⅱ	毛白杨	10～14	16 以上	11～22
Ⅱ	毛白杨	16～20	30 以上	22～42
Ⅰ1	北京杨、群众杨、小黑杨	9～15	16 以上	11～22
Ⅰ2	北京杨、群众杨、小黑杨	8～13	16 以上	11～22
Ⅱ1	北京杨、群众杨	8～11	16 以上	11～22

续附表 5

栽培区	树　种	轮伐期（年）	林分平均胸径（cm）	林分立木胸径变化幅度（cm）
Ⅱ	沙兰杨、I-214 杨	11 以上	30 以上	22～42
Ⅲ	沙兰杨、I-214 杨	12 以上	30 以上	22～42
Ⅱ、Ⅲ	沙兰杨、I-214 杨	6～8	16 以上	11～22
Ⅱ2	I-72 杨、I-69 杨、I-63 杨	9～10	30 以上	22～42
Ⅱ2	I-72 杨、I-69 杨、I-63 杨	6～7	16 以上	11～22
Ⅴ（湖区）	I-72 杨、I-69 杨、I-63 杨	7～8	32 以上	22～45
Ⅴ	I-72 杨、I-69 杨、I-63 杨	9～10	32 以上	22～45

3.4 造林成活率须达 95%以上，保存率 90%以上。

4. 速生丰产用材林主要栽培技术

4.1　选　地

根据杨树生态特性，选择适宜培育杨树速生丰产用材林的地段造林。即：土层厚度大于 1 米，土壤比较肥沃；土壤质地为砂壤、轻壤或中壤；生长期中地下水位不高于 1 米（无灌溉地区还应不低于 2.5 米）；土壤无或有轻度盐渍化现象。在土地资源较贫乏或自然条件特殊地区，也可选用土层厚度小于 1 米，或土壤质地为砂土、粉砂土以及较黏重土壤，地下水位高于 1 米或深于 2.5 米的地段，但须采取相应改良措施。

4.2　苗　木

选用 1～2 年生优良品系的健壮苗木造林。防止品种混杂。苗木规格：苗高大于 3 米，圣马丁诺杨组（即 I-72 杨组）大于 4.5 米，地径在 2.5 厘米以上，根幅大于 40 厘米。条件特殊的地方，可用截干苗造林。

4.3 整 地

第Ⅰ栽培区小地形起伏较大的造林地，在造林前应平整土地。在Ⅴ区可允许有小地形起伏。

生草严重地段（荒原、生荒地）须提前1～2年全面整地，并种植农作物（或饲草）1～2年，使土壤熟化后再造林。地被稀疏地段，可在前一年秋季或造林当年春季全面整地。整地深度为25厘米。

机械开沟造林时，开沟后扩穴，其规格为1米×1米×0.8米，人工挖穴，其规格为1米×1米×0.8米。截干苗造林挖穴，其规格为0.6米×0.6米×0.4米。

4.4 栽植密度

根据目的材种、本区气候条件，造林地立地条件，以及选用树种的生态特性等因素，确定适宜的栽植密度。培育中径材时，单株营养面积可变动范围在12～20平方米；培育大径材时，变动范围在24～48(64)平方米之间。

使用窄冠类杨树造林培育中径材时，单株营养面积可降低至5～16平方米。

4.5 栽植技术

为保证苗木成活，应提倡就地育苗，就地栽植，避免长途运苗。运苗时，要注意保持苗根湿润，防止苗木失水。提倡造林前浸根。起苗当天，不能栽植时，应尽快假植。除造林时期土壤湿度较大的地方，栽植后均须立即灌水。

应根据本地气候和土壤条件，适当深栽。栽植时，要保持根系舒展，并与土壤密接。灌水后，要扶正培土。

4.6 间作和中耕除草

除Ⅰ1亚区外，在各栽培区均应提倡林农间作。间作农作物最好是豆类或绿肥作物，水利条件较好的地方也可间作其他作物，如小麦、棉花和马铃薯等。向日葵、芝麻和甜菜等严重消耗地力的作物，不可用于间作。造林当年不允许间作高秆作物。

间作时，行间除草结合农作物中耕进行。不间作时，林分幼龄期中，根据杂草繁衍程度，每年在行间用机械、化学剂或人工除草1～3次。株间均用人工除草，次数同上。林分郁闭后，每年在行间松土1～2次，主伐前一年停止松土。

4.7 施 肥

根据造林地土壤肥力状况安排施肥。除黑土、黑钙土和湖淤土等有机质含量较高的土壤可不施基肥外，一般均应施用基肥。提倡在林地种植绿肥，进行压青。

造林当年即应开始追肥。幼龄期应及时追肥。伐前期也提倡追肥。追肥时要根据土壤养分状况，注意氮、磷、钾配合。

4.8 修 枝

造林后1～3年，应对竞争枝、过密枝和卡脖枝，进行整形修剪。幼龄后期开始修枝。幼龄期树冠与树高之比，一般应保持在3∶4，中龄期2∶3，伐前期1∶2。要及时清除干部萌条。

4.9 灌溉与排水

根据林地土壤湿度状况，及时灌溉或排水。

4.10 病虫害防治

必须注意及时清除林内及周围病源和虫源，保持林地环境卫生，招引益鸟，保护和提倡人工繁殖害虫天敌等。应重点防治蛀干害虫和干部病害，随发现随防治。其他害虫大发生时允许用药剂防治，应首先选用生物制剂。

5. 按国家计划或合同制设置的杨树速生丰产用材林基地的规划设计和检查验收

5.1 为确保速生丰产用材林质量，造林前必须进行基地调查规划，作出施工设计，报经主管部门审批后，方可施工。

5.2 造林施工的同时，建立技术档案，并在林内按统计学要求，设置固定标记，逐年观测记载，据此检查验收。

5.3 有关施工设计、检查验收、建立档案的具体内容和办法，按林业部有关规定执行。

第六章　干旱、半干旱地区杨树深栽抗旱造林技术*

中国林业科学研究院林业研究所，于 1981 年成立“杨树深栽造林”课题组，引进意大利的杨树深栽技术，结合我国干旱、半干旱地区的条件加以应用和发展。课题组一方面与赤峰液压机械厂共同研制成功国产深栽钻孔机；另一方面进行多点杨树深栽造林试验研究和水分生理研究，总结出干旱、半干旱地区杨树深栽的成套方法及深栽杨树的水分代谢特点。1980～1982 年，在北京市潮白河林场、赤峰市城郊林场及元宝山林场、雁北金沙滩林场，完成了小规模试验，通过了技术鉴定。1983～1984 年，在宁夏贺兰县、永宁县和盐池县，完成中间试验，通过技术鉴定。1984 年以后，杨树深栽造林技术在生产中推广应用，被越来越多的生产单位所认识和接受。在宁夏、甘肃、新疆、内蒙古和山西等省、自治区，已经推广多年，深栽造林面积不断扩大，产生了明显的效益，被列为国家的技术推广项目。1983～1988 年，宁夏、甘肃和新疆地区已

---

* 中国林业科学研究院林业研究所“杨树深栽造林”课题组，由郑世锴主持，刘奉觉、王世绩、刘雅荣、王世辉、窦忠福和臧道群等同志参加。参加协作试验研究和推广的还有：宁夏林业技术推广站（陈兰岭、辛忠智等），宁夏盐池县机械化林场、贺兰县金山林场（朱占福等）、永宁县黄羊滩农场（王甲云等）、甘肃酒泉地区林科所及林业站（韩泽民等），内蒙古赤峰城郊林场（赵景阳、史凤西等）及元宝山林场，赤峰液压机械厂（高洪起等）、酒泉地区金塔县潮湖林场（余积荣等）、新疆吉木莎尔良种试验站（巴岩磊等）、北京市潮白河林场（张德成）和山西省桑干河杨树丰产林试验局的同志。他们作出了许多贡献，谨此致谢。

推广 4 600 公顷(6.9 万亩),造林费节支 843.3 万元。本项技术 1984 年获得宁夏科技进步二等奖,1988 年获得林业部科技进步二等奖,1989 年获得国家科技进步三等奖。目前,在国家大力开发西部和强化生态建设的形势下,推广杨树深栽抗旱造林技术,具有现实意义。

第一节 推广杨树深栽抗旱造林技术的意义

杨树插干深栽,是 20 世纪 70 年代在欧洲试验和推广的一种新的杨树造林方法,在意大利、法国和南斯拉夫等国,被广泛用于生产,效果很好。

意大利插干深栽杨树的具体方法是:造林地全面整地后,将 2 年生不带根的插干苗,栽在 2～3 米深的钻孔内,填土砸实。钻孔深度根据地下水位决定,以苗木底端接触地下水位为准。如意大利南部 Basento 河谷,地下水位一般 2 米,夏季为 3 米,栽植深度为 2 米。在地下水位较高处,钻孔深 1.5～1.7 米。

法国专家介绍说:深栽的杨树形成两层根系,深层的根系"喝水",上层的根系"喝水、吸收养分",形象地说明了深栽的优点。造林后,土壤水分供应是幼树成活和生长的决定因素。一般浅栽的苗木只能利用上层土壤中有限的水分。虽然 2～3 米以下有丰富的地下水,但苗木暂时利用不上,因而受到干旱威胁。深栽的优点是,在关键的成活阶段,使苗木能利用地下水,提高成活率和生长量,节省灌溉费用。此外,插干苗没有根系,运输方便,栽植省工。深栽使苗木的生根和吸收部位延长和加深 2～3 倍,所以有良好的作用。

意大利的许多苗圃为杨树的钻孔深栽，专门培育截根的2年生插干苗。造林时，广泛使用各种型号的钻孔机械。如意大利生产的120马力钻孔机，一人操作，每小时能钻80个栽植孔，孔深3米，孔径20厘米。其他型号的钻孔机，可钻孔1.5米和1.7米深。

意大利杨树研究所G. Frison，1971年春季在砂土和粘壤上做了四种深度的深栽试验，即1米，1.5米，2米和3米四种深度。钻孔直径16厘米。结果表明，栽植孔深2米以下的苗木，其生根数量随孔的深度的加深，而明显增加。造林后，在5月底即可看出深栽对生长的促进。1973年，他的结论是：生长季地下水位2米或更深的地方，或地下水位低于幼树根系分布区的地方，深栽都能增加枝条的生长量。无根的插干苗至少要栽到1.5米深，才能保证稳定不被吹歪。在1.5～3米之间具体栽多深，应该根据生长季地下水位和土壤湿度的变化而确定。在意大利中部和南部，主要利用河流两岸的撂荒地发展杨树。

我国西北地区干旱少雨，地表水源缺乏。水分是杨树造林成活和正常生长的限制因子。由于杨树造林成活率低，不易成功，因而常在一地多次造林，使生产蒙受巨大损失。但是，西北许多地方蕴藏着丰富的地下水。如毛乌素沙漠、河套灌区、祁连山和天山等山脉的山麓泉水溢出带、绿洲及水库周围，以及河流和渠道两侧，都有浅层地下水，可在造林中加以利用。深栽的杨树有表层和深层两层根系，深层根系的主要作用是吸收水分。在我国西部干旱、半干旱地区，使初植的幼树具备深层根系，有重要的抗旱意义。

杨树深栽造林的操作步骤是：用钻孔机在定植点上钻孔，深至地下水位，或用手工挖穴，在穴底打孔至地下水；将截去根的插干插入地下水，然后填土捣实。苗木的基部最好浸入地下水面 20 厘米左右，或接近地下水面。杨树深栽造林技术有明显的抗旱效果。在缺少灌溉条件而地下水充足的地区，可以大大提高造林成活率。其大面积造林的成活率，一般在 90%或 95% 以上，并且能提高幼树初期的生长量，节省平整土地、打井、修渠与灌溉等造林投资 44%～70% 或更多，经济效益和社会效益很显著。

杨树深栽造林，具有以下的优点：①深栽加深和扩大了树木的根系，插干浸水部分可以直接大量吸收地下水。这是常规造林所没有的额外吸水途径。在深层土壤（毛管水上升层）中，插干产生不定根，吸收充足的水分。②与常规造林相比，深栽的杨树有明显的水分优势，蒸腾耗水量大，水分饱和亏缺小，叶含水量高，水势高，根系深，根量大。因此，深栽的杨树抗旱力强，成活率高，生长较好。③由于其水分优势，在干旱地区造林可不灌溉，节省费用；并可延长造林时间，秋、冬、春三季均可造林。

第二节　深栽杨树的水分代谢特点

为什么在不灌水的情况下，杨树深栽造林能保证 95% 以上的高成活率？有何水分优势？为了阐明深栽杨树的水分代谢特点、生根过程和地上部分的生长，课题组在北京、宁夏和甘肃三个地区进行了较深入的试验研究。定期观测的生理指标有：蒸腾速率、水势、叶的水分饱和亏缺和插干下切口吸水量等。这些工作为杨树深栽这一新造林技术提供了科学依据，也为造林学理论增添了新的内容（见参考文献 18,19,21,22）。深栽杨树的水分代谢研究，主要由刘奉觉、王世绩和刘雅荣完成。主要研究结果如下：

一、深栽杨树浸水部分的吸水作用

深栽的特点是将截去根的插干，插入地下水中，使插干浸水部分能够直接吸收地下水，或插入地下水位以上湿润的土层，使其在湿度高而稳定的深层土壤中生根，得到充足的水分。深栽的幼树依靠根系和树干浸水部分吸收水分，后者是额外增加的吸水途径，使插干在还没有生根的时候，便能吸收水分，因此，对提高成活率起决定作用。根据测定，在插干生根以前，大约 80% 以上的水分是通过下切口从地下水中吸收的。深栽的群众杨比常规造林的蒸腾速率高 2.3～4.4 倍，其日平均蒸腾耗水量比常规造林的高 1.8～15.4 倍。此外，与常规造林相比，深栽造林的叶片水势高、含水率高、水分饱和亏缺低。旺盛的水分代谢，证实了深栽造林的优越性。根据试验，即使在降雨较多、常规造林成活率较高的地方（如北京和山东等），深栽幼树的水分状况，也要比常规造林的优越得多。在干旱条件下，这种水分优势更为突出。因此，深栽造林不仅成活率高，幼树的抗旱能力强，其保存率高，而且生长量也比常规造林高。

插干生根以前，依赖浸在地下水中的下切口和插干皮部吸水，这对保证成活有重要意义。那么，在插干生根以前，下切口和皮部在一天内究竟各吸收多少水分？下切口吸水量在插干生根以后的总吸水量中占多大比重？这些都是研究应该回答的问题。

实验结果表明：在插干生根以前，枝条下切口吸水量占吸水总量的比例均超过了 80%，而枝条皮部的吸水量只占 10% 左右。这说明此时下切口是保证杨树吸水的主要部位。但是，随着插干上不定根的出现和增加，下切口吸水量占全株蒸腾耗水量的比重逐渐下降。以北京市潮白河林场深栽的群众杨为例，1983 年 4 月 29 日实测的结果是，下切口的吸水量约占全株总吸水量的 1/5。

为了测定钻孔深栽杨树浸水部位的吸水量，我们模拟深栽杨树的吸水方式，在地下水位处安置塑料桶，将杨树插干插入，密封插入口，水桶的注水口连接塑料管引到地面。栽植后向桶内注满水(要求不能漏水)。定时记录再次注满水所需的水量，即为该时期插干浸水部位的吸水量。

宁夏永宁林场的测定结果如图 6-1 所示。两株一年生的合作杨全年各吸水 81.27 升和 124.14 升，日平均吸水量为 380 毫升和 580 毫升。在生长季中，4～6 三个月吸水量较少，每月平均吸水量在 91～213 毫升之间。7～8 月份吸水剧增，每月平均吸水量在 774～1 376 毫升之间。9～10 月份吸水量明显下降。4～6 三个月吸水不多与叶面积小，蒸腾较少有关。7～8 月份虽然根系已有发展，但由于气候干热，叶面积扩大，蒸腾耗水加大，插干下切口吸水量剧增。9～10 月份气温下降，树木生长势逐渐衰弱，吸水量下降。两株试验树的季节吸水曲线趋势是一致的，都反映了插干浸水部分的吸水量，受环境因子和植物本身的影响而变化。

插干吸水量，在树木总吸水量中占多大比重？为了研究这个问题，用测定蒸腾速率的方法推算树冠蒸腾耗水量；用以上方法测定插干浸水部分吸水量。在某段时间内，插干浸水部分吸水量与该段时间树木总吸水量的比值，称作插干吸水贡献率。在树木生长过程中的某一段时间内，根部吸收的水量，绝大多数被树冠蒸腾消耗掉，只有极少量的水分用于构成树体的结构物质。也就是说，根部吸收的水量，几乎等于树冠的耗水

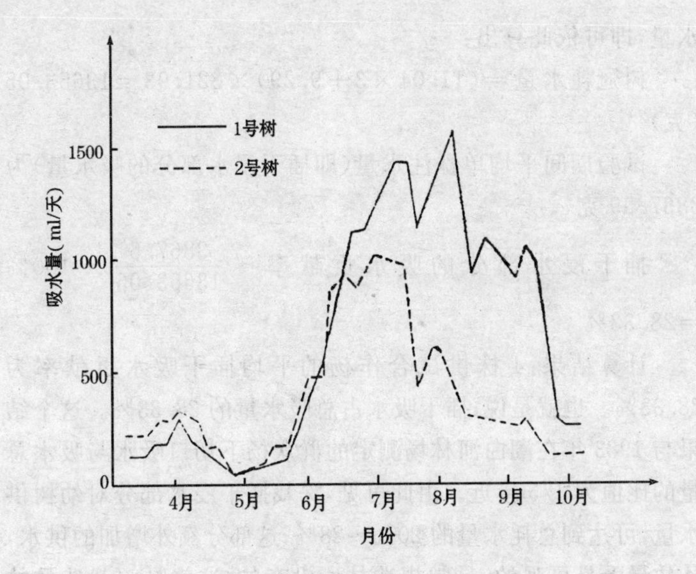

图 6-1 一年生合作杨插干下切口日吸水量的变化

(1983,宁夏永宁林场)

量。因此,插干浸水部分吸水贡献率,可以采用下式表示:

插干浸水部分吸水贡献率(%)

$$=\frac{一定时间内插干浸水部分吸水量}{一定时间内树冠蒸腾耗水量}\times 100\%$$

1984 年,在宁夏永宁林场和金山林场,分别进行了浸水部分插干吸水贡献率的试验。永宁林场试验树种为二年生合作杨,试验地为淡灰钙土,钙积层为 50 厘米左右,地下水位为 2.0 米,上部土壤干燥,根系多分布于地下水附近。7 月 18~21 日,对 4 株幼树测定插干吸水量与蒸腾耗水量。试验共持续 4 天,其中 3 天为晴天,1 天多云。测得晴天单株树冠平均蒸腾速率为 11.04 克/克·天,多云天为 9.29 克/克·天。推算的平均单株叶鲜重为 321.93 克,7 月 18~21 日的树冠耗水量，即可依此算出：

树冠耗水量＝(11.04×3＋9.29)×321.93＝13653.05(克)

试验期间平均单株注水量(即插干浸水部分的吸水量)为3867.59克

$$插干浸水部分的吸水贡献率=\frac{3867.5}{13653.05}\times 100\%=28.33\%$$

计算结果：4株供试合作杨的平均插干吸水贡献率为28.33%。也就是说，插干吸水占总吸水量的28.33%。这个结果与1983年在潮白河林场测定的群众杨下切口吸水与吸水总量的比值为1/5接近。由此可见，深栽插干浸水部分对幼树供水量，可达到总耗水量的20%～28%，这部分额外增加的供水，从数量上是可观的，是常规造林所没有的，这就是深栽造林的优势所在。本试验用数量表明了深栽杨树的水分优势。

1984年7月27日(晴天)，宁夏贺兰县金山林场，地下水为1.65米。由于前期降雨较多，因而上层土壤水分较好。箭杆杨栽后第一年，单叶面积较小，蒸腾耗水少，其插干浸水部分吸水量明显地少于永宁林场。其插干吸水贡献率为3.2%。

上述两个地方、两种杨树较短时间的试验结果表明，深栽杨树插干吸水的贡献率，可以随着立地条件(包括土壤和地下水位等)、气候条件及树种不同而发生变化。在上层土壤干旱条件下，上部生根较少，下部浸水的插干就有较高的贡献率，例如永宁林场的条件，贡献率为28.3%；而在上层土壤湿润，上层根系较多，树木耗水较小的情况下，贡献率可能很低，如金山林场的贡献率为3.2%。由此可见，深栽杨树的浸水插干供应树木所需的水分，需水多时多供水，需水少时少供水。

在干旱缺雨地区,这种有调节的供水,特别值得重视。

二、深栽杨树的蒸腾作用

在北京市潮白河林场 1982 年 4 月上旬到 6 月下旬,每半个月一次的测定结果表明,不论春季或秋季深栽的 1 年生群众杨,其蒸腾速率均高于常规造林。常规造林的蒸腾速率全日变化较小,6 月 3 日,为 0.2～ 0.4 克/克・小时。深栽杨树蒸腾速率日变化的特点明显表现为单峰曲线,其蒸腾速率保持在 0.4～1.0 克/克・小时之间。按 14 时的测定值,深栽杨树的蒸腾速率为常规造林的 2.3～4.4 倍。群众杨在常规造林的条件下,根系因吸收不到足够的水分而使蒸腾作用受阻,其蒸腾速率的日变化曲线,不能像正常苗木那样随着当天气象因子的变化而表现出单峰曲线的形式(图 6-2)。

三、深栽杨树的耗水量估算

杨树单株每天的蒸腾耗水量,是以蒸腾速率、单株总叶量和蒸腾时间的乘积进行估算的。因此,蒸腾速率愈高,叶量愈多,则蒸腾耗水量也愈大。在春季成活阶段,深栽造林在叶量和蒸腾速率两个方面,都明显地高于常规造林。因此,其日蒸腾耗水量比常规造林的高得多。

根据 1982 年 4 月 29 日在北京市潮白河林场的测定结果,秋季钻孔深栽造林的日耗水量(为 2 053.8 毫升),等于常规造林日耗水量(为 776.08 毫升)的 2.65 倍;春季钻孔深栽造林的日耗水量(为 2 712.72 毫升)等于常规造林日耗水量(为 176.05 毫升)的 15.41 倍。5 月 15 日,第二次测定,秋季钻孔深栽造林的日耗水量(为 2 420.51 毫升),等于常规造林的日耗水量(为 1 323.3 毫升)的 1.83 倍;春季钻孔深栽造林

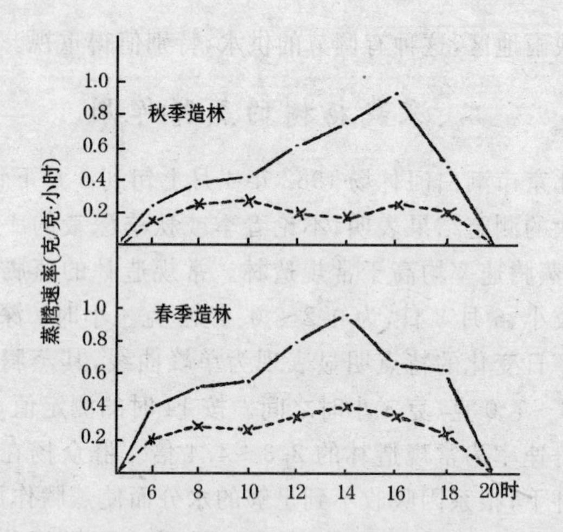

图 6-2　钻孔深栽与常规造林蒸腾速率日进程的比较

14 时钻孔深栽造林的蒸腾速率为常规造林的 2.3～4.4 倍

(群众杨,1982 年 6 月 3 日,北京)

—·—·　钻孔深栽　　×—×—×　常规造林

的日耗水量(为 2 058.65 毫升),等于常规造林的日耗水量(为 746.02 毫升)的 2.76 倍。深栽的杨树日蒸腾耗水量明显超过对照(常规造林),说明其根系处于有利的吸收水分的条件下,能供应较多的水分(图 6-3)。

四、深栽杨树的蒸腾、水势、叶含水量和水饱和亏缺

深栽的杨树与常规造林相比,从早春一开始就显示出树木体内的水分优势。例如,北京市潮白河林场 1982 年 4 月 7 日(造林后第 6～8 天),深栽的杨树小枝木质部水势为－3.5 巴,含水率为 74.3%(占鲜重百分比),水分状况相当好。但是,常规造林的水势就低得多,为－14.0 巴,含水率为

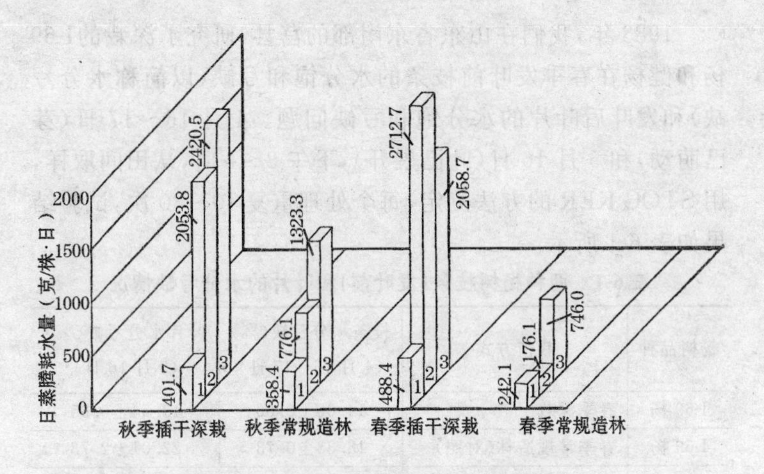

图 6-3　不同造林方法的日蒸腾耗水量

1. 4 月 1 日测定植　2. 4 月 29 日测定值　3. 5 月 15 日测定值

69.5%。至 4 月 29 日，钻孔深栽造林的水势只降低到－7.8 巴，而常规造林的水势已降低到－26.0 巴。常规造林的叶生长受到很大抑制，甚至部分叶片枯萎脱落。

水势又称水分势。水分子在纯水中的自由能最大，当在任何一系统的溶液中时，其自由能便减少。因此，同一克分子容积条件下，水分子自由能之差数就定义为水势。科学上把纯水的水势定位为零。溶液中水的自由能比纯水小，故溶液的水势呈负值。水势用压力单位“bar”来表示，1bar 等于 0.987 个大气压。植物组织溶液的浓度愈大，其水势下降得愈多，负数的绝对值愈大。水势是测定植物水分亏缺的指标。

深栽杨树的水分饱和亏缺情况比常规造林要小。在树木水分生理指标的日变化中，晴天午后（下午 2～4 时）的水分饱和亏缺（以下称水分亏缺）常常构成光合作用的限制因子，降低生长速度。因此，午后水分亏缺是植物水分状况的重要指标。

1983年，我们在山东省东南部的莒县，研究了深栽的I-69杨和健杨在春季发叶前枝条的水分饱和亏缺（以简称水分亏缺）和发叶后叶片的水分饱和亏缺问题。4月16～17日（芽已萌动）和5月16日（叶已展开），下午3～4时，从田间取样，用STOC KER的方法测定，每个处理重复10～30次，试验结果如表6-1所示。

表6-1　两种杨树枝条（发叶前）和叶片的水分亏缺情况

杨树品种	栽植方式	枝条水分亏缺（%）（4月16～17日）	叶片水分亏缺（%）（5月16日）
I-69杨	春季深栽	14.06±0.66	13.54±0.95
I-69杨	春季常规造林（对照）	18.33±0.73	22.01±2.73
健　杨	春季深栽	13.31±0.40	11.80±0.83
健　杨	春季常规造林（对照）	18.13±2.08	13.55±1.71

注：(1)表中数值系各处理的平均值，“±”号后面的数字是概率为95%的平均值的置信区间

(2)t检验表明常规与深栽的差异显著

从表6-1中可以看出，深栽杨树的枝和叶的水分亏缺均较常规造林（对照）要小。如深栽I-69杨枝条水分亏缺仅占常规造林（对照）水分亏缺的77%，叶水分亏缺为常规造林（对照）的61%；健杨的相应数值为73%和87%。这个结果表明，深栽条件下水分供应充足，不仅发叶前枝条的水分条件优于常规造林（对照），而且发叶后叶片的水分状况亦优于常规造林（对照）。比较优越的水分条件，使深栽杨树午间光合作用的下降要比常规造林小，可保证叶子其他生理功能更好地发挥。春季深栽的I-69杨当年的树高、直径和叶量，都超过常规造林，就是一个证明。

1984年7月在宁夏贺兰县金山林场进行了以上四个水分生理指标的比较测定。1984年，当地雨量偏多，上半年降

水量已达到常年的全年降水量。所测定的是 1983 年秋季深栽和常规造林的加×青杨，它们的成活率都很高，长势也相似。但是，测定结果表明，它们在上述四个水分生理指标上都有明显的差别。

蒸腾速率用称重法测定，重复 6 次；水势用压力室法测定，重复 5 次；叶含水率和水分饱和亏缺用 STOCKER 法测定，重复 5 次。深栽造林与常规造林的蒸腾速率及水势日变化情况，如图 6-4 所示。

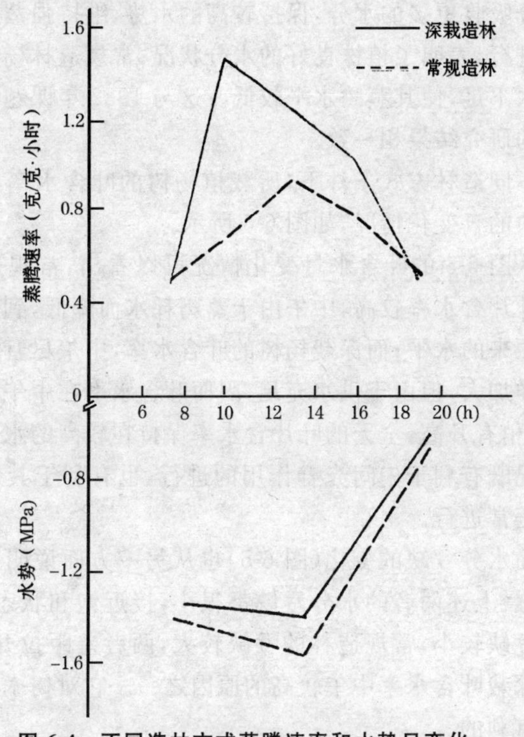

图 6-4　不同造林方式蒸腾速率和水势日变化

(1984 年 7 月 26 日晴，金山林场)

从图 6-4 中可以看出，深栽杨树的水势，从早晨 7 时到傍晚，都高于常规造林，清晨与傍晚两者差别较小，常规造林杨树的日平均水势为－12.3 巴，深栽造林杨树为－11.3 巴；蒸腾速率的变化趋势是：清晨 7 时两者相近，以后差距增加，到上午 10 时，常规造林杨树的蒸腾速率为 0.65 克/克·小时，深栽杨树的为 1.43 克/克·小时，相差 1 倍以上；此后，深栽杨树的蒸腾速率一直高于常规造林杨树，直到 19 时，两者的差距才缩小，水平趋于一致。这是由于深栽杨树能靠插干浸水部分吸收更多的水分，保持较高的水势，维持强蒸腾速率的正常进行，表明了植株良好的水分状况；常规造林杨树白天根系吸水不足，使其蒸腾水平较低。这与 1982 年课题组在北京地区的研究结果相一致。

不同造林方式条件下，所栽植杨树的叶含水率与水分饱和亏缺的日变化情况，如图 6-5 所示。

从图 6-5 的叶含水量变化情况可以看出，常规造林杨树清晨叶片含水率较高，中午由于蒸腾耗水而降低，到傍晚又恢复到原来的水平；而深栽杨树的叶含水率，中午尽管蒸腾耗水也同样加大，但由于供水充足，因而叶含水率在中午并没有降低，还稍有升高，全天的叶片含水率保持在较高的水平上。这种状况既有利于午间光合作用的进行，也有利于其他生命活动的正常进行。

而水分亏缺的变化(图 6-5)也从另一方面说明了这个问题：清晨上述两者的水分亏缺都很小，接近饱和状态，中午深栽的亏缺较小，常规造林的亏缺较大，两者差距拉开，这也可能是深栽叶含水率中午较高的原因之一。它对树木的生长是十分有利的。

从上面的分析可以认为，即使在降水量较高的年份，常规

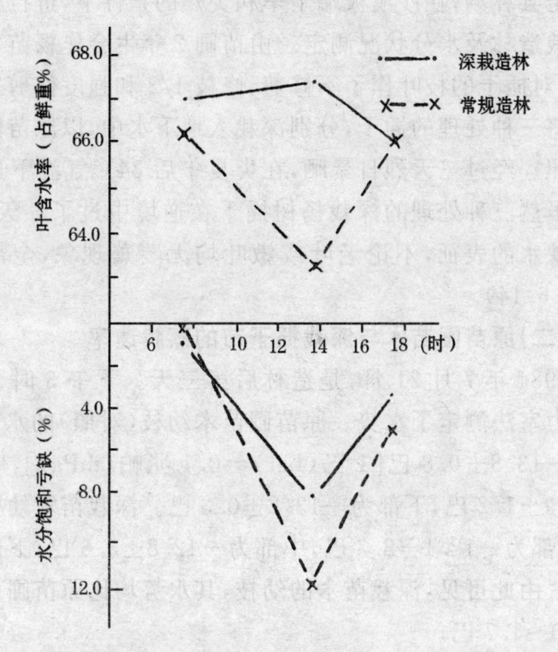

图 6-5　不同造林方式下叶含水率与水分饱和亏缺日变化

(1984 年 7 月 26 日晴，贺兰县金山林场)

造林的成活率能够达到 90％以上。而其体内的水分状况仍然比不上深栽的杨树，各种水分生理指标的水平都有差距，这种生理状况的差别，必然反映到近期或后期的生长上面，使常规造林的杨树落后于插干深栽杨树。

五、夏季深栽造林试验

(一)夏季杨树深栽造林水分供应状况

为了测试在极端苛刻的条件下，深栽杨树的水分供应能提高到何种程度的情况，1984 年 7 月 18～21 日，课题组在宁夏永宁县林场,在沙漠极端干旱和炎热的条件下,进行杨树夏季深栽造林及水分状况测定。由苗圃2年生合作杨苗木截取插干,对插干的枝叶作了不修剪、修枝1/2和强度修剪三种处理。将三种处理的插干,分别深栽入地下水中,以原苗圃苗木为对照。经过三天烈日暴晒,在炎夏午后34℃气温下进行测定。虽然三种处理的深栽杨树插干在逆境中过了3天,但都没有缺水的表征,不论老叶或嫩叶均无萎蔫现象,全部成活(彩图6.14)。

(二)原苗圃苗木与深栽插干苗的蒸腾速率

1984年7月21日,是造林后第三天。下午3时30分,用压力室法测定了水势。原苗圃苗木幼枝(对照)的水势:顶部为-13.8±0.8巴[1巴(bar)=0.1兆帕(mPa)],中部为-13.9±1.2巴,下部为-13.2±0.3巴。深栽苗木幼枝的水势:顶部为-12.1±2.3巴,中部为-12.8±3.6巴,下部枝已剪去。由此可见,深栽苗木的幼枝,其水势均比原苗圃苗木提高1.0～1.7巴。

1984年7月20日下午4时,用Li-1600稳定态气孔计测定蒸腾速率。原苗圃苗木(对照)的蒸腾速率为1.31±0.55微克/平方厘米·秒,深栽不修剪插干的蒸腾速率为7.87±4.74微克/平方厘米·秒,深栽修枝1/2的插干的蒸腾速率为9.24±4.58微克/平方厘米·秒,深栽极强度修剪插干的蒸腾速率9.23±2.71微克/平方厘米·秒。由此可见,深栽苗木的叶片蒸腾速率比原苗圃苗木也有明显的提高,增加了5～6倍。沙漠夏季炎热干旱,加上苗木状况和季节均不适宜移栽,所以在干旱沙漠里,夏季用常规方法造林,一般都不可能成活。但是,插干深栽造林的水分优势使之可能,而且是带叶的苗木,插干深栽入地下水后,其水分供应竟然比原来苗圃苗的根系供水还要优越得多，表现为蒸腾与水势的增高。此项试验加深了对深栽水分优势的认识。

第三节　深栽杨树的根系特点

采用全面挖掘法和剖面壁法，观察研究深栽杨树根系的发育状况。共调查 15 次，挖掘了 25 个根系。通过分析研究，对深栽杨树的根系发育特点归纳如下(见参考文献 18,19)：

一、根量多，分布深

深栽时，杨树插干一般插入土中 1.5～2.0 米深。适宜的土壤温度、湿度和通气状况，为杨树不定根的产生创造了良好的环境条件。例如，1981 年 7 月 1 日，在赤峰市城郊林场作的根系调查表明，当年春季栽植深度为 2.9 米的赤峰杨插干，共有 196 条新根，根的平均长度为 20～30 厘米，比较均匀地分布在 275 厘米长的插干上，其中有 142 条根是分布在100～275 厘米的较湿润土层内。与此同时，常规造林(对照)的赤峰杨只有 78 条根，根的平均长度为 10～25 厘米，全部根系都集中分布在 10～75 厘米较干燥的土层内。

1982 年 9 月中旬，在北京潮白河林场作的根系调查表明，在地下水位 1.7 米以上的 2 年生深栽 1.7 米的群众杨插干上，共生根 201 条，总长度达 71 米（彩图 6.1）。由此看出，在钻孔深栽的条件下，由于加深了杨树根系的分布深度和增加了根的数量，使更多的新根能从地下水位以上的毛管水层得到稳定的水分供应，这是提高造林成活率和初期生长的重要原因之一(彩图 6.2)。

1983 年生长季末，在宁夏永宁县林场的根系调查表明，春季栽植深度为2.4米的合作杨插干，其上共有177条新根，根的长度为5～21.9厘米，根的总长度为22.3米，其中有53条根（长度11.5米）分布在190～230厘米深的较湿润土层内。

1985年11月1日，在北京市潮白河林场，对深栽的4年生群众杨根系，进行了挖掘调查。其立地条件是：沿河沙地，通体沙，地下水位为1.3米，栽植深度为1.6米。彩图6.5显示4年生杨树的发达根系，尤其是深层的根系其1.2～1.4米的范围内有一级侧根14条，1.4～1.6米的范围内有一级侧根17条，下切口断面有细根34条，地下水中根系发育正常。彩图中的横测杆表示地下水位（彩图6.5）。

深栽的杨树，在水分条件优越的土壤深层发生大量的根系，为幼树提供了充足的水分，提高了幼树的成活率和生长量。

二、造林季节与生根的关系

造林季节，对深栽杨树生根的数量、长度和分布特点等，都有明显的影响。不同地区的根系调查资料表明，秋季深栽的，其根系发育比春季深栽的好。1982年4月28日，在北京市潮白河林场的根系调查结果说明，前一年秋季深栽的群众杨，总根数为218条，根总长度已达9.21米；而当年春季深栽的总根数只有92条，总长度仅2.86米；春季常规造林的群众杨，仅在10～25厘米深的主干上，产生了5条圆锥形的短根（彩图6.3）。

为什么秋季深栽的杨树，其根数和根长如此明显地超过春季深栽的？因为秋季深栽的生根时间比春季深栽多5个月左右，漫长的秋季和冬季，深层土壤中的温度能满足插干生根的需要。这种情况是很特殊的，只有在深栽条件下才有，一般造林是不可能有的。例如北京地区，由秋季到春季，即 10 月份至翌年 4 月份，120～180 厘米深度土壤的温度，基本保持在 5℃以上。160 厘米深度处的温度是：10 月份为 18℃，11 月份为 12℃，3 月份为 7℃。整个冬季，群众杨能在这样的温度下缓慢地生根。我们在 4 月中旬的调查中发现，由于地温的作用，在秋季深栽的插干上，根系在插干下部最长，上部次之，中间部分最短或没有。然而，在春季深栽的插干上则相反，上部的根最长，根系长度沿着插干向下部递减。这种现象，显然是冬季深层地温比较高，春季表层地温比较高的土壤温度季节变化的结果。

1982 年 4 月，我们在北京市潮白河林场和内蒙古赤峰市元宝山林场，对秋季深栽植株的根系进行调查，结果表明，秋季深栽的苗木在放叶以前，已形成大量根系。如北京市潮白河林场被调查的一株群众杨，已形成 245 条新根，根系总长度达 8.1 米。在春旱的北方，4～5 月份是初植苗木成活考验的关键时期。秋季深栽的杨树根系总长度，约比春季深栽的多两倍，这对于保证杨树成活和生长都是十分有利的。由此可见，秋季深栽是值得推广的(彩图 6.3)。

三、土壤质地、通气性与生根的关系

作者在宁夏腾格里沙漠、北京市潮白河林场的砂土上和赤峰市城郊林场的粉沙土(亦称黑沪土)上，观察到所栽杨树发育状态完全不同的根系。在通气条件好的砂土上，不同深度的根系形状都相似，根细长而舒展。190 厘米以上范围的根系较长，根长 100～200 厘米，分布密集而均匀。但是，通气条件较差的 190～230 厘米深层，根明显变短，根长 30～50 厘米，分布稀疏。在230～300厘米深的土层中，插干表面布满一层密集卷曲的短根（0.5～10厘米长），短根尖端膨大呈趾状（彩图6.4）。据报道，意大利深栽的I-214杨的根系，在插干下部发育一种前端膨大的肉趾状短根，其功能是在地下水位以上的毛管水层中吸收水分。这和我们所观察到的短根形状相类似。此外，在地下水矿化度较高的土壤上深栽造林时，插干下部不能生根，甚至皮部腐烂变黑。例如，山西省金沙滩林场的地下水位为1.9米，地下水的含盐量，春季4月份为2.508克/升，秋季为1.213克/升，此处深栽的群众杨，插干在90～110厘米以下就不再生根，并且皮部发黑。

第四节　杨树深栽对成活率和生长的影响

一、深栽对杨树成活率的影响

北京市潮白河林场，以及地处半干旱地区的内蒙古赤峰市城郊林场和山西省北部金沙滩林场，两年造林试验的结果表明，在不浇水的情况下，深栽的群众杨和赤峰杨的成活率在95％～100％之间，比对照（常规造林）的成活率高出很多。深栽杨树第一年的新梢生长量比对照大125％～280％。

1981年3～9月份，赤峰市的降水量为250毫米，比历年少34％，夏季雨水奇缺，雨量为125毫米，比历年少50％。严重的干旱，造成了农业大歉收。在这样严重干旱的条件下，深栽到地下水中的赤峰杨，虽然没有浇水，但成活率仍然达到95％～100％。深栽1.7～2米，插干基部没接触地下水的赤峰杨，成活率只有58％；但对照的常规造林成活率更低，只有

25%。这和意大利栽植愈深、成活率愈高、生长量愈大的结论是一致的。生产上用常规方法造林的赤峰杨，虽然灌溉两次，但成活率只有50%左右。大旱之年，这个实例更显出深栽的良好抗旱效果。

1981年，北京地区也很干旱。顺义县当年的全年降水量只有386.8毫米，为历年平均降水量的55.3%。在如此干旱的条件下，春季深栽的杨树成活率却达98.3%，而秋季深栽的成活率竟高达100%。

1984年，在宁夏贺兰山东麓完成了干旱地区杨树深栽的中间试验。试验的杨树品种有合作杨、群众杨、箭杆杨和新疆杨，还有旱柳。当地的年降水量为150～200毫米，属于温带干旱半荒漠气候，如不灌溉，杨树造林成活率极低，甚至基本不能成活。杨树钻孔深栽总面积为72.5公顷(1 087.7亩)，其中57.85公顷(867.7亩)平均成活率在92%～99%之间。这对于银川地区的造林是一个突破。其余14.67公顷(220亩)造林地，由于有盐碱危害，故成活率偏低。

宁夏盐池县机械化林场，地处毛乌素沙漠，属于干旱草原地带，年平均降水量约300毫米。1985～1988年，在无灌溉条件下，深栽造林323.67公顷(4 855亩)，成活率平均在95%以上，平均保存率在90%左右(彩图6.6，彩图6.7，彩图6.8，彩图6.12)。

宁夏黄河灌区永宁县黄羊滩农场，1984～1987年，在年平均降水量为190～210毫米的干旱条件下，在没有灌溉的情况下，深栽杨树564.13公顷(8 462亩)，平均成活率达92.3%(彩图6.9)。

甘肃省酒泉地区金塔县潮湖林场，地处河西走廊干旱荒漠区，1984～1987年，在平均年降水量为59.9毫米的极端干旱的沙漠里，在无灌溉条件下，用插干深栽方法栽植二白杨933.33公顷（1.4万亩），平均成活率为84.5%，长势良好（彩图6.10）。

据俞国胜报道，1992年以来，在内蒙古科尔沁沙地的流动沙丘上，用钻孔机钻孔1.2米深，用经过24小时浸水的杨树插干，进行插干造林试验，成活率几乎达到100%，每小时种树60株左右；1995年秋季以来，用植树机进行杨树插干造林试验，栽植深度为70～75厘米，成活率达78%左右。深栽造林钻孔机和插干植树机，在科尔沁沙地流动沙丘以及“三北”类似地区有推广价值。

二、深栽对杨树生长的影响

杨树栽植深度、土壤含水量、成活率及新梢生长量四者之间的相互关系，如表6-2所示。

表6-2　栽植深度、土壤含水量、成活率及新梢生长量的相互关系

栽植深度（cm）	土壤含水量（%）	成活率（%）	新梢生长量（cm）
50（常规造林）	1.3	0	0
150	2.6	30	10.6
200	23.0	68.2	18.5
250*	在地下水中*	94.0	52.8

*　表中杨树栽植地的地下水位深度为240厘米

由表6-2可以看出，随着栽植深度的加深，土壤湿度增加，成活率和生长量也随之增加。这主要是由于地下水位以上的深层土壤，经常潮湿，能保证所栽幼树有较好的水分供应，栽植深度愈接近地下水位，成活率愈高，生长量愈大。深栽250厘米,栽入地下水中,成活率最高。由此可以得出结论,在干旱地区进行杨树深栽,必须将插干下端插入地下水中。

内蒙古赤峰市城郊林场的杨树深栽造林试验,其结果也充分证明了杨树深栽的优越性。试验地是北山作业区的沙荒地,1981年4月造林。13年后,1993年8月23日进行调查。两片试验林,林龄13年,用2年生大苗深栽2～3米至地下水中,株行距为4米×6米。第一片林是赤峰杨,共三行,每行13株。第一行(边行)和第三行为深栽行。第二行为对照行,挖大穴栽植。造林13年后的调查结果是:三行的平均树高均为24米,第一行(深栽行)的平均胸径为38.06±2.4厘米,第二行(对照行)的平均胸径为27.32±2.4厘米,第三行(深栽行)的平均胸径为32.98±1.3厘米。两行深栽行的胸径均大于对照行。第一行深栽树,由于享有边行优势,不参加比较。13年的试验结果是,深栽树(第三行)的胸径比对照树(第二行)平均大5.66厘米,说明深栽对生长的促进作用一直到13年后仍很明显。

第二片林与第一片林相邻,杨树品种是昭林6号,共50株,全部都是深栽2～3米。栽植13年后调查,平均树高为25米,平均胸径为31.0厘米。此片成年林的生长,也显示出深栽的杨树比一般常规造林优越。

第五节　杨树深栽抗旱造林技术

一、造林地的选择

正确选择深栽抗旱造林地是深栽成功的关键。近几年来，一些单位深栽造林失败的主要原因，往往是选地不当。在干旱、半干旱地区，适宜深栽的立地条件是，有1～3米的地下水位（以1.2～2.0米为最好），土壤以砂质土或砂壤土为宜。河流两岸的阶地和滩地、渠道两侧、绿洲内外、平原和沙丘间的低地，常能找到这种立地条件。

地下水位过深，黏重和有石砾层的土壤，都不适宜。在我国西北地区，有时遇到地下水位适宜，但土壤含盐量较高的立地。如果只重视高水位，而忽视了土壤盐分的危害，将导致大面积深栽造林失败。毛乌素沙漠宁夏盐池县，就曾有过这种失误的教训。因此，造林前必须详细地进行土壤调查，分析土壤含盐量，调查地下水的深度、年变化规律和矿化度。可以根据地形、土壤、地下水位及其矿化度和指示植物等，划分立地的宜林性质等级，并选配适宜的杨树品种。土壤含盐量是划分立地条件的重要因素。不同的杨树品种和树种所能忍受的最高土壤含盐量及地下水矿化度差别很大（表6-3）。

表6-3 几种杨树品种所能忍受的最高土壤含盐量及地下水矿化度

树 种	合作杨	箭杆杨	二白杨	新疆杨	胡杨	旱柳	沙枣	红柳
土壤含盐量（%）	<0.2	<0.4	<0.5	<0.6	<0.8	<0.3	<0.6	<0.8
地下水矿化度（%）			<2.0	<2.0	<8.0			<10.0

二、整地及打孔

赤峰市液压机械厂（高洪起等）、赤峰市城郊林场（赵景阳等）和中国林业科学研究院林业研究所（王世辉、郑世锴等）协作，1982年研制出YZJ 3.5型液压钻孔机，通过了技术鉴定，并小批量生产。此钻机可钻深 2～3 米，孔径 10～12 厘米的栽植孔，每小时约钻孔 60 个。20 世纪 80 年代钻一个孔的成本为 0.06～0.08 元。用钻孔机进行深栽造林，效率高，质量好(彩图 6.11)。

很多单位因钻孔深栽成活率高，而忽视了造林前的整地工作，因而严重地影响幼林的生长。应该知道，钻孔不能代替整地。如果不通过整地消除杂草和翻松表层土壤，深栽幼树的上层根系发育将受到限制，可能成为“小老树”。因此，用钻孔机深栽前，必须全面翻耕或带状翻耕土地。如进行人工挖穴，则在穴底打孔深栽。

由于深栽钻孔机昂贵，应用较少。目前，主要是靠人工挖穴，在穴底打孔深栽。毛乌素沙漠西南缘的陕西省定边县白泥井乡群众 1987 年春季创造的深栽打孔法，省工省时，简单易行。

具体做法是：在定植点挖 30～40 厘米深的小穴，将2～3升水倒入穴中，立即用长 2.5～3.0 米、粗 2.2～3.0 厘米的铁杆(或木杆)打孔，杆粗略大于插干的粗度，两人操作，约 1 分钟便能打出一个 1.7～2.0 米深的孔，拔出铁杆(或木杆)后，即将截根插干插至孔底地下水中，然后用干沙将孔填实。以往别处也有用铁杆打孔的做法，但加水打孔则是创新。

打孔深栽法造林的优点是：①用少量水作润滑剂，能减少铁杆上下运动的摩擦力；②水浸透孔壁后，土质变软，受冲挤后易形成孔，而且孔不易塌；③铁杆将水搅成泥浆，少量的水在打成孔前不会渗完。用铁杆打孔比用木杆更好，在砂土地上，利用铁杆的重量，一次下戳便能加深 20～30 厘米。在铁杆 2 米左右处可焊一横杆，便于上提。这种深栽打孔法比一般挖深穴提高工效 5～8 倍以上，大大降低了造林成本，有推广价值。

三、深栽树种的选择

杨树和柳树产生不定根能力强，都适于深栽。如群众杨、合作杨、赤峰杨、箭杆杨、新疆杨、二白杨、沙兰杨、I-69杨和I-72杨；沙柳、旱柳和白柳等。沙枣、沙棘和红柳用插干深栽也能产生不定根。胡杨带根苗(3年生大苗)栽于地下水中成活率也很高。其他树种带根苗深栽也值得探索。树木成林后将吸收大量地下水，地下水位可能下降。在半干旱和干旱地区，应该扩大株行距，在造林中减少耗水多的杨、柳树的比重，多栽抗旱的沙生树种，多造乔灌混交林，以防止出现“小老树”。

四、苗木选择

宜采用胸径为2～3厘米，高4～5米的杨插干或柳插干。“三北”地区宜用2年生苗深栽，也有的林场用1年生苗深栽，地上露出约1米高的茎，但必须管护好。深栽造林之前，应对苗木进行重度或中度修剪(剪去侧枝，只留短茬)；不修枝的效果不好。在条件较好的东部地区，可用1年生苗深栽。为了培养供深栽用的较粗壮的杨柳插干，可以在现有的苗床上适当间苗，并加强水肥管理。每两年平茬一次，截取插干，这样可以连续几年利用老根桩育苗，苗木更粗壮。

五、深栽苗木的修枝

在1981年秋季和1982年春季的深栽试验中，我们对深栽的苗木做了不修剪、中度修剪和重度修剪三种处理。常规造林(对照)重修剪。1982年4月28日的调查结果如下：重修剪和中度修剪的深栽苗木，发叶正常；不修剪的深栽苗木，春季深栽的有33%的植株生长不正常，秋季深栽的有25%生长不正常，部分叶萎蔫。叶色和叶片大小也有明显的区别：对照的叶片最小，略带黄色；深栽重剪的苗木，叶片较大，深绿色。平均单叶面积由大到小的顺序是：深栽重度修剪→深栽中度修剪→深栽不修剪→常规造林（对照）。

不论是秋季深栽还是春季深栽，不修剪的植株，其单株叶片数比秋季和春季深栽重修剪的植株以及对照，多3～5倍，而且部分叶枯萎。这说明，即使在深栽改善了水分供应的条件下，苗木也负担不了全部保留下来的叶。深栽不修剪植株的平均单叶面积，较深栽重剪的植株缩小1/2～3/4，也说明了这一点。此外，春季深栽和秋季深栽重修剪的植株，其单株总叶面积在4月末和6月末均比对照植株多0.6～3倍。这对于幼树的生长是十分有利的。这些现象都说明，深栽造林前对插干进行重度修剪是必要的。

在内蒙古赤峰市城郊林场，深栽的植株较常规造林的植株早放叶3～4天，叶面积也较大。1981年6月2日调查，深栽的赤峰杨的顶部新梢高生长量比对照大274.7%，其上的叶面积比常规造林植株大626.8%。

六、造林季节

秋季、冬季和春季，都可以深栽造林。秋季深栽，插干在漫长的冬季，能利用土壤深层较高的温度缓慢地生根，先生根后放叶，对成活更为有利。秋季深栽苗木的生根数量和生根长度，都明显地大于春季深栽。

1984～1988年，宁夏黄羊滩农场每年用钻孔机进行杨树冬季深栽，用3年生杨树插干为苗木，深栽造林面积共计696.33公顷（10 445亩），幼林的成活率在90%～98%之间。

砂土冻结后也能钻孔，冬季造林可延续工作100多天。事实证明，冬季深栽造林是成功的(彩图6.13)。

秋、冬、春三季深栽造林，大大延长了造林时间，提高了钻机的利用率，加快了造林进度。秋、冬季深栽的苗木，成活前受不利因素作用的时间长，因此应选用粗壮的苗木。秋季和冬季深栽的杨树比常规造林早放叶7～10天。

七、抚育管理

深栽造林技术的应用，解决了成活的问题。但是，还有成活不成林、成林不成材的问题，也要解决好。因此，必须加强抚育管理、松土除草和防治病虫害。在干旱、半干旱地区，松土除草可使更多的雨水渗入土壤，抑制杂草与树木竞争，改善根系发育条件。根据具体条件，可选择环状、带状或全面等方式进行松土除草。还要尽可能进行灌溉、追肥、间种绿肥和压青，以改善幼林的生长条件(见参考文献18,19,20,23)。

第六节　结束语

1984年8月26日，在银川的“干旱地区杨树深栽造林中间试验”鉴定会上，评委对此项技术成果有以下评价：

“在干旱地区，不灌水，造林成活率达到95%，这是很不容易的。我们亲眼看到地面上的文章做得不错，效益显著，反映普遍很好，启发很大。”“在宁夏过去造林的确不成活的地方，在地下水位2米的地方，深栽造林的成活率能达到90%以上，不夸大地说，解决了生产中一个大问题。”“过去内蒙古也有深栽，但没有这么深，没有达到地下水。在干旱地区用一般造林方法对付苛刻的自然条件是要失败的。杨树插干深栽是苛刻条件下造林技术的一个突破。方法虽简单，但解决了大问题。宁夏盐池、灵武等地下水好的地方，可以采用此经验。建议在'三北'地区大面积推广"（中国科学院沙漠研究所赵兴梁研究员）。

"幼林成活率高，生长整齐，钻机造林省工，效率高，可以延长造林时间，值得大力推广。""一般春季造林时间短，因土冻，早造林不成，晚造林苗木发芽也不行，春季又缺劳动力，生产上很难安排。春季和秋季采用深栽造林，可以延长造林时间，这是我最感兴趣的。""生产上灌溉造林成本太高，深栽可省去灌溉，节省开支"（中国林业科学研究院磴口试验局刘德安高级工程师）。

"对水分生理问题研究的大量工作是突出的，为什么深栽造林成活率高，水分的理论问题说得很清楚。在理论上作了创造性的探索。""一把钥匙开一把锁。过去不能造林的地能造林了，此方法是可靠的。这样的土地很多。'三北'半干旱、干旱地区可推广的面积很大，由此可见深栽技术意义重大。""中国沙漠的特点是有湖盆，常为高山环绕，有大山脉的冰川融雪水补给地下水，地下水好，深栽造林在这些地方有很大潜力"（北京林学院李滨生教授）。

在"三北"某些地区，造林质量低，成活率低，至今仍是一个老、大、难的问题。在这种情况下，将已被实践证明有效的杨树深栽造林技术，应用于西部的开发和生态建设中，加强这项技术的宣传和推广，就能发挥其应有的作用。

第七章　杨木加工利用及杨树产业化经营

第一节　杨木的加工利用

杨树生长快，成材早，用途广，是国内外种植最多的树种之一。许多国家用发展杨树的办法，来解决木材短缺的问题，取得了成效。我国是一个木材十分短缺的国家，每年进口大量木材和纸浆。杨树对我国解决木材供需矛盾，能起到很大的作用。过去，杨木在北方和中原地区主要用作农村民用材，农民用杨木建房，在国家木材供应不足的情况下，农村杨木自给自足，满足了民用材的需要。

近十几年来，我国杨木加工业发展迅速，如胶合板、细木工板、刨花板、中密度纤维板以及造纸，都依赖杨木为原料。这类工厂在北京市，河北、山东、湖北、江苏和辽宁等省，发展很快。市场上，杨木工业用材的需要量增加很大，杨木供不应求经常成为企业的难题，有些地方甚至出现争购杨木原料和对杨木出境采取地方保护主义。以湖北省为例，据2000年的统计，全省有中密度纤维板5家，年产中密度纤维板24.57万立方米；细木工板厂60家，年产细木工板28.55万立方米；刨花板厂8家，年产刨花板10万立方米；胶合板厂12家，年产胶合板5.6万立方米；纤维板厂5家，年产纤维板5.6万立方米。以上工厂消耗的原料主要是杨木，全年的总消耗量为180万立方米。湖北省每年可供应杨木为120万立方米，杨木供不应求，某些大工厂存在“无米下锅”和“等米下锅”的苦恼。市场对杨木工业用材需求的增长，必将促进杨树栽培的发展。

杨木的加工利用，主要在于以下诸多方面：

一、建筑用材

我国北方和中原农村，普遍用杨木建房，将其用作梁、木构架、檩条、椽和天花板，尤其是毛白杨被认为是比较好的建筑材料。近20多年来，北方和中原农村新建的大量房屋，所用的木材主要是杨木。杨木还适用于室内装饰。杨木作为建筑材料，有一定的缺点，如材性变异较大，耐腐性差，易被虫蛀等，现已有适合农村使用的杨木防腐和防虫加工方法，效果很好。

二、制浆造纸

杨木色洁白，树脂少，容易漂白，制木浆的得率、漂白和强度都较高，能制磨木浆和化学浆。国内用白松和40%～50%的杨木磨木浆，生产质量比较好的新闻纸。杨木的综合纤维素含量较高（为80%左右），木质素含量较低（为20%～25%），非纤维素杂质少。杨木的纤维虽短（约1.1毫米长），但纤维的长宽比值为34.6～47.5，纤维细胞壁薄，细胞腔直径大，壁腔比小于1，而且纤维长度分布均匀。色浅，白度可达50%，易漂白。杨木制浆是得率、白度和强度兼顾的较好的造纸原料。造纸业要求纤维的长宽比大于35～45，才能保证纸张有良好的纤维交织和强度。杨木符合这一要求。杨木适于制作纸质均匀、强度较高的纸张。我国通常将杨木与针叶材制浆混合造纸，可克服杨木纤维较短的缺点，生产某些高强度的工业用纸。

山东省林业科学研究所杨树纸浆材培育技术的研究结果表明:露伊莎杨、西玛杨、中林23杨、中林28杨、中林46杨、I-69杨和50号杨,木材产量较高,各无性系6年生时全树平均纤维素长度在0.897～1.0511毫米之间,全树平均纤维素含量在51.37%～57.96%之间,无性系之间差异不大,浆得率为49.8%～52.3%,白度为68.4%～72.7%。以上无性系杨树都适用于营造造纸用材林。适宜的造林密度为:2米×3米(111株/667平方米)、3米×3米(74株/667平方米)和3米×4米(55株/667平方米),采伐年龄分别为5年,6年和7年。在林农间作、灌溉和施肥的条件下,采伐时,每667平方米林木蓄积量可达10～12立方米,可生产造纸材8～9.6立方米。

我国造纸工业用木浆,只占纸浆总量的20%左右,增加木浆造纸的比例是造纸业努力的方向。近年来,利用杨木作为造纸原料的造纸厂逐年增多。辽宁丹东的鸭绿江造纸厂、锦州的金城造纸厂、山东省的多家造纸厂、湖南岳阳造纸厂和湖北的晨鸣纸业公司等企业,现已用杨木作造纸原料。如鸭绿江造纸厂,用杨木作原料,生产化学机械浆(高得率浆),生产能力为50～70吨/日,亦即1.5万～2.25万吨/年。其生产线已成功运行多年,经济效益良好。

三、中密度纤维板

杨木是中密度纤维板的好原料。20世纪90年代,我国中密度纤维板工厂发展很快,对于杨树小径纤维材的需求量激增。如湖北省石首市的吉象中密度纤维板厂,年生产11.4万立方米中密度纤维板,全部以杨木为原料,年收购杨木23

万立方米。安徽省安庆市的华林中密度纤维板厂，用30%杨木作原料。北京市木材公司中密度纤维板厂，年产中密度纤维板10万立方米，年消耗杨木小径材30万立方米，据说其消耗量将成倍增长。在湖北省和北京市，中密度纤维板厂收购的小径杨木，粗度在8厘米以上，一般1立方米300～400元；北京市木材公司的收购价为600元/1绝干吨。如实行定向培育生产8～12厘米粗的小径材，杨树人工林的轮伐期可定为4～5年。

四、胶合板材

生产胶合板，要使用大径、通直和少节的原木。我国森林资源贫乏，缺少制造胶合板的原料。杨树的各种特性均符合胶合板原料的要求，其旋切、胶合和油漆等性能良好。杨木含水量高，原木不需预先蒸煮，易旋切。南京林业大学张齐生等用I-63/51杨、I-72/58杨、I-69/55杨和I-214杨，制造胶合板的试验研究表明，杨木旋切的单板，表面光滑，无起毛现象。制成胶合板后，板面平整，翘曲度合格，各项性能都达到国际标准。长江中下游地区20世纪80年代营造的大面积杨树用材林已经成材，所产的杨木少量用于民用建筑，多数用于木材工业加工利用。长沙、武汉、湖北嘉鱼县、江苏、安徽和上海等地的胶合板厂，都依靠新兴的杨树用材林基地供应原料。哈尔滨和长春的胶合板厂，用东北林区的大青杨、香杨和甜杨以及人工林和林带中采伐的杨木做原料。由于工厂与杨树栽培者之间，没有建立紧密的联系，杨树大径材的定向栽培没有很好地实行。目前，杨木大径材在数量和质量方面都不能充分满足胶合板工业的需要。尤其是农民栽培的杨树不进行修枝，杨木不通直，有节子和虫孔，有的胶合板厂只得增加一道修补有破洞单板的工序，给胶合板工厂的生产造成很大的困难和损失。培育通直、无节的优质杨树大径材，需要通过定向培育和产业化经营才能实现。杨木大径材价格较高，一般每立方米在500～800元之间。杨木大径材的培育期较小径材长一倍多，在10年以上，但其价格也较小径材高一倍多，培育大径材的效益不一定比培育小径材差。

中国林业科学研究院木材工业研究所姜笑梅，对嘉鱼县人造板厂提出的杨树湿心材影响胶合板质量的问题，进行了研究，认为I-69杨和I-72杨在长江中下游地区普遍有不同程度的湿心材。杨树湿心材的比例，与土壤含水量有关，沿沟渠的杨树湿心材比例大；正常木材中细菌少，纹孔膜完好；湿心材有大量细菌，纹孔和纹孔膜几乎都被破坏；湿心材和正常材的材性有较大差异；湿心材的含水量极高，单板的亮度较小，颜色较深，略偏红。在进行加工利用时，应对湿心材采取特殊的措施。

五、其他用途

杨木密度低，轻软，易旋切，纹理直，色浅，易浸蜡，是适于制作火柴的梗和盒的材料。我国许多火柴厂均以杨木为原料。杨树的小径材、梢头、枝丫和加工后的下脚料，都可用来制造刨花板、纤维板和中密度纤维板。杨木无色，无味，纹理直，可用以制作食品和茶叶的包装箱，也适用于其他货物的包装。近年来，国内一次性筷子和食品签消耗量很大，杨木是其主要的原料。国产的部分一次性杨木筷子还出口到国外。杨木也可以作为制作铅笔的原料。杨木的缺点是，力学强度不高，易变色和腐朽，耐久性差。对杨木进行改性处理，可制成压缩木和塑合木，使材性显著提高。

第二节　杨树产业化经营

工业发达国家的木材加工业与杨树栽培之间，有互为依存的紧密关系，几乎全部杨木都进工厂作原料，实行杨树定向培育，木材加工工业对杨树栽培有很大的支持。意大利造纸厂和纸浆厂，为了解决原料供应问题，早就实行激励制度，由每吨纸的价值中提出2.5%资助杨树栽培业的发展。意大利企业集团所属的杨树研究所，选育了世界闻名的杨树优良品种。

我国木材加工和造纸企业对杨木原料的需求增加很快，杨树栽培业的主要目标正在转变为木材加工业生产原料。但是，目前在我国这两者之间缺少紧密的联系，各行其是，时常相互损害对方，林纸结合的体制也不健全。中国是世界上杨树面积最大的国家，但是大部分属于中低产林，不论在数量或质量上，都满足不了加工企业对杨木原料的需要。在我国广大杨树产区，杨树的生产潜力实际上还有很大一部分没有被挖掘出来。为了实现杨树集约栽培和充分发挥杨树生产潜力，我国需要探索和建立木材加工业和杨树栽培业相互促进的杨树产业化新体制。

一、借鉴农业产业化经营的经验

农业产业化经营，是为适应市场需要，在我国农村实行家庭承包生产责任制和乡镇企业兴起之后，农业经营所出现的一种新形式。它的模式是“公司＋基地＋农业＋农户”，或专业合作社的形式，实现农、工、商一体化，产、加、销一条龙。使生产、加工和销售各环节紧密地联络起来，扩大其批量规模，提高经营增加值。通过产业一体化组织和服务系统，发挥组织协同和产业协同效应，帮助农户进行专业化、集约化生产经营，形成较大的区域规模和产业规模，产生聚合规模效应。其核心是参与的多元主体结合成经济利益共同体，以"风险共担，利益共享"为基本原则，最终使各参与的主体获得平均的利润。这种形式在农业产业经营中，显示了很大的优越性。

杨树也可以视为一种多年生的经济作物，其产业化经营虽有自身的特点，但也有与农作物相似之处。因此，在许多方面可以借鉴农业产业化经营的经验，以促进杨树产业化经营，解决长期存在的栽培目标不明、技术落后和经营乏力等难题。

我国农业产业化经营发展很快。养殖业（畜牧业和水产业）的产业化经营比种植业快。种植业中，经济作物产业化经营发展较快。我国城市的奶业一直是生产、加工和销售一体化经营的，并且在内部最早建立了二、三次产业对一次产业的利润返还制度。我国的水产业，也是一体化经营的，包括生产、加工和销售的一体化。相比之下，杨树生产、加工与销售之间的联系差距较远。杨树产业的发展，就在于产业化经营的实施。

二、实行杨树产业化经营

中国杨树栽培业，虽然已经过几十年的发展，但是在满足加工企业不断增长的需求上尚有很大差距。杨树栽培业本身的弱点及其对市场经济的不适应，愈来愈明显。在我国由计划经济向社会主义市场经济转变的时期，杨树栽培面临的问题是：由粗放经营向集约经营转变，以及如何与木材加工业结合实现产业化。

中共中央和国务院 2003 年 6 月公布"关于加快林业发展的决定"，提出的一系列政策和举措对于发展杨树产业化很有利。决定中提出："加快建设以速生丰产用材林为主的林业产业基地工程，在条件具备的适宜地区，发展集约林业，加快建设各种用材林和其他商品林基地，增加木材等林产品的有效供给，减轻生态建设压力。""鼓励培育名牌产品和龙头企业，推广公司带基地、基地连农户的经营形式，加快林业产业发展。扶持发展各种专业合作组织，完善社会化服务体系，培育、规范林产品和林业生产要素市场，对农民生产的木材允许产销直接见面，拓宽农民进入市场的渠道，增强林业产业发展活力。""放手发展非公有制林业。国家鼓励各种社会主体跨所有制、跨行业和跨地区投资发展林业。"要进一步明确非公有制林业的法律地位，切实落实"谁造谁有、合造共有"的政策。"按照森林主要用途的不同，将全国林业区分为公益林业和商品林业两大类，分别采取不同的管理体制、经营机制和政策措施。改革和完善林木限额采伐制度，对公益林业和商品林业采取不同的资源管理办法。"这些政策的贯彻执行，将有助于排除障碍，促进杨树产业化的发展。

我国杨树栽培业以农民为主体，与销售、加工业没有紧密的联系。农户出售的杨木是低收入的初级产品，农民只能获得国家确定的低微的原料价格，没有竞争力，很难靠扩大总量来增加收入。加工、销售环节所获得的增值效益，比农民所得到的高数倍。这些增值效益为杨木加工企业和运销部门所得，与农民无关。与胶合板厂、造纸厂等企业比较，林农所获得的效益是很低的。农民为加工、销售企业提供了资金积累，而自己却收入低下，导致杨树栽培业长期落后。农户经营的杨树栽培业的弱点是规模小，劳动生产率低，户均生产量和出售量小，积累率低，资金微薄，无力组织加工和销售。

20 世纪 90 年代，作者在湖北省嘉鱼县看到，现代化的胶合板厂尽量压低杨木原料的收购价格，加上征收各种税费，严重挫伤农民栽培杨树的积极性，导致杨木原料紧缺，材质不佳。企业自食其果。企业这种“杀鸡取卵”的短期行为，已习以为常。过分地侵占农民创造的剩余价值，挫伤农民种植杨树的积极性，工厂难免要做“无米之炊”。这种现象有一定的代表性。农民作为组织程度低的弱势群体，交往能力较差，在市场交易中处于不利地位。这些问题，都需要通过杨树的产业化经营加以解决。

据报道，截至 2002 年，湖北省石首市利用 4 万公顷(60 万亩)长江洲滩营造了 2.13 万公顷(32 万亩)杨树速生丰产林。其中，20 世纪 90 年代营造了 1.133 万公顷(17 万亩，世界银行贷款的国家造林项目)。1996 年成立了湖北吉象人造林制品有限公司，中密度纤维板年生产能力达 23 万立方米。在“企业＋基地＋农户”的产业模式下，龙头企业带动基地发展，每年扩展 2 666.67 公顷(4 万亩)杨树速生丰产林，利用了农村剩余劳动力，帮助附近 100 万农民致富。此外，还带动了当地中小企业的发展，每年组织原材料 45 万多吨，年产值 1.5 亿元，促进了当地电业和运输业的发展。

江苏省淮阴市多种经营管理局 1999 年报道，全市有杨树林木 7 000 多万株，杨树成片林 1.667 万公顷(25 万亩)，杨树活立木蓄积量为 300 多万立方米，年木材采伐量为 20 多万立方米。全市有木材加工企业 470 多个。以丰富的木材资源作保障，以加工企业为龙头，以营销大户为纽带的贸工林一体的杨树产业化雏形，已初步形成。加工企业以胶合板为主，制胶合板的优质大径杨木约占杨木总产量的 40%，价格较高，效益较好。实行股份制合作造林，以及宜林地使用权拍卖或承包的做法，有利于吸收资金和调动群众造林的积极性，加强林木的经营管理。

杨树栽培业和杨木加工业的从业者，以及有关行政领导，多年来一直在探索我国杨树产业化经营的途径。上述地区获得的初步经验，虽有待于完善，但亦可供参考。实行杨树产业化经营，需要具备一定的条件。

第一，当地的气候适于杨树速生丰产栽培，并且有大面积合格的造林地。

第二，采用先进的杨树丰产栽培模式。

第三，当地或邻近有杨木加工企业，例如纸浆厂、造纸厂、中密度板厂和胶合板厂等龙头“企业”。

第四，建立农民杨树协会或合作社。这方面的实际问题还很多，有待于探索和研究。

第八章　杨叶饲用*

我国平原农区“四旁”和片林中杨树占很大比例，人们对其利用仅限于木材，大量叶子没有被利用。杨树叶可以充当饲料。在人多地少，资源有限的农村，不利用是可惜的。我们试验成功一种农林牧相结合的杨树栽培体制，在造林后2～4年内的幼林前期，进行林农间作，林木郁闭后在林下利用杨叶发展养殖业。这种体制受到当地农民的欢迎，除了林农间作的好处外，还有以下优点：

第一，杨树叶增加了饲料来源，利用其林下作牧场，可以发展畜牧业。

第二，粪肥还林，改良土壤，促进杨树的生长。

第三，杨树生产周期长，在当地至少5～8年，甚至10年以上。而畜牧业生产周期短。使杨树生产和畜牧生产长短结合，有利于农村经济发展。

第四，可吸收农村剩余劳动力。

为了解决杨叶如何饲用的问题，由郑世锴主持，在山东临沂地区进行了“杨叶饲用中间试验”。此中间试验由4户林业专业户在他们各自承包的杨树林下实施，林地面积共计5.33公顷(80多亩)。为5年生的Ⅰ-69杨人工林，株行距为3米×3米、3米×4米和3米×5米。参加试验的家畜有：良种

---

* 杨叶饲用，曾作为“中间试验”课题，附属于郑世锴主持的“山东临沂地区杨树丰产栽培中间试验”项目(1981～1990年)，1984年在山东临沂市程庄薛庄村开始实施，1987年完成，并通过了技术鉴定。鉴定认为该中试成果可以在同类地区推广。参加协作的有课题组成员、临沂市林业局和临沂市兽医站。

长毛兔 47 只、猪 10 只、绵羊 70 只、黄牛 11 头、奶牛 20 头和良种鸡 2 000 只。

90 天长毛兔饲养试验表明，饲喂杨叶粉的效果与青草相同，不降低长毛兔的产毛量和体重。105 天绵羊饲养试验表明，饲喂杨叶的绵羊比对照绵羊明显增重。30 天的猪饲养试验表明，杨叶粉不减少增重，效果与喂甘薯秧相似。90 天的奶牛饲养试验表明，饲喂杨叶的奶牛比喂麦秸的增加 32.5% 的产奶量。45 天的小奶牛饲养试验表明，用杨叶代替麦秸作饲料，不减少增重。无论杨叶粉、鲜杨叶、干杨叶，或青贮杨叶，适口性均好，各种牲畜都爱吃。事实证明，杨叶在配合饲料中，是很好的粗饲料，对食草家畜尤为适宜。通过试验，较好地解决了杨叶如何饲用的问题(见参考文献 8)。

第一节 杨叶的采集、加工和贮存

一、杨叶的采集

杨叶，可以通过修枝，生长季采伐带叶杨树，以及秋季收集落叶而获得。杨树修枝沿主干逐年升高到 8 米，每株高产的杨树每年平均可提供 1～3 千克以上的鲜叶。如按 3 米×6 米的株行距，每 667 平方米 37 株计，每 667 平方米杨树丰产林，每年可生产 37～111 千克鲜杨树叶。许多村的杨树丰产林都在 66.7 公顷(1 000 亩)以上。66.7 公顷杨树林每年通过修枝，可提供 3.7～11 万千克鲜杨叶。

生长季采伐杨树，每 667 平方米可获得 750～1 000 千克鲜杨叶。将采集时间安排在 9～10 月份生长旺季后，对杨木产量影响小，同时可贮备越冬的饲料。

秋季落叶的营养比鲜叶差很多，但在冬季缺少饲料的情况下，仍可将它作粗饲料用。1986 年 11 月，试验区的养羊专业户和养牛专业户，收集了 1.5 万多千克杨树落叶作越冬饲料，效果很好。

二、杨叶的加工与贮存

（一）杨 叶 粉

将带叶树枝置于林下晾晒干后，再用敲打或采摘的方法，脱下并收集干叶。然后，用粉碎机将干叶磨成粉。杨叶粉呈暗绿色，有清香味，置于袋中可长期贮存。杨叶粉适于与其他精饲料混合，用以饲喂长毛兔、猪和鸡等畜禽。

（二）杨叶青贮

青贮是贮藏和调制饲料的好方法。将鲜杨叶紧实地填于密闭的容器内，经过乳酸菌的发酵作用，杨叶变得柔软多汁，有酸甜芳香气味，适口性好，牛、羊爱吃。经过青贮处理的鲜杨叶，可长期贮存，供冬季缺青饲料时饲用。

青贮，是利用乳酸菌在缺氧的条件下，把青绿饲料中的碳水化合物转变为乳酸，不断增加饲料的酸度。当 pH 值增加到 3.8～4.2 时，就能抑制其他腐生菌的繁殖，乳酸菌本身的活动也受到抑制。此时，青贮饲料的酸度保持相对稳定，其他微生物的活动也基本停止。从而使青贮饲料的养分少受损失。

制作青贮杨叶，应逐层踏实和密封，尽量减少空气残留，为乳酸菌的迅速繁殖创造缺氧条件。新鲜的杨叶，其细胞继续呼吸，消耗窖内的氧气，同时产生热量，有利于乳酸菌的繁殖。乳酸菌在 30℃ 下繁殖最快。杨叶的适宜的含水量为 70% 左右。如果太干，可洒水于其上调节湿度。

(三)杨叶青贮试验

1986 年 5 月 18 日，将前一天采集的 80 千克杨叶(含水量 70%左右)贮于 1 号缸内；将尿素溶液(0.25 千克尿素溶于 10 升清水中配成)洒在半干杨叶 25 千克(4 天前采集的，含水量约 40%)及 16.5 千克鲜叶上(含水量约 70%)，拌均匀，贮于 2 号缸。装填杨叶入缸，要分层用脚踏实，不留空隙，缸口用塑料布包严，用泥封口，置于庭院。13 天后，开缸检查，两缸杨叶均已发酵，呈青褐色，柔软多汁，有酸甜香味，牛、羊爱吃。加尿素添加剂的和不加的两缸杨叶，没有明显的差异。

6 月底重复试验，10 天后开缸，效果与第一次一样好。养牛和养羊专业户为增加青贮量，修建了容积为 9.9 立方米(4.5 米长，1.5 米宽，1.3 米深)和 11.7 立方米(6 米长，1.5 米宽，1.3 米深)的青贮饲料窖，用砖砌，用水泥抹底，青贮杨叶的效果也很好。

第二节 杨叶的产量

集约栽培措施，在提高杨木产量的同时，也大幅度地提高了杨树叶片的面积，杨树速生丰产林的叶量比一般杨树林多几倍。

1986 年 9 月 24 日，在薛庄村对 5 年生的三种密度的 I-69 杨林进行了生物量调查。每一种栽培密度选择 5 株平均木，伐倒后称取各部分的重量，鲜叶每 667 平方米产量为 652.68～706.7 千克；烘干叶后，每 667 平方米产量为 241.7～269.2 千克；叶面积指数为 3.5～4(表 8-1)。在灌溉和高度集约栽培的条件下，5 年生 I-69 杨林分的叶面积指数可增加到 7.65。叶面积指数，是指单位面积上植物叶面积数与土地面积的比值。

表 8-1　5 年生 I-69 杨人工林的产叶量

密　度(m)/每 $667m^2$ 株数(株)	平均树高(m)	平均胸径(cm)	平均单株鲜叶产量(kg)	平均每 $667m^2$ 鲜叶产量(kg)	平均每 $667m^2$ 烘干叶产量*(kg)	叶面积指数**
3m×3m/74	17.14	15.8	9.55±1.54	706.7	261.7	3.86
3m×4m/55.5	18.44	17.58	13.10±2.97	727.05	269.2	3.97
3m×5m/44.4	16.40	20.32	14.70±3.3	652.68	241.7	3.56

注　*鲜叶重/烘干重=2.7

**1kg 鲜叶的叶面积为 3.64 平方米

根据对 I-69 杨幼林叶面积的三年逐月调查，杨树丰产林的叶量因生长季的月份、林龄和栽培措施的不同，而有很大的变化。被调查的人工林在山东临沂地区莒县二十里乡，密度为 3 米×6 米，每 667 平方米 37 株。生长季中，八九月份叶量最大，以后因部分落叶而减少。用标准技法调查平均木的叶量，灌溉的 5 年生丰产林的鲜叶产量，最高可达到每年每 667 平方米 1172.6 千克，叶面积指数为 5.9；而不灌溉的丰产林，鲜叶产量每年每 667 平方米 864.7 千克，叶面积指数为 3.8。这说明灌溉可以大幅度增加杨叶产量。

第三节　杨叶的营养价值

对广泛栽培的 I-69 杨、I-72 杨和 I-214 杨的 5 年生林木的叶样，进行化学分析(表 8-2)，结果表明，7 月份，三种杨叶的粗蛋白质含量为 12.97%～13.56%，仅低于苜蓿干草和刺槐叶，而高于大麦秸、野干草、甘薯蔓和玉米秸。11 月上旬落叶时，杨树叶的部分养分输回树体，I-69 杨叶的粗蛋白质含量为10.53%,较7月份减少19%,但仍高于甘薯蔓等饲料。叶的粗蛋白质含量,等于其含氮量乘以6.25。三种杨叶的含氮量均在2%以上,计算出的粗蛋白含量与上述结论相符。杨树生长快,对氮的需要量大的特点也反映在杨叶含氮量高上。文献报道,在不缺氮的条件下,美洲黑杨叶含氮量在2%以上。

上述三种杨叶的粗脂肪含量为2.31%～3.35%,与苜蓿干草和刺槐叶相似,高于大麦秸和野干草。杨叶的无氮浸出物含量,与除玉米秸以外的五种饲料相似。其含钙量明显高于所对比的六种饲料(表8-2)。

表8-2　三种杨树和几种饲料营养成分的比较　(占干物质%)

样品	干物质%	粗蛋白质	粗纤维	粗脂肪	粗灰分	无氮浸出物	钙*	磷*
69杨叶(7月)	93.82	12.97	19.60	2.31	16.47	48.65	3.95	0.09
72杨叶(7月)	93.28	13.28	17.61	2.69	16.18	50.24	3.75	0.09
214杨叶(7月)	92.86	13.56	18.91	2.47	15.05	50.01	3.45	0.12
69杨叶(11月)	93.07	10.53	17.52	3.35	13.58	55.02	2.96	0.07
大麦秸	95.20	6.09	35.50	1.89	10.92	45.60	0.13	0.02
野干草	90.90	6.93	23.10	1.76	19.80	48.31	0.31	0.29
甘薯蔓	88.00	9.20	32.38	3.06	11.02	44.34	1.55	0.11
苜蓿干草	88.40	17.53	28.73	2.60	9.04	42.10	1.10	0.22
刺槐叶	88.00	22.61	17.61	2.61	7.95	49.22		0.15
玉米秸	85.5	8.25	1.81	5.42	1.69	82.82	0.10	0.30

注:表中画*者,是从粗灰分中分析出的

畜禽的蛋白质营养取决于蛋白质的基本成分——氨基酸的摄入。氨基酸在营养上分为必需氨基酸和非必需氨基酸。必需氨基酸,畜禽不能合成,或合成量满足不了需要,必须由饲料供应。必需氨基酸共有八种:赖氨酸、蛋氨酸、色氨酸、苯丙氨酸、亮氨酸、异亮氨酸、缬氨酸和苏氨酸。其中前三种更为重要,称为限制性氨基酸,畜禽利用其他氨基酸合成蛋白质,都要受到其限制。非必需氨基酸指畜禽自己能利用含氮物在体内合成,或由其他氨基酸转化而成的氨基酸。

杨叶中氨基酸的组成和含量,是其营养价值的重要指标。几种杨叶的氨基酸组成及其含量,如表 8-3 所示。7 月份,三种常见的杨树品种叶中的氨基酸总含量在 4.169%～4.813% 之间。杨叶氨基酸含量有明显的季节性变化,例如 I-69 杨由 7 月份的 4.169%,降低到 11 月份的 2.864%,减少了 1.31%。

表 8-3　三种杨叶及对比饲料的氨基酸含量　(单位:克/100 克)

氨基酸名称	I-72 杨 7 月叶	I-214 杨 7 月叶	I-69 杨 7 月叶	I-69 杨 11 月叶	聚合草*	鲜玉米叶*	玉米秸*
必需氨基酸							
赖氨酸	0.429	0.476	0.314	0.269	0.110	0.080	0.060
蛋氨酸	0.0305	微量	0.102	0.045	0.020	0.080	0.030
苯丙氨酸	0.269	0.245	0.246	0.169	0.120	0.100	0.090
亮氨酸	0.541	0.514	0.416	0.284	0.150	0.370	
异亮氨酸	0.305	0.281	0.272	0.181	0.080		0.250
缬氨酸	0.343	0.329	0.315	0.200	0.120		0.080
苏氨酸	0.272	0.315	0.212	0.138	0.100	0.200	
非必需氨基酸							
天门冬酸	0.506	0.586	0.507	0.399			
丝氨酸	0.244	0.270	0.229	0.169			
谷氨酸	0.347	0.284	0.332	0.231			

续表 8-3

氨基酸名称	I-72 杨 7月叶	I-214 杨 7月叶	I-69 杨 7月叶	I-69 杨 11月叶	聚合草*	鲜玉米叶*	玉米秸*
甘氨酸	0.311	0.276	0.281	0.169	0.100	0.130	0.040
丙氨酸	0.434	0.453	0.510	0.323			
络氨酸	0.249	0.245	0.187	0.169			
精氨酸	0.365	0.539	0.246	0.138	0.120	0.220	0.100
总　计	4.646	4.813	4.169	2.864			

* 聚合草、鲜玉米叶和玉米秸这三种饲料的分析结果引自“禽畜配合饲料”

与聚合草、鲜玉米叶和玉米秸比较，在对比的九种氨基酸中，杨叶中氨基酸含量绝大多数均高于三种对比的饲料，说明杨叶的氨基酸含量并不低。值得注意的是，三种杨叶中所谓限制性氨基酸——赖氨酸的含量明显超过各种饲草，即使在杨树的秋季落叶中，也含有较高的赖氨酸。此外，I-69 杨在 11 月份叶的九种氨基酸含量，基本上均高于玉米秸。这说明杨叶有较高的营养价值。

根据我们测定，三种杨树鲜叶的总糖含量在 10 167.19～10 890.74 毫克/100 克之间(表 8-4)。

表 8-4　三种杨叶的糖类含量　(单位：毫克/100 克)

杨叶名称	麦芽糖	葡萄糖	果　糖	五糖、六糖	总　糖
I-72 杨，7 月叶	2837.42	2891.22	2843.88	1594.67	10890.74
I-214 杨，7 月叶	2119.46	3183.28	3224.77	2002.20	10167.19
I-69 杨，7 月叶	1175.42	1764.14	2560.07	1093.21	10529.71

杨树叶中的单宁会降低饲用的适口性。根据分析，三种

杨叶的单宁含量都很低，在 25.866～112.589 毫克/ 100 克之间。在饲喂过程中，没有发现单宁的副作用。三种杨叶的酚酸含量也很低，在 2.988～19.762 毫克/100 克之间。

第四节　杨叶饲用试验

I-69 杨、I-72 杨和 I-214 杨这三种杨树的叶子，对各种家畜和家禽的适口性很好，其鲜叶或干叶均可直接喂饲。鲜叶在枝上晾晒干后，将其磨成叶粉，可以长期贮存。叶粉有清香味，与其他精料混合喂兔、猪和鸡都合适。可以大量青贮鲜杨叶。青贮杨叶柔软多汁，有酸甜芳香味，牛、羊喜爱吃。

用杨叶粉喂饲长毛兔，产毛量比对照（喂青草）略有提高（彩图 8.1）。用杨叶饲喂绵羊，增重效果比对照（喂青草）显著（彩图 8.5，彩图 8.6）；杨叶粉对猪的增重影响不及对照（喂甘薯蔓），但差异不显著；用杨叶喂奶牛，产奶量比对照（喂麦秸）高（彩图 8.2，彩图 8.3，彩图 8.4）。由此可见，杨叶可以代替青草、甘薯蔓和麦秸等饲料，用来喂家畜。

一、用杨叶粉喂长毛兔试验

（一）试验材料和方法

本试验由作者设计和实施。供试的长毛兔为德国良种长毛兔，选择生长发育正常、条件相同的长毛兔 20 只，将出生月相同、体重相近的长毛兔，配对分为试验组和对照组两组。每组的性别均为五雌五雄，都出生于 1986 年 2 月和 3 月。每一组置于五个连体竹笼内，每笼两只。试验前剪去头茬兔毛，编好耳号，注射疫苗，称重记录。

试验始于 1986 年 8 月 1 日，终于 11 月 1 日，延续 90 天。

称重三次:7月30日初始称重,9月15日中期称重,10月31日终期称重。试验结束时剪毛称重。称重都在早上空腹时进行。

试验组每日每兔喂杨叶粉125～150克,对照组每日每兔喂青草600克左右。两组的其他配合饲料相同。杨叶粉在试验组的饲料中占71%～75%。其他饲料的配比为:玉米25%,豆饼18%,麸皮47%,甘薯面7%,骨粉2%,食盐1%。

(二)试验结果

由表8-5可以看出,喂杨叶粉的长毛兔的平均体重还比对照多17克,为对照组的100.53%,但在统计上差异不显著。喂杨叶粉的长毛兔的平均产毛量比对照多8克,但统计检验差异也不显著。因此可以得出结论,用杨叶粉或青草喂长毛兔,对体重增加和产毛量的影响,基本上没有差异,可视为效果相同。

表8-5 喂杨叶粉对长毛兔增重和产毛量的影响 (单位:克)

处理	耳号	性别	初始体重	中期体重	终期体重	终期产毛量
试验组	965	公	2025	2475	2975	150
	966	公	2200	2980	3190	150
	3193	公	2225	2675	3125	180
	958	公	2625	3090	3450	175
	952	公	2500	2775	3400	200
	953	母	2150	2575	3250	195
	961	母	2000	2775	3075	150
	985	母	2225	2895	3450	166
	3186	母	1875	2450	2990	150
	3081	母	2025	2490	3250	155
	平均*		2185±72	2718±71	3216±56	167±6
	为对照的(%)		100	100.1	100.53	105

续表 8-5

处理耳号		性　别	初始体重	中期体重	终期体重	终期产毛量
对照组	968	公	2025	2625	3000	135
	981	公	2300	2700	3150	160
	3284	公	2325	2825	3225	195
	999	公	2555	2800	3350	150
	957	公	2475	3000	3425	155
	982	母	2075	2625	3190	150
	964	母	2000	2490	3100	135
	967	母	2100	2925	3400	185
	3200	母	1875	2420	2925	150
	3152	母	2125	2745	3225	175
	平　均*		2185±69	2715±58	3199±52	159±6

* 为平均值的±标准误差

90 天的试验说明，杨叶完全可以代替青草喂长毛兔。

(三)经济效益分析

3 个月试验中，试验组共喂杨叶粉 130 千克，按每千克 0.04 元计，共支出 5.2 元；对照组共喂青草 550 千克，折合青干草 140 千克，按每千克 0.1 元计，共支出 14 元。试验组的粗饲料支出比对照组少 8.8 元，平均每只兔节约 0.88 元粗饲料费。

二、用杨叶喂绵羊试验

(一)试验材料和方法

本试验由作者设计和实施。选择体格、体重相近的 3～4 月龄改良绵羊 8 对，分为试验组和对照组。试验前编号、称重和驱虫。两组上午圈养，下午放牧。试验组每天上午圈养时每头平均喂鲜杨叶 2 千克左右，晚上补饲适量青草，并配以

155克精饲料。对照组每天上午圈养时,每只羊喂青草2千克左右,晚上补喂与试验组相同的青草和精饲料。155克精饲料的配比为:玉米50克(占32.3%),豆饼50克(占32.3%),麸皮50克(占32.3%),骨粉2克(占1.1%),食盐3克(占2%)。试验期为105天(从8月1日至11月13日)。初始和终期称重两次,都在早上空腹时进行。

(二)试验结果

试验进行了105天。试验结束时,饲喂杨叶的试验组绵羊,平均每只体重由37.5千克增为42.31千克,净增4.81千克;对照组绵羊每只的平均体重,由39.06千克增为42.56千克,净增3.5千克。试验组平均每头比对照组每头多增重1.31千克,多增重27%。试验组平均每头每日增重46克,对照组平均每头每日增重35克,试验组每日每头平均多增重11克。由此可见,杨叶作为绵羊的青粗饲料,对增重有显著的促进作用。杨叶对绵羊的适口性也很好(表8-6,表8-7)。

表8-6 杨叶饲料对绵羊增重的影响 (单位:千克)

处理	羊的编号	性别	初始重	终期重
试验组	1	母	36.5	43.0
	3	母	43.5	44.0
	5	母	37.5	43.5
	7	母	45.0	46.5
	9	公	38.0	44.0
	11	公	33.0	39.5
	13	公	34.0	37.0
	15	公	32.0	40.0
	平均		37.5±4.64	42.31±2.99

续表 8-6

处理	羊的编号	性别	初始重	终期重
对照组	2	母	42.5	45.0
	4	母	42.5	46.5
	6	母	37.0	41.5
	8	母	37.5	39.5
	10	公	44.0	44.5
	12	公	38.0	39.5
	14	公	32.5	40.5
	16	公	38.5	43.5
	平均		39.06±3.76	42.56±2.68

表 8-7　杨叶及青草饲料对绵羊的增重效果

处理	净增重(kg)	平均每头增重(kg)	平均每头每日增重(g)	试验组增重为对照组的(%)
试验组	38.5	4.8	46	127
对照组	28.0	3.5	33	100

三、用杨叶粉喂猪试验

(一)试验材料和方法

山东省莒县畜牧兽医站黄吉增和孙洪庆同志与作者共同制定本试验的设计,黄、孙二同志负责实施。供试猪是健壮的杂种猪,选定10只长势均匀的,分为试验组和对照组两组,预饲10天测定生长势后,进行编号、称重、驱虫、去势和防疫。1985年11月28日早空腹称重后开始试验。

除饲喂杨叶粉和甘薯秧不同外，两组的其他饲料的配方全部相同，具体为：玉米 28%，甘薯秧 24%，豆饼 10%，花生饼 4%，麸皮 13%，棉籽饼 4%，鱼粉 3%，骨粉 0.5%，食盐 0.5%。试验组所喂的杨叶粉占 13%；对照组所喂的甘薯秧占 13%。

试验猪组和对照猪组分两圈单独喂养。进行试验时，实施圈外积肥，生料饲喂，料水比为 1∶2，用温水拌料。圈内设水槽，自由饮水。每日喂三次，喂的饲料不限量，以吃饱吃净、不剩和下顿食欲好为原则。每吨饲料称重和记录，栏圈每日清扫两次。

(二)试验结果

试验结果如表 8-8 所示。由表 8-8 可看出，30 天试验结束时，试验组(喂杨叶粉)平均每头月增重比对照组(喂甘薯秧)少 3.25 千克。试验说明杨叶粉的增重效果略差于甘薯秧，但仍能达到平均日增重 0.92 千克的水平。因此，杨叶粉可以作为喂猪的粗饲料这一点，是可以肯定的。

表 8-8 饲喂杨叶粉对猪增重的影响 (单位：千克)

项　目	试验组(喂杨叶粉)	对照组(喂甘薯秧)
全组初始平均体重	293.3	294.5
全组终期平均体重	431.5	449.0
全组月平均增重	138.25	154.5
平均每头月增重	27.65	30.9
平均每头日增重	0.92	1.03

本试验的试验时间偏短，试验开始时猪比较大，试验时间正值冬季，猪的食量大，饲料报酬偏低。这些都是不足之处，

有待于进一步探索。

四、用鲜杨叶喂育成奶牛试验

(一)试验材料和方法

本试验由作者设计和实施。选择体格、体重及年龄相似的黑白花育成母牛6头,分为试验组和对照组两组。试验前进行编号、驱虫和称重。在相同的饲养管理条件下,试验组每天上午平均每头牛喂鲜杨叶5千克左右,并配以1.5千克混合饲料;对照组平均每头牛每天上午喂麦秸1.5千克,并配以1.5千克混合饲料。两组均在下午放牧。晚上,两组的每头牛都补饲混合饲料1千克和适量青杂草。

混合饲料配方为:玉米40%,豆饼15%,棉籽饼8%,麸皮30%,骨粉2%,食盐3%,贝壳粉2%。

试验从1986年8月1日开始,9月14日结束,历时45天。试验因母牛怀孕而终止。每天记录饲料用量及采食情况。

(二)试验结果

鲜杨叶作为奶牛的青饲料,适口性好,无异味,牛的采食量很大。饲喂45天后,试验组每头牛平均增重38.25千克,对照组每头牛平均增重37.3千克,试验组每头牛平均比对照组每头牛多增重0.95千克。说明杨叶可以代替麦秸喂牛,而且不降低牛的增重。试验组的增重均多于对照组,但两组之间的差异不显著(表8-9)。

在喂鲜杨叶30～45天以后,试验组的3头育成牛先后发情,配种后怀胎。与此同时,喂麦秸的对照组无一头母牛发情,直到试验后75天才有一头发情。试验组母牛提前两个月以上发情,是否与每头母牛采食了多于225千克鲜杨叶有关,鲜杨叶的营养成分是否对母牛的发情有促进作用，有待进一步研究。

表 8-9　饲喂鲜杨叶对育成牛增重的影响　（单位：千克）

处理	牛的编号	初始体重	终期体重	平均每头增重(45 天)
试验组	13	260	301.25	41.25
	5	205	240.75	35.75
	7	188	225.75	37.75
	平　均	217.7	255.9	38.25
对照组	11	234	272.76	38.76
	12	221	258.25	37.25
	9	198	234.25	36.25
	平　均	217.7	255.00	37.3

五、用鲜杨叶喂奶牛试验

(一)试验材料和方法

本试验由作者设计和实施。选择年龄和体格一致的黑白花奶牛两头(1 号和 3 号)供试。试验期为 90 天。前期 40 天(8 月 5 日至 9 月 11 日)，1 号牛每天上午喂鲜杨叶 5 千克左右，配以混合饲料 4 千克，下午放牧；3 号牛每天上午喂麦秸 3.5 千克，也配以混合饲料 4 千克，下午放牧。后期 40 天(9 月 20 日至 10 月 29 日)，1 号牛的饲料与 3 号牛的饲料对换，即 1 号牛喂麦秸，3 号牛喂鲜杨叶，其他不变。在前期和后期之间有 10 天过渡期。1 号牛和 3 号牛饲喂同样的青杂草和混合饲料。配合饲料的配方与育成牛所用的相同。

(二)试验结果

试验结果如图 8-1 所示。由图 8-1 可以明显地看出，鲜杨叶饲料能够明显地提高产奶量。不论试验前期或后期，不论 1 号牛或 3 号牛，饲喂鲜杨叶时，产奶量明显上升；饲喂麦秸时，产奶量明显下降。1 号牛喂杨叶比喂麦秸每日平均多产奶 1.45 千克(多产 42%)。3 号牛喂杨叶比喂麦秸平均每日多产奶 1.56 千克(多产 27%)。两只牛喂鲜杨叶时比喂麦秸时每日平均多产奶 1.56 千克(增加 32.5%)。本试验设计了前期和后期喂不同饲料的两头牛的自身比较，可以消除个体差异和时间差异对试验准确性的影响，可以提高可信度。

90 天的奶牛饲喂试验证明，鲜杨叶作为奶牛的青粗饲料，是很适宜的，可以比饲喂麦秸提高产奶量 30%左右。

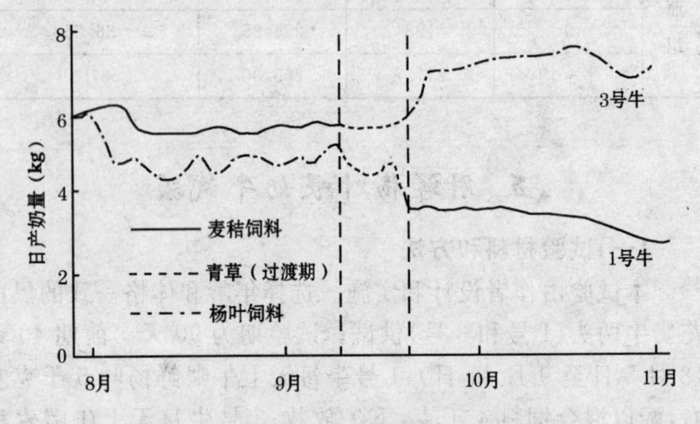

图 8-1　鲜杨叶饲料对奶牛产奶量的影响

六、用杨叶喂鸡

山东省临沂市薛庄村陈孝起一家六口人，四个劳动力。1983 年底，承包了 1.373 公顷(20.6 亩)I-69 杨林地(株行距为 3 米×5 米)。1984 年春，养良种鸡 2 000 只。通过出售小公鸡、鸡蛋和孵化的小鸡，共获利 4 500 元，加上存留的母鸡和幼鸡，一年半后，于1985年已成为万元户。鸡粪全部施于林地，每667平方米林地约有44株杨树，大约施90只鸡的粪，杨树的生长明显改善，林内外的其他条件相同，林内由于施鸡粪，树高14.6米，胸径为17.6厘米；林外的对照树，树高14.7米，胸径为15.6厘米。一年半以后，林中杨树胸径已多增粗2厘米。不必再施化肥。可以将少量切碎的杨叶作为粗饲料，与麸皮等其他饲料拌在一起喂鸡，鸡爱吃(彩图8.7)。此外，林下养鸡有利于防治杨树虫害，林地远离村庄有利于防止鸡瘟疫的发生。

第五节 结束语

杨叶饲用试验，通过杨叶饲用和转化为粪肥还林这两个环节，使种植业和畜牧业结合，进一步提高杨树人工林生态系统的生产力。这种体制体现了高度的集约经营、多种经营和全树利用。这种新的杨树栽培体制，在本中间试验中已显示出巨大生产潜力。我国平原农区杨树林地土壤瘠薄，加上不少林地上杨树已连茬2～3次以上，林地地力衰退，林分生产力下降。在平原农区实行农林牧结合的杨树栽培体制，有利于改良土壤，推广这种体制对于发展农村经济和改善杨树人工林的立地条件，是很有益的。

平原农区拥有丰富的杨叶资源，修枝和每年采伐的大量杨树，可以提供大量杨树叶。我国平原农区的许多县都有数万亩杨树林，杨叶资源丰富，应该加以开发利用。杨树叶作为家畜的青粗饲料，不论在数量上或质量上，都很有价值。通过试验，以事实证明了杨叶饲用和转化为畜粪还林的可行性，说明用杨叶喂长毛兔、猪、绵羊和奶牛等，都有良好的效果。

1984～1988年，我们与宁夏林业技术推广站及宁夏永宁县黄羊滩农场合作，在农场用插干深栽方法营造696.33公顷(10 445亩)杨树用材林，造林成活率在95%以上，生长良好。这些杨树林的落叶每年为羊群提供了大量越冬的饲料，解决了越冬饲料不足的困难。

作者在此如实地将在本中间试验中所做、所见和所得结果，介绍给读者，希望杨树产区的林业专业户，能从中得到启示和益处，使大量废弃的杨树叶能被用来发展畜牧业，增加农民的收入。由于作者对畜牧业和饲养试验了解不多，经费和人力不足，本中间试验存在供试的牲畜数量偏少，饲养试验的时间偏短，试验次数重复不够等缺点，有些问题研究不够深入和全面，有待提高。

第九章　北方地区窄冠型杨树栽培

第一节　栽培窄冠型杨树的必要性及品种选择

一、北方地区栽培窄冠型杨树的必要性

近几年春季，沙尘风暴肆虐我国北方。2000 年，北京、天津地区遭受到九次特大沙尘风暴的连续袭击，频率之高，强度之大，都是前所未有的。风沙干旱灾害，造成严重的危害和巨大的损失，引起全国上下的关注。防止风沙干旱灾害，大力改善生态环境，已列为各级政府的重要议事日程。

杨树是平原农区的主要造林树种，在减轻风沙、干热风等灾害方面，对附近的农作物有重要的防护作用。杨树多营造成林带和片林。林带常与农田的作物毗邻，而片林在幼林期经常进行杨粮间作。因此，在很多情况下，杨树是保护农作物的友好近邻。

平原农区的一大特点，是人多地少，农田紧缺。很多地方人均耕地仅 667 平方米左右。当前生产中所用的杨树，多为树冠宽大的品种。杨树生长快，5～6 年树高即可达到 15 米以上，与邻近的农作物在光照、水分和养分等方面发生激烈竞争。随着林木的长大，农作物产量逐年递减，所谓的杨树"胁地"的副作用越来越明显。民以食为天。在平原农区，不少农民因为不断高大的杨树逐年加重农作物的减产而忧心忡

帅，农民对种杨树存在后顾之忧。我国实行农田家庭承包责任制以后，平原农区造林积极性下降，绿化造林工作退步，与此有关。林木“胁地”的问题应该引起高度的重视。只有将林农之间的矛盾调控到适合农民需求，才能促进平原农区林业的发展。

为了调节林农之间的矛盾，山东农业大学科技学院庞金宣教授，30 年来致力于窄冠型杨树新品种的杂交育种，培育成功窄冠白杨、窄冠黑青杨等窄冠型杨树新品种。加拿大杨树专家 L. Zsuffa 1988 年提出为农用林业培育多用途理想型树木的设想，并列举了理想型树木的各种理想性状，其中就包括“仅有少数向上的侧枝”这一种理想的性状。庞金宣先生所从事的窄冠型杨树新品种选育工作，正是为获得杨树理想型性状所做的努力。他所选育出的四类窄冠型杨树品种，都具有窄而紧凑的树冠，较好地解决了杨树与农作物争夺光照和水肥的问题。

二、窄冠型杨树品种的选择

在我国北方地区推广栽培窄冠型杨树，要选择适合当地生态条件的优良杨树品种。这种杨树品种，树冠要小，胸径与树高年生长量要大，单株材积量要多，材质要好，抗性要强，要适应栽培地区的土质、降水、温度和日照等生态条件。选择这样的品种，栽培后才能既优质丰产，又能减小“胁地”作用至最小程度。

可供栽培时选择的窄冠型杨树新品种，有窄冠白杨、窄冠黑青杨、窄冠黑白杨和窄冠黑杨等四大类十几个品种。这些窄冠型杨树新品种适于在华北和中原地区推广，如山东、山西、河南、河北、苏北、皖北、陕西和辽宁南部等地。它们的具体性状，详见第二章“杨树的分类及杨树优良栽培品种”中的相关介绍。

第二节　窄冠白杨的林农间作效果

1985年和1986年，庞金宣教授先后在山东省惠民县和邹平县布置了林农间作试验。为了便于农户耕作，间作的杨树均种在两农户的地界上。用1年生窄冠白杨3号嫁接苗造林，株距4米，行距15～20米，折合为每667平方米8～10株。

参加林农间作试验地的农户，按试验设计将其承包的土地分为南北两半，北半部进行杨粮间作，南半部不间作，为对照区。同一农户的南北地块的地力相同，耕作水平相同，测产结果有可比性。

杨粮间作后的第四、第五、第六、第七年，每年测产。第十一年再次测产。5次测产均组织农业和林业专家共同验收。5次测产的结果逐一列表记载。

5年的测产结果表明：在杨粮间作区，小麦略增产，玉米略减产，全年平产。不论增产或减产都没达到差异显著的水平。连续间作到第七年，平均树高达17.5米，平均胸径达23.8厘米时，仍如此。间作到第十一年，平均树高达18米，平均胸径达31厘米时，仍然如此。因此可以得出结论，每667平方米农田种植10株左右窄冠白杨，基本上不降低农作物的产量，也就是说，这种单行的窄冠白杨林带基本不存在“胁地一条线”的现象(表9-1)。

表 9-1　不同树龄的窄冠白杨 3 号林带对间作农作物产量的影响　（山东省惠民县）

树龄（y）	平均树高（m）	平均胸径（cm）	平均冠幅（m）	间作作物	间作作物产量（kg/667m²）	对照区*产量（kg/667m²）	增产或减产（%）
4	9.5	10.5	1.8	小麦	275.7	252.5	+9.2
	10.5	11.9	1.8	玉米	310.9	329.4	−5.6
5	12.5	14.5	1.8	小麦	342.8	318.7	+7.6
	13.5	17.5	2.0	玉米	413.8	435.0	−4.9
6	14.5	18.2	2.0	小麦	356.6	350.8	+1.7
	15.5	20.4	2.3	玉米	373.7	376.1	−0.6
7	17.5	23.8	2.5	玉米	379.6	388.5	−2.3
11	18	31	3	小麦	359.8	356.3	+1
				玉米**	401.8	403.7	−1

*　对照区没有杨树间种，其他条件与林农间作区完全相同

**　11 年玉米测产结果，是靠树第一行和第三行玉米的测产结果

为什么多次测产结果都是间作区小麦略增产？农学家的研究证明，间作区的光照、温度和土壤水分等因子中，温度对小麦产量的影响最大，日均温 22.5℃时灌浆最快，日最高气温 26℃～28℃，对灌浆最有利。据历年气象资料，小麦灌浆期的气温经常高于上述最适气温。据研究，小麦乳熟期至收获期，日均气温下降 1℃，可延长灌浆时间 0.9 天，每 667 平方米增产 12.5 千克。庞金宣的观察结果表明，小麦灌浆后期，晴天时杨树阴影下的气温明显低于空旷农田，日最高气温可降低 1℃～2℃，日均温可降低 1.3℃。这就是杨粮间作区小麦略增产的主要原因。

林粮间作第五年，当树高 12.5 米，胸径达 17 厘米时，曾对间作试验区的光照变化、光照强度和树冠的遮光率，进行全

天观测。杨粮间作区的光照观测表明，由于树冠窄，在株距4米的条件下，除中午两个小时外，树冠阴影始终是不连续的，一天内不断移动，间作区每一点全天平均遮荫3小时左右，其他时间的光照与空旷农田完全相同。树冠阴影内的光照强度为不遮荫时平均光强的28.4%～49.9 %(光照越强时降低越多)，即使在遮荫的情况下，仍能基本满足玉米光合作用的需要，树冠遮荫引起的玉米减产是轻微的。5年的玉米测产表明，玉米减产主要发生在紧靠树的第一至第三行，玉米减产5%左右。第三行以外的玉米基本不受影响。

由于窄冠白杨树冠窄，根系深，林木与农作物对光及水肥的竞争得到缓和。虽然7年生窄冠白杨林带的高度已达17.5米，但仍没有表现出胁地减产的副作用。同样年龄和高度的欧美杨(I-214杨、沙兰杨等)或美洲黑杨(I-69杨等)，其胁地减产要严重得多。窄冠白杨的这一特点，在我国土地紧缺的平原农区是十分可贵的。

根据庞金宣先生的调查，如果采用15米的行距(南北行)，5米的株距，每公顷种135株(9株/667平方米)窄冠型杨树，栽后10年时树高18米，胸径30厘米，可生产木材67.5立方米/公顷(4.5立方米/667平方米)，按20世纪90年代初每立方米售价600元计，每年可增收4 050元/公顷(270元/667平方米)。2004年，当地杨树大径材价格上涨到每立方米近1千元，每年每667平方米约可增收450元，经济效益可观。农户的木材收益远远超过林粮间作轻微的减产损失。以上测定结果有力地说明，窄冠白杨是目前最适于林粮间作的杨树品种。

在河北省魏县，1992年春营造了窄冠白杨和易县毛白杨雌株的林农间作试验林各100×667平方米，窄冠白杨林带双行一带，株行距为 2 米×4 米，林带间距为 16 米(每 667 平方米 33.3 株)；易县毛白杨林带也是双行一带，株行距为 3 米×3 米，林带间距为 17 米(每 667 平方米 22.2 株)。各设无林带农田对照区。共设四个试验区，每一个试验区设三块测产标准地，每一块标准地设 15 个测定样方。样方布置：在与林带不同距离处设五个样方，重复测定三次。小麦成熟时调查各样方内的小麦产量及千粒重，统计计算每 667 平方米的产量。在林农间作第三、第四、第五年，测定小麦产量。具体产量情况如表 9-2 所示。

表 9-2　三、四、五年生窄冠白杨林带与易县毛白杨林带对小麦产量影响的比较

林带年龄(年)	杨麦间作处理	株行距(m)	林带间距(m)	平均树高(m)	平均胸径(cm)	每 667 平方米产量	
						(kg)	(%)
3	窄冠白杨林带	2×4	16	8	7.5	321.7	118.3
	无林带农田(对照)					274.5	100
	易县毛白杨林带	3×3	17	7.18	7.2	268.6	76.9
	无林带农田(对照)					349.4	100
4	窄冠白杨林带	2×4	16	11.8	9.7	278.3	139.1
	无林带农田(对照)					200.1	100
	易县毛白杨林带	3×3	17	9.73	10.8	239.7	97.8
	无林带农田(对照)					245.0	100
5	窄冠白杨林带	2×4	16	12.8	12.4	280.5	121.6
	无林带农田(对照)					230.7	100
	易县毛白杨林带	3×3	17	11.0	12.3	257.6	71.8
	无林带农田(对照)					358.7	100

由表 9-2 可见，在林农间作第三、第四、第五年，有窄冠白杨林带的农田比无林带农田(对照)，小麦平均 667 平方米产量的增加幅度，分别为 18.3%，39.1%和 21.6%；易县毛白杨林带，株行距为 3 米×3 米，林带间距为 17 米，在林农间作第三、第四、第五年，小麦平均每 667 平方米的减产幅度，分别为 23%，2.2%和 28.2%。窄冠白杨林带每 667 平方米的株数，比易县毛白杨林带每 667 平方米的株数还多 11 株，但小麦反而明显增产。而易县毛白杨林带的"胁地"减产作用，在间作第三年已有所表现。

究其原因，主要是窄冠白杨树冠窄，根系深，"胁地"甚轻。4 年生窄冠白杨的平均冠幅为 3.42 米，根系的分杈角度为 25°～35°；而 4 年生易县毛白杨的平均冠幅为 6.86 米，根系的分杈角度为 80°～90°。两者的差异甚大。窄冠白杨林带对小麦的防护作用大于"胁地"副作用，小麦表现为增产。易县毛白杨林带对小麦的防护作用小于"胁地"副作用，小麦表现为减产。

根据庞金宣教授的介绍，为了使农民更早得到更高的木材收入，目前各地窄冠黑杨与农作物间作，多采用 4 米×8 米、或 5 米×6 米的配置，每 667 平方米约 22 株杨树。5～6 年杨树粗度达到 20 厘米，开始影响农作物产量时，伐去一半杨树，每 667 平方米可收入 1 100 元左右；再过 5 年，杨树长到 30 厘米粗时，全伐，每 667 平方米可收入 4 000 元左右。两次木材收入 5 000 元左右，平均每 667 平方米每年增加木材收入 500 元左右，相当于纯种粮食的每 667 平方米纯增益，使农田受益倍增。也可采用第四章"杨树丰产栽培技术"中"林农间作"一节介绍的团状配置方式。

第三节　窄冠型杨树新品种的推广栽培

平原地区杨树丰产，需要有水分和养分较好的土地。我国平原农区人多地少，比较好的土地用作耕地还不够，不可能用来种植杨树。怎么才能保证粮食既不减产，又能发展杨树？作者认为，可以通过两种办法来解决：一是推广保证农作物不减产的窄冠型杨树林农间作方式；二是充分利用农村“四旁”的空闲地，采取丰产栽培措施，实行杨树集约栽培，尤其是充分利用农田四周的路旁和渠旁的土地，种植窄冠型杨树。在与农作物紧邻的条件下种植杨树，又要保证农作物不减产，选用庞金宣教授专门为此目的而选育的窄冠型杨树新品种，是很恰当的。

十多年来，在推广窄冠型杨树方面作了一些努力。1991年12月，在济南市召开了窄冠白杨推广协作会，并成立了有(山东、山西、河南、河北、宁夏、北京和天津)七省、市、自治区有关单位参加的窄冠白杨推广协作组，由当时山东林校的庞金宣教授和中国林科院林研所的研究员郑世锴主持，组织各地之间的信息交流，营造试验林和示范林，提供窄冠白杨种条及技术资料等。1993～1997年，林业部科技司下达了窄冠白杨的推广项目，承担单位为山西省林业技术推广站、长治县、曲沃县、夏县和洪桐县林业局，庞金宣和郑世锴负责技术指导。20世纪90年代，山东省有些县、河北魏县和北京市，都种植了一些窄冠型杨树品种。2000年以后，有的公司和乡镇对窄冠型杨树品种的开发感兴趣，扩繁了一些苗木，造了一些林带。但没有坚持下去。

目前，我国平原农区由于农民顾虑林木“胁地”造成农作物减产，林农间作和农田林网营造较难开展，不少平原农区至今林木稀少，影响农村生态环境的改善和林业的发展。山东省和河北省的上述实例，以事实为农民提供了良好的启示和有说服力的示范，说明林木“胁地”造成农作物减产的问题，可以通过这种窄冠型杨树间作方式来解决。这对于促进林农间作和农田林网的发展，有重要意义，会给农村带来经济效益和生态效益。

多年的杨粮间作试验，以事实证明，在小麦和玉米基本不减产的情况下，农民每年可以从每 667 平方米农田，额外地多获得 300～500 元木材收入。可惜这样一举两得的好技术，至今没有被重视和推广。在平原农区推广此项技术，改善生态环境，实现林茂粮丰，农民增收，是庞金宣教授和作者多年的愿望。15 年来，虽然在几个点上作了一些示范，但是在面上基本没有推广，窄冠型杨树新品种在适宜种植区，还没有发挥应有的作用。对此问题，应该引起农民朋友和有关单位的关注，从而采取得力措施，改变这种现状。

第十章　南方地区半常绿—常绿杨树栽培*

第一节　半常绿—常绿杨树是南方地区的适栽新品种

A-65/27 杨（*Populus* × *euramericana* cv. A-65/27）、A-65/31 杨（*Populus* × *euramericana* cv. A-65/31）和 A-61/186 杨（*Populus* × *euramericana* cv. A-61/186），这三个半常绿—常绿杨树品种由郑世锴从巴基斯坦引入我国，组织了各省、市的协作，经历了 18 年的引种和栽培试验。2001 年，在重庆市科委的主持下，重庆市林科院承担的半常绿—常绿杨树引种、栽培项目，通过了科技成果鉴定。2002 年，经云南省林木良种审定委员会、福建省林木种苗总站和湖北省林木种苗管理站审核，认定此三品种，可以在同类适生条件下推广栽培。

值得注意的是，这三个品种在澳大利亚被命名为半常绿无性系。但是，在我国的福州、重庆、云南、深圳及其他冬季少有 0℃低温的地区，却表现为常绿，叶片一年四季保持绿色，常挂树上。似乎它们更适应在我国南方没有或少有 0℃低温

---

* 本课题成果是各协作单位长期协作的结果。福建省闽侯县林业局洪明生，福建省林木种苗总站李玉科、陈宝璋，湖北省嘉鱼县陈永新、徐邦新，湖北省林木种苗管理站王宏乾，云南省森林自然中心李尹，重庆市林科院耿养会、谭名照等同志，做了大量工作。

的地区生长。这三个品种在武汉、成都等亚热带地区冬季极端最低气温达－6℃～－8℃的地域，冬季部分落叶，表现为半常绿，但生长正常，无冻害。因此，称其为半常绿—常绿杨树品种。在我国南方没有或少有0℃低温的地区，似乎更适合这三个品种生长。适宜种植的地区，包括福建、云南、贵州、四川、广东、广西、湖南、湖北、江苏、浙江、安徽和江西等省、自治区。

三个品种的共同特点是，容易扦插繁殖，造林成活率高，生长快，材质好，干形通直，常绿或半常绿。适应南方亚热带和热带温暖的气候，适宜在河流两岸质地疏松和深厚的冲积土上和“四旁”地造林。它们萌动早，封顶晚，无明显落叶期。在福州地区，1月上旬就开始萌动，比落叶杨树无性系提前60～70天，展叶期提早70～80天，封顶期延迟20～30天。生长期比落叶型杨树无性系的生长期增加90～110天。冬季休眠不深和不稳定。11月上旬当气温回升到17℃～23℃和持续10天有雨的情况下，顶梢和侧枝的芽苞又萌动，长出嫩芽。12月份，个别单株的胸径仍增长0.1～0.5厘米。气温下降和干旱时停止生长。在重庆市和昆明市，冬季不落叶。

在河流滩地和阶地、平原、“四旁”、丘陵及山区的沟谷低湿地带种植这三个品种，需要深厚和湿润的土壤。土壤质地以砂土、壤土为好。在粘壤土上也能生长。不适于在土层浅薄和干旱的山坡地造林。

宜用“三大一深”的方法造林，即大穴（60～80厘米×60～80厘米×60～80厘米）、大苗、大株行距和深栽（60～80厘米）。南方地区冬季不很冷，而且多雨，因此，在冬季造林有利于早生根和成活。在福州地区，宜在12月份至翌年2月上旬选阴雨天造林。在长江流域，造林期可延长到3月上旬。

造林时，可以用截根苗（插干苗）深栽。还应该采用集约的栽培模式，加强林地的水肥管理。有条件的地方，可实行杨粮间作。培育大径材时，应注意合理修枝。

以往我国杨树引种多限于北方。这三个罕有的半常绿—常绿杨树新品种，首次在我国亚热带和北热带地区引种栽培成功，为我国南方发展杨树工业用材林和“四旁”绿化，提供了新品种和经验，具有重要意义。

关于此三品种的亲本、适生范围与材性等情况，请参阅第二章第二节。

第二节　引种栽培地区的自然条件及杨树生长状况

在我国，一般认为，杨树是北方温带地区的树种，栽培区的南界是长江中下游，通常不宜在更南的南方地区生长。因此不注意在南方地区栽培发展杨树。实际上，全世界不少亚热带和热带地区的国家，如印度、南非、澳大利亚、巴基斯坦、阿富汗、伊朗、伊拉克、黎巴嫩、阿根廷和巴西等国，都有适合当地栽培的杨树品种，杨树栽培占有一定地位。以下介绍我国南方半常绿—常绿杨引种区的自然条件及其生长情况，供读者参考。

我国南方地区栽植的三个半常绿—常绿杨树品种，是从巴基斯坦引入的。它们的原产地巴基斯坦三个地区的自然条件如下：①白沙瓦：地理位置处于东经 70°31′，北纬 34°2′，年平均降水量为 300 毫米，主要集中在冬、春两季。极端最低温度为 −1.1℃；极端最高温度为 48.9℃。土壤为粘壤土，其 pH 值为 7.5。②拉合尔：位于北纬 31°34′，属于热的热带平原。年平均降水量为480毫米，极端最低温度为－1℃；极端最高温度为46℃。③海德拉巴：位于东经68°，北纬25°23′，海拔29米，年平均降水量为99～157毫米，年蒸发量为2 400毫米，年平均温度为27.5℃（最高34.6℃，最低20℃）。

相比之下，三个品种所在的巴基斯坦的原产地，其温度高于我国引种区的温度，但那里气候干热少雨，杨树栽培要依靠灌溉供给水分。三个地区的雨量，远不如我国福州地区和湖北省嘉鱼县优越。这三个半常绿—常绿杨品种在巴基斯坦生长良好，广泛栽培，是当地平原农区的主要造林树种。引入我国南方地区后，栽培获得成功，被定为推广品种。这三个品种在我国南方主要引种地区的栽培和生长情况如下：

一、福州市闽侯县的引种栽培情况

闽侯县位于东经118°52′～119°25′，北纬25°47′～26°36′，属于中亚热带海洋季风气候，年平均温度为17.7℃～19.5℃。极端最低气温为－6℃～－1℃，极端最高气温为34℃～41℃，大于10℃的年积温为4 271℃～6 240℃。全年无霜期为307天，年平均降水量为1 400～1 900毫米，平均相对湿度为79%～83%。

在闽侯县的一般“四旁”地条件下，11年生树，A-65/27杨的平均树高为23.3米（年均生长量为1.93米），平均胸径为33.4厘米（年均生长量为2.95厘米）；A-61/186杨平均树高17.37米（年均生长量为1.35米），平均胸径为39.2厘米（年均生长量为3.46厘米）；它们的胸径速生的趋势一直延长到第十和第十一年形成大径材时，表明其很强的速生特性。闽江边试验林中的A-65/31杨的平均高和平均胸径，略高于A-65/27和A-61/186（福建的材料由洪明生提供）。

二、湖北省嘉鱼县及武汉市的引种栽培情况

嘉鱼县位于东经113°39′,北纬29°48′~30°19′,属于中亚热带季风气候区,年平均温度为16.1℃。极端最低气温为-12℃,极端最高气温为39.7℃。大于10℃的年积温为5 247.5℃,全年无霜期为268.5天,年平均降水量为1 377毫米,全年日照总时数为1 944.3小时。地处长江中游南岸,属江汉平原。土壤系灰潮土,pH值为7.5~8.7,有机质含量为1.05%。

在嘉鱼县5年生的杨树品种对比林中,A-65/27杨,平均树高14.3米(年均生长量为2.86米),平均胸径为19.0厘米(年均生长量为3.8厘米);A-61/186杨平均树高15米(年均生长量为3米),平均胸径为18.7厘米(年均生长量为3.7厘米);A-65/31杨平均树高14.5米(年均生长量为2.9米),平均胸径为18.8厘米(年均生长量为3.76厘米)。三个品种生长量均与大量推广的I-72杨(对照)相似。

在武汉市水肥条件较好的"四旁"地条件下,半常绿—常绿杨品种,二年生树高16米,胸径为11.7厘米。在水肥条件较好的苗圃,一根一干苗,苗高5.5米,胸径为3.0厘米。这说明在好的立地条件下,它们能发挥更大的生长潜力(湖北的材料由徐邦新提供)。

三、云南省的引种栽培情况

(一)澄江县的引种栽培

在一般"四旁"地条件下,以单行树方式栽培,株距1.8米。5年生的A-65/27杨树高21米(年平均高生长量为4.2

米)，胸径为 30.9 厘米(年平均胸径生长量为 6.18 厘米)。5 年就长成大径材，可谓速生。10 年生的 A-65/27 杨(单行树)树高 25.5 米(年均生长量为 2.55 米)，胸径 56.2 厘米(年均生长量为 5.62 厘米)(彩图 2.15)。

5 年生的 A-61/186 杨(单行树)树高 20.5 米(年均高生长量为 4.1 米)，胸径为 29.4 厘米(年均胸径生长量为 5.9 厘米)，5 年即可长成大径材。10 年生的 A-61/186 杨(单行树)，树高为 24.8 米(年均生长量为 2.48 米)，平均胸径为 53.5 厘米(年均生长量为 5.35 厘米)(彩图 2.16)。

以上事实说明，A-65/27 杨和 A-61/186 杨，很适应当地条件，年生长量很高，不但早期速生，而且后期也速生，每年胸径和高的生长量，一直可以持续到成材后期(10 年以上)。其生产潜力大，适合培育大径材，五年即可达到大径材的粗度 30 厘米，10 年粗度可达 50 厘米以上。五年育成了 30 厘米粗的大径材，在国内是一个创举。

(二)西双版纳州勐海县的引种栽培

西双版纳州勐海县，位于云南省的西南部，北纬 21°27′～22°31′，东经 99°56′～100°42′，位于北热带边缘，属于热带、亚热带西南季风型气候。地处北回归线以南，夏、秋季受孟加拉湾和北部湾的西南暖湿气流影响，多阴雨天气，高温高湿。冬季受来自印度半岛的暖西风气流的控制，加上北部有哀牢山和无量山的屏障作用，本区很少受到北方冷空气的影响，因而天气晴朗，空气干燥，气候温和。气候特点是："冬无严寒，夏无酷暑，年多雾日，雨量充沛，干湿分明，垂直气候带明显"。

海拔 535～2 429 米的年平均温度为 18.3℃～18.9℃；最热月平均气温在 30.9℃，极端最高温度为 34.1℃。最冷月平均气温为 5.4℃，极端最低温度为－3.5℃。年日照时数为

1 849.9小时，年平均风速为 1.7 米/秒。年平均降水量为 1 100～1 300 毫米，年平均相对湿度为 80%，霜日 10 天。勐海县优越的气候，是半常绿—常绿杨树高产的重要条件。

据该县林业局的调查，在海拔 1 176 米的“四旁”地条件下，A-65/27 和 A-61/186 杨两个半常绿—常绿杨树品种表现良好，年生长期长达 11 个月，2 月末、3 月上旬芽萌动，展叶，直至 12 月份才封顶。气温较高的年份，第二年 1 月份才封顶。苗圃内，1 年生苗木平均高 4.36 米，最高达 6.5 米，平均地径为 3.54 厘米，最粗为 4.02 厘米。在一般条件下，用 1 根 1 干苗造林，一年胸径为 4.2 厘米，树高 6 米；2 年胸径可达 11 厘米，树高 9 米；如用 2 根 1 干苗造林，一年胸径可达 10.5 厘米，树高 8 米 。

得知一年生幼树当年的胸径生长量达到 10 厘米以上，作者深感惊奇，特意去西双版纳州勐海县察看。2003 年 3 月 6 日，作者在勐海县曼南嘎村，由 9 株行道树中，随机测量了 4 株一年生半常绿—常绿杨行道树。其结果是，平均胸径为 11.9 厘米（分别为 13.3 厘米，12.4 厘米，11 厘米和 11 厘米）。树高平均为 7.3 米（分别为 8.0 米，7.0 米，6.0 米和 8.0 米）。品种为 A-65/27 和 A-61/186，用 2 根 1 干苗造林。行道树沿路有水渠，水肥条件较好。此外，在近旁傣族的寨子有一株一年生树，其胸径达到 16.9 厘米（彩图 2.17）。由此可见，一年生幼树当年的胸径生长量达到 10 厘米以上，是确实的事实。在水肥条件较好的“四旁”地造林，一年生幼树，树高即可达 6～8 米，胸径可达 11.0～13.3 厘米。

造林后只经过一个生长季，一年幼树的直径净生长量（去掉苗干 3 厘米）就达到 8～10 厘米，甚至达到 13.9 厘米，这确实创造了一个罕见的、突出的高产纪录。据作者所知，杨树在第一年胸径净增长 13 厘米的高产纪录，在我国从未有过。一般一年生杨树第一年胸径净生长量达到 3～4 厘米，就算高水平了。这一事实表明，当地的气候和土壤条件，对 A-65/27 杨和 A-61/186 杨很适宜，有巨大的生产潜力可以利用。直径 8 厘米以上的杨木，即达到造纸厂和中密度纤维板工厂的原料收购标准。西双版纳州勐海县引种半常绿—常绿杨树的初步结果，给人们很有价值的启示是：在当地，半常绿—常绿杨树可能一年成材(纤维材)，像甘蔗、棉花等作物一样，可以当年收获，送去工厂作造纸或其他纤维原料，林业生产有可能实现超短轮伐期高产栽培。这正是造纸企业求之不得的。另外，培育杨树大径材的年限，可能大幅度缩短。

2005 年 5 月 23 日，勐海县林业局许国云对上述的曼南嘎村的行道杨树的生长量，进行了测量，3 年零 3 个月的 6 株行道杨树，平均胸径为 19 厘米，平均树高为 9.42 米。这些幼树头三年的年平均胸径生长量为 5～6 厘米，维持较高水平。

(三)玉溪市的引种栽培

在一般市内绿地立地条件下，单行树株距为 4 米，5 年生树平均胸径在 22.5 厘米以上(胸径年均生长量为 4 厘米)，树高平均 15.5 米。最粗的胸径达 32.3 厘米(年均胸径生长量为 6 厘米)(云南的材料由李尹提供)。

四、成都地区的引种栽培情况

一般的单行行道树，头 4～5 年，树高年均生长量为 2～3 米；年均胸径生长量为 3～4 厘米。四川广汉市碳素公司的 8 年生行道树(单行)的测定表明，8 年时的平均胸径达到 30.3 厘米(年均胸径生长量为 3.8 厘米)，平均树高达到 20.7 米(年均树高生长量为 2.6 米)，长成了大径材。

第三节 结束语

从 1987 年由国外引进这三个半常绿—常绿杨树品种，至今已过去 18 年，以前的工作只是开了一个头，显示了在我国南方发展杨树的可能性和潜力。由于经费和人力不足，以前的试验研究不够理想，以上介绍的引种和栽培结果是初步的，有一定局限性，还有不少问题有待继续探索和解决。

随着我国经济的发展，对纸张的需求迅速增长。主要依赖进口纸浆，对我国造纸企业始终是一个限制因素，也是后顾之忧。在国内建设自己的造纸原料基地是当务之急。作者认为，在南方利用半常绿—常绿杨树，营造杨树工业用材林，比在北方有很大的优势。

与北方及长江中下游杨树产区比较，南方的优点是水、热资源更加丰富，生长期更长，这些优越的气候条件能被半常绿－常绿杨树充分利用，发挥其最大生长潜力，产量更高，轮伐期更短。北方干旱缺水，杨树丰产需要灌溉，常常不易解决。南方湿润多雨，杨树对水分较高的需求基本可以满足。在我国南方，半常绿—常绿杨树有比较大的材积增产幅度。只要有适宜的立地条件，采用适当的丰产栽培技术，其年生长量就可能比北方地区的增加一倍以上。

我国南方有很大的区域具有适合栽培半常绿－常绿杨树的气候，但是南方山多，丘陵多，平原少，平地少。因此，土层深度和土壤的蓄水保水能力，常随地形变化而变化，适宜半常绿—常绿杨树的土地，不是到处都有。选定土层和水分达到标准的造林地，是南方发展杨树最大的问题。在大气候适宜的情况下，选好造林地是成功的关键。

在山区和丘陵地发展杨树，如果预先没有获得小试和中试的成功，就不可以大规模地造林，以免遭受挫折和失败。由于立地条件随地形而多变，稍不注意就会把对杨树不宜的土地误当宜林地用来造林。这种失败的教训已经很多，应引以为戒。在平坦土地不足的情况下，在山区和丘陵探索那些立地适宜杨树，可以在山坡下部，沟谷低湿地带，寻找坡缓、土厚与水分较好的地段，进行造林试验。试验成功后，再大面积推广。半常绿—常绿杨树不适于在土层浅薄和干旱的山坡地造林。在河流滩地和阶地，平原，"四旁"地，种植半常绿—常绿杨树，需要有深厚和湿润的土壤，土壤质地以砂土、壤土为好。

某些林业科研人员，将这三个半常绿—常绿杨树品种，搞混杂了，就将错就错，称其为"四季杨"或"常绿四季杨"。多年来，他们培育了大量品种混杂的苗木，向全国销售，以讹传讹，使"四季杨"的名声远远地超过三个半常绿—常绿杨树品种的纯种，形成"盗版"压倒"正版"的局面。为了推销苗木，他们在广告上说："四季杨南北皆宜"，"在冀、鲁、豫引种表现良好"。他们搞乱了品种，将只适合南方的杨树品种卖到北方造林，用虚假广告，误导群众，后果恶劣。这种违反科研道德的行为，应该受到谴责和抵制。

在南方发展半常绿—常绿杨树，应该正本清源，购买三个品种的纯种苗木，作为种条进行繁殖或造林。绝对不可轻信虚假广告关于在河北、山东与河南栽植这三个半常绿—常绿杨树品种的宣传。我们早已做过试验，在秦岭、淮河以北的温带地区，有冻害，不宜种植这三个半常绿—常绿杨树品种。无论是南方地区还是北方地区，都应该遵照适地适品种的原则，正确选择杨树品种和适宜的造林地，通过集约栽培，获得良好的经济效益、生态效益和社会效益。

第十一章　杨树病虫害的防治

第一节　主要害虫的防治

我国幅员辽阔，地形复杂，气候和土壤条件也千变万化。因此，危害杨树的害虫不但种类繁多，而且在各地发生危害的情况也差别很大。到目前为止，有记载的杨树害虫有390余种，其中苗木害虫有30多种，食叶害虫有220多种，枝干害虫有140多种。这些害虫当中，在全国发生面积大、危害严重的种类有20多种。

害虫的有效治理，对于确保杨树林木的稳产和提高木材质量，具有重要的作用。随着科学技术的进步，在对待害虫的问题上，曾经历过一个不断发展变化的过程。六六六、滴滴涕化学药剂的问世，使人们曾一度想把害虫彻底消灭。由此化学防治取代了各种防治手段，其结果不但害虫产生了抗药性，最终还带来了杀伤天敌、污染环境等问题，最终还使本来相对稳定的生态系统被破坏，害虫不仅没有被消灭，反而越来越严重。1967年联合国粮农组织在罗马召开的昆虫专家讨论会上，提出了“有害生物综合治理”的方针。这一方针是从生态角度出发，全面考虑了生态平衡、环境保护、社会安全、经济效益及防治效果。使人们对害虫的认识由不允许存在，变为把它们看成是生态系统中的一部分；不是把它们彻底消灭，而是把它们控制在经济允许水平以下。从这一观点出发，加强对树木施肥、浇水和抚育管理，提高树体健康水平，可增强对病虫害的抵抗能力和忍耐力。营造多树种混交林改变害虫的食物结构，降低总体林分内某些重大害虫的虫口密度；另外，保护和利用天敌等生物措施，都对抑制害虫的发生起着重要的作用。因此，调节林内树木、害虫与天敌之间的关系，充分发挥自然界多种因素控制害虫的能力是非常必要的。

下面就全国发生广泛、经常、危害严重的一些杨树害虫的形态特征、生物学特性及防治方法分别作以介绍。

一、苗木害虫的防治

(一)大灰象甲

大灰象甲，属鞘翅目、象虫科。广泛分布于东北、华北地区，以及山东、河南、湖北、陕西等省。危害杨、柳、泡桐等阔叶树苗木的嫩芽和幼叶，造成缺苗断垄，是苗期的重要害虫。

【形态特征】

(1)成虫 体长10毫米左右，黑色，全身被灰白色鳞毛。前胸背板中央黑褐色。头管短粗，表面有3条纵沟，中央一沟黑色。鞘翅上有规则的斑纹，每一鞘翅有纵沟10条(彩图11.1)。

(2)卵 长椭圆形，初产时乳白色，近孵化时乳黄色，数十粒在一起成块状。

(3)幼虫 老熟幼虫体长约14毫米，乳白色，头部米黄色，第九腹节末端稍扁，肛门孔暗色。

(4)蛹 长9～10毫米，长椭圆形，乳黄色，头管下垂达前胸。头顶及腹背疏生刺毛，尾端向腹面弯曲。末端两侧各具一刺。

【生物学特性】 在辽宁省2年发生1代，以幼虫和成虫在土壤中越冬。4月中下旬成虫开始活动，群集于苗眼处取食和交尾，白天静伏于表土下或土块缝隙间，夜间活动。5 月下旬雌成虫开始产卵。产卵时，先用足将叶片从两侧向内折合，然后将产卵器插入合缝中产卵，分泌黏液将叶片粘合在一起。6 月上旬，卵陆续孵化为幼虫落到地上，然后寻找土块间隙或疏松表土进入土中。幼虫只取食腐殖质和根毛。9 月下旬，幼虫向下移动至 40～80 厘米处，做土窝在内越冬。第二年春暖后继续取食。6 月下旬，开始在 40～80 厘米深处化蛹，蛹期 15～20 天。7 月份羽化为成虫，成虫不出土，在原处越冬。

【防治方法】

第一，根据成虫群集于苗茎基部取食的习性，可在 4 月中下旬进行人工捕杀。

第二，用 50%的 1059 乳剂 2 000 倍液，1605 乳剂 1 000 倍液，喷雾于苗基处毒杀成虫。

（二）铜绿丽金龟

铜绿丽金龟又名铜绿金龟甲。属鞘翅目、金龟科。分布于黑龙江、辽宁、河北、河南、山东、山西、陕西、江西、北京、天津等省、市。成虫主要危害杨、柳、榆、梨、苹果与葡萄等树木的幼苗及大树的叶片和嫩芽，使被害叶片出现很多孔洞。幼虫常咬断幼苗近地面处的茎部、主根和侧根，严重时常造成苗木死亡。

【形态特征】

(1)成虫 体长 15～18 毫米，宽 8～10 毫米。背面铜绿色，有光泽。头部较大，深铜绿色，前缘向上卷。复眼大而圆。触角 9 节，黄褐色。前胸背板前缘呈弧状内弯，侧缘和后缘呈弧状外弯，背板为闪光绿色，上面密布刻点，两侧有 1 毫米宽的黄边。鞘翅为黄铜绿色，表面有不太明显的隆起带，会合处隆起带较明显。胸部腹板黄褐色，有细毛。腿节黄褐色，胫节、跗节深褐色，前胫节外侧具两齿，对面生一棘刺，跗节5节，端部生两个不等大的爪。前、中足大爪端部分叉，后足大爪不分叉。腹部米黄色，有光泽，臀板三角形，上面长有一个近三角形的黑斑。雌虫腹面乳白色，末节为一棕黄色横带。雄虫腹面棕黄色(彩图11.2)。

(2)卵 白色，初产时长椭圆形，长1.65～1.94毫米，宽1.30～1.45毫米，以后逐渐变为近球形，长约2.34毫米，宽约2.16毫米。卵壳表面光滑。

(3)幼虫 体乳白色。头部暗黄色，近圆形。头部两侧各有前顶毛8根，排成一纵列；后顶毛10～14根；额中侧毛两侧各2～4根。足的前爪大，后爪小。腹部末端两节背面为泥褐色并带有微蓝色。臀部腹面具刺毛列，每列大多由13～14根锥刺组成，两列刺尖相交或相遇，后端稍向外岔开，刺毛列周围有钩状毛。肛门孔横裂状。

(4)蛹 椭圆形，长约18毫米，宽约9.5毫米，略扁，土黄色，末端圆平。腹部背面有6对发音器。雌蛹末节腹面平坦并有一细小飞鸟形皱纹，雄蛹末节腹面中央阳具呈乳头状突起。

【生物学特性】 此虫在我国各地每年发生1代，以3龄或2龄幼虫越冬。翌年5月份开始化蛹。6月上旬成虫开始出现，6月中旬至7月上旬为高峰期，8月下旬终止。6月中旬见卵，8月份幼虫出现，11月份进入越冬期。

成虫羽化出土时间的早晚，与五六月份降水量有密切关系。如果五六月份雨量充足，其成虫出土早，高峰期提前。成虫白天隐蔽在杂草或表土下，黄昏时出土活动。气温在25℃以上，相对湿度为70%～80%时，最适宜它的活动。低温降雨天气时活动少,闷热无雨的夜晚活动最强烈。成虫食性杂、食量大,对幼苗危害严重。成虫有假死性和强烈的趋光性。交尾多在树上进行。每晚先交尾,然后取食嫩叶补充营养,严重发生时常吃光顶梢叶片,仅留主脉。每天 21～22 时为活动高峰期,黎明前飞到隐蔽处潜伏起来。一生可多次交尾,平均寿命为 30 天。卵多散产在 5～6 厘米深的土壤中。每头雌虫平均产卵 40 粒左右,卵期约 10 天。土壤温度 25℃,含水量在 10%～15%时,卵的孵化率最高。幼虫在 7 月份出现,一二龄幼虫食量小。10 月份,大部分进入 3 龄,食量猛增。幼虫一般在清晨或黄昏由土壤深层爬至表层,咬食苗木近地面处的茎部和根系,严重时造成幼苗死亡。

【防治方法】

第一,在成虫出现高峰期,用 40%乐果乳油 800 倍液,或 50%辛硫磷乳油、50%杀螟松乳油、60%双硫磷乳油 2 000 倍液,10%广效敌杀死乳油 2 500 倍液等喷洒叶面,杀死取食的成虫。

第二,设置黑光灯捕杀成虫。

第三,移栽小苗或扦插苗木时,用 25%对硫磷微胶囊剂 300～400 倍液蘸根,有良好的保苗作用。

第四,保护和利用天敌。刺猬、青蛙和步行虫等,都可捕食铜绿丽金龟成虫和幼虫,对它们要注意加以保护。将昆虫致病线虫施于土中,可杀死其幼虫。

二、叶部害虫的防治

(一)杨黄卷叶螟

杨黄卷叶螟。又名黄翅缀叶野螟,属鳞翅目、螟蛾科。分布于河南、河北、山东、山西、安徽、上海、广东、黑龙江、吉林和辽宁等省、市。以幼虫在杨、柳树的嫩梢上吐丝缀叶为害，严重时常把树叶吃光，形成秃梢，对树势影响极大。

【形态特征】

(1)成虫 体长约13毫米，翅展30毫米。头部褐色，两侧有白条。胸、腹部背面淡黄褐色。下唇须向前伸，末节向下，下面为白色，其余为褐色。前、后翅均为金黄色，散有波状褐色斑纹，外缘有褐色带，前翅中室端部有褐色环状纹，环心白色(彩图11.3)。

(2)卵 扁圆形，乳白色，近孵化时黄白色。卵粒排列成鱼鳞状，聚集成块或呈条形。

(3)幼虫 老熟时体长15～22毫米，黄绿色，头部两侧近后缘有一条黑褐色斑纹与胸部两侧的黑褐色斑纹相连，形成一条纵线。体两侧沿气门各有一条浅黄色纵带。

(4)蛹 长约15毫米，淡黄褐色。蛹体外被一层白色丝织薄茧。

【生物学特性】 在河南省每年发生4代，以初孵幼虫在落叶、地被物及树皮缝隙中结茧越冬。翌年4月初，当杨、柳树发芽展叶后，越冬幼虫开始出蛰为害。5月底至6月初，幼虫陆续老熟化蛹。6月上旬成虫开始羽化，中旬为羽化高峰期。第二代成虫出现高峰期在7月中旬，第三代成虫出现高峰期在8月中旬，第四代成虫出现高峰期在9月中旬。直到10月中旬，仍可见到少数成虫出现。

成虫白天多隐藏在林间杂草、灌木丛或农作物上，受干扰后起飞，夜间活动。趋光性极强。

据记载，在郑州河南农学院果园内一盏40瓦的黑光灯下，一夜曾诱到其成虫3 000多头。卵产于叶背面，以中脉两侧最多，成块状或条形，每块有卵50～100粒。幼虫孵出后分散啃食叶片表皮，并吐出白色黏液涂于叶面，随后吐丝缀嫩叶呈饺子状，或在叶缘将叶折叠，藏在其中取食。幼虫长大后，群集在顶梢吐丝缀叶继续取食，多雨季节最为猖獗，3～5 天即可把嫩叶吃光，形成秃梢。7 月底至 8 月初，阴天多雨，湿度较大，对幼虫的生长发育极为有利。所以，8 月中旬成虫数量最多，成为全年的最高峰。幼虫极活泼，稍受惊扰，便立即从卷叶内弹跳或吐丝下垂。老熟幼虫在卷叶内吐丝结白色薄茧化蛹。

【防治方法】

第一，在成虫发生期，设置黑光灯予以诱杀。

第二，掌握幼虫孵化时机，及时喷洒 90％敌百虫 1 000 倍液、50％辛硫磷乳油 1 500 倍液或 10％广效敌杀死 2 500 倍液，均有良好的毒杀效果。

（二）杨扇舟蛾

杨扇舟蛾，又名白杨天社蛾。属鳞翅目、舟蛾科。分布于黑龙江、吉林、辽宁、河北、河南、山东、山西、陕西、宁夏、甘肃、湖北、湖南、江西、浙江、福建、江苏、四川、云南、广东和海南等省、自治区。幼虫取食杨树、柳树的叶片，常把树叶吃光，影响树木生长。据资料记载，在海南省此虫还危害母生树。

【形态特征】

（1）成虫 体长 13～20 毫米，翅展为 28～42 毫米，虫体灰褐色。头的顶部有一个椭圆形的黑斑。前翅灰褐色，有灰白色横带 4 条，顶角处有一个暗褐色三角形大斑纹，斑下方有一个黑色圆点。外横线通过三角形斑一段呈斜伸的双齿形，外边有 2～3 个黄褐带锈红色的斑点。后翅灰白色，中间有一条横线（彩图 11.4）。

（2）卵 初产出时为橙红色，孵化时暗灰色，馒头形。

(3)幼虫 老熟幼虫体长35～40毫米。头黑褐色。体灰色或灰绿色，密生灰白色长毛，每个体节上生有环形排列的橙红色瘤8个，其上有长毛。两侧各有一个较大的黑瘤，上面生有白色细毛一束。腹部第一节和第八节背面的中央，有较大的红黑色瘤一个(彩图11.5)。

(4)蛹 褐色，尾端有分叉的臀棘。茧椭圆形，灰白色。

【生物学特性】 此虫1年发生的世代，因地区不同而异。在河北和山东，1年发生3～4代。在安徽和陕西1年发生4～5代，在江西和湖南1年发生5～6代，以蛹越冬。在海南省，1年发生8～9代，该虫可全年为害，无越冬现象。在北方地区，每年4月上中旬，该虫的越冬蛹羽化为成虫，随后交尾并产卵。4月底至5月初幼虫孵出。6月上旬第一代成虫出现，7月份第二代成虫出现，8～9月份第三代成虫出现。成虫产卵，卵化为幼虫。至10月份幼虫老熟化蛹越冬。成虫在傍晚时羽化最多，白天栖息在叶背面或枝干上，夜间活动。有趋光性。卵多产在叶面或小枝上，常数百粒单层排列成一片，每头雌虫可产卵100～600粒。初孵幼虫有群集性，2龄以后吐丝卷叶成包，集聚于叶包内取食。幼龄幼虫只取食叶肉，残留下表皮和叶脉，叶包变枯。3龄或4龄后分散危害，取食整个叶片，仅留叶柄。以第三、第四代危害最重，常造成灾害。第一至第三代幼虫老熟后，在叶包内吐丝结茧化蛹。第四代的幼虫老熟后，则沿树干爬到地面寻找枯叶、石缝、墙角或其他地被物上，结丝茧化蛹越冬。幼虫期的天敌有毛虫追寄蝇、绒茧蜂和狭面姬小蜂，以及杨扇舟蛾颗粒体病毒。幼虫被病毒感染后，表现为身体肿胀，死后呈倒“V”字形悬吊在叶柄或小枝上。卵期天敌有黑卵蜂、舟蛾赤眼蜂。蛹期天敌有大腿小蜂等。

【防治方法】

第一，在 1～2 龄幼虫群集取食时，及时摘除虫包，对减少其后期危害有很大作用。

第二，喷洒每毫升含 1 亿孢子的白僵菌、B. t.（苏云金杆菌）悬浮液，杀死幼虫。

第三，在病毒疫区，野外收集感染病毒的死幼虫，保存在瓶中置于冰箱内，以后用死虫配制水溶液（虫重与水之比为 1∶5 000）喷洒树冠，可使取食的幼虫感病死亡。

第四，喷洒 80%敌敌畏乳剂 1 000 倍液，50%马拉硫磷乳剂 1 000 倍液或 10%广效敌杀死乳剂 2 500 倍液杀死幼虫。灭幼脲Ⅰ号 3 000 倍液喷洒树冠，杀死幼虫。

第五，保护天敌，发挥它们对该害虫的抑制作用。

（三）杨小舟蛾

杨小舟蛾，又名杨褐天社蛾、小舟蛾。属鳞翅目、舟蛾科。分布于河北、河南、山东、浙江、江西、四川、湖南、湖北、安徽、辽宁和黑龙江等省。幼虫取食杨树、柳树的叶片，常把树叶吃光，妨碍树木生长。

【形态特征】

（1）成虫　体长 11～14 毫米，翅展 24～28 毫米。体色变化较多，为黄褐色、红褐色至暗褐色。前翅有 3 条灰白色横线，每条线的两侧具暗边，内横线的下方呈亭形分叉，外叉不如内叉明显，外横线波浪形。后翅黄褐色，臀角有一红褐色小斑纹（彩图 11. 6）。

（2）卵　半球形，黄绿色。

（3）幼虫　老熟时体长 21～23 毫米。体色变化大，为灰褐色或灰绿色，微带紫色光泽。身体两侧各有一条黄白色纵带，各节有不明显的肉瘤。腹部第一节和第八节背面的肉瘤较大，呈灰色，上面生有短毛。

(4)蛹　褐色，近纺锤形。

【生物学特性】 在湖南省每年发生6代，河南省每年发生3～4代，以蛹越冬。翌年4月成虫羽化，随后交尾产卵。第一代幼虫5月上旬开始出现；第二代幼虫6月中旬至7月上旬发生；第三代幼虫7月下旬至8月上旬发生；第四代幼虫9月上中旬发生。第四代幼虫危害至10月底化蛹越冬。成虫白天躲藏在叶背面或隐蔽物下，夜晚交尾、产卵。卵多产于叶部，成块状，每块有卵100～400粒。每头雌虫可产卵500粒左右。初孵出的幼虫群集于叶面啃食表皮，使叶片呈罗网状。幼虫稍大后则分散取食整个叶片，仅留叶脉和叶柄。有的幼虫白天潜伏在树干粗皮裂缝或树杈间，夜晚上树取食叶片。幼虫老熟后吐丝缀叶，在其中化蛹。最后一代老熟幼虫，大多爬到树皮缝隙、枯叶、枯草、墙角或地面表土下，吐丝结薄茧化蛹越冬。其天敌，幼虫期有绒茧蜂，卵期有舟蛾赤眼蜂寄生。

【防治方法】

第一，人工摘除群集在叶片上取食的初龄幼虫。

第二，用B.t.(苏云金杆菌)乳剂，按1∶10的浓度喷雾，毒杀幼虫，效果达50%～90%。

第三，喷洒80%敌敌畏乳剂1 000～1 500倍液，10%广效敌杀死乳剂2 500倍液，毒杀幼虫。还可用灭幼脲Ⅰ号3 000倍液，喷洒树冠杀死幼虫。

(四)杨二尾舟蛾

杨二尾舟蛾，又名双尾天社蛾。属鳞翅目、舟蛾科。分布于黑龙江、吉林、辽宁、河北、山西、山东、河南、湖北、湖南、江苏、江西、安徽、浙江、福建、台湾、西藏、四川、陕西、宁夏、甘肃和内蒙古等省、自治区。以幼虫取食杨树、柳树叶片，严重时将叶子全部吃光，妨碍杨树生长。

【形态特征】

(1)成虫 体长20～30毫米，翅展58～81毫米。体、翅灰白色，头和胸部背面略带紫色。胸部背面有3对黑点，翅基片有两个黑点。前翅有黑色花纹，并有一个新月形环状纹。后翅颜色较淡，灰白略带紫色，翅上有一个黑斑。腹部背面第一至第六节有两条黑色宽带，第七节以后各节背面有4～6条黑色细线条，腹部两侧每节各有一个黑点(彩图11.7)。

(2)卵 半球形，表面光滑，红褐色，中央有一个深褐色圆点，卵的边缘色较淡。

(3)幼虫 初龄幼虫黑色，2龄以后青绿色。老熟幼虫体长48～53毫米，头赤褐色，两颊有赤斑。胸部第一节前缘白色，后面有一个紫红色三角形斑，背上一角突起成峰，色深。腹部背面，有一个似纺锤形的大斑纹，盖住整个背部。第四腹节近后缘处，有一道白色直立条纹，纹前具褐边。身体末端有2个可以伸缩的尾角，褐色。

(4)蛹 赤褐色，椭圆形，两端圆钝。茧长约37毫米，宽22毫米，灰黑色，椭圆形，极坚硬，上端有一个胶体密封羽化孔。

【生物学特性】 该虫在辽宁和山西省1年发生2代，在山东省及陕西南部1年发生3代，以蛹越冬。在1年发生2代区，成虫分别在5月份和7月份出现。在1年发生3代区，成虫分别在4月中旬至5月份、6月中旬至7月上旬和8月中旬至9月上旬出现。成虫羽化后5～8个小时，就可交尾。卵产在叶部，一般每叶1～2粒，少数有3粒。每头雌虫可产卵135～650粒。成虫白天隐蔽，夜间活动。有趋光性。幼虫孵出后3小时，才开始取食。3龄前食量较小，3龄以后食量大增，一昼夜便能吃掉几枚叶片。老熟幼虫在树杈处和树干基部，把树皮咬碎并分泌黏液，做成坚硬的茧壳，在其中化蛹。其幼虫期的天敌，有绒茧蜂；预蛹期的天敌有啄木鸟；蛹期的天敌有金小蜂。

【防治方法】

第一，啄木鸟对预蛹的捕食量很大。调查表明，在山东省沂南县，该虫70%～95%的预蛹被啄木鸟捕食。因此，要保护和招引啄木鸟。

第二，设置黑光灯诱杀成虫。

第三，幼虫期，喷洒50%马拉硫磷乳剂1 000倍液、40%乐果乳剂1 000倍液、50%二溴磷乳剂3 000倍液；另外，喷洒每毫升含6.6亿孢子的青虫菌15倍液，都能收到良好的杀虫效果。

(五)杨尺蛾

杨尺蛾，又名春尺蛾、春尺蠖、沙枣尺蠖、柳尺蠖。属鳞翅目、尺蛾科。分布于新疆、甘肃、青海、宁夏、陕西、内蒙古、河北、河南、山东和江苏等省、市、自治区。幼虫取食杨、柳、沙枣、榆、槐和苹果等十几种树木。此虫发生期早，危害期短，常暴发成灾，往往将刚发芽的杨、柳等树的嫩芽吃光，严重妨碍杨、柳树的生长。

【形态特征】

(1)成虫　雌雄异体。雌蛾无翅，体长7～19毫米。灰褐色，触角丝状，腹部背面各节生有数目不等的成排黑刺，腹部末端有突起和黑刺列。雄蛾体长10～15毫米，翅展28～37毫米。触角羽毛状，前翅灰褐色至黑褐色，翅上有3条褐色波状横纹，中间的一条不明显。成虫的体色因取食不同的树种而变化很大(彩图 11.8)。

(2)卵 长圆形,有珍珠光泽,卵壳表面有整齐排列的刻纹。初产出时灰色,逐渐变为深灰色。

(3)幼虫 老熟时体长 22～40 毫米,初龄幼虫黑黄色,2龄以后褐色、绿色、棕黄色,老熟后呈灰褐色。腹部第二节两侧各有 1 个瘤状突起,背线白色。气门线一般淡黄色。

(4)蛹 灰黄褐色,末端有臀刺,刺的端部分叉。

【生物学特性】 1 年发生 1 代,以蛹在树冠下土中越夏和越冬。翌年 2 月底 3 月初,当地表温度在 0℃左右时,成虫开始羽化出土。3 月上中旬见卵,4 月上中旬幼虫孵出,5 月上中旬老熟幼虫入土化蛹。在山东和河南等省,各虫期均比西北地区提前 10 天左右。干旱的沙土地最适宜于该虫生存。

成虫一般在晚上 7 时左右羽化,雄蛾有趋光性,白天静伏在枯枝落叶和杂草中。雌蛾靠爬行上树,已上树的成虫潜藏在开裂的树皮下、树干断裂处、裂缝和枝干交错处。黄昏至午夜进行交尾,交尾后即寻找产卵场所,把卵产在树干 1.5 米以下的树皮裂缝中和断枝皮下等处,常 10 粒至数十粒堆成块状。被害叶片轻者残缺不全,重者整枝叶片被吃光,这时幼虫吐丝,借风力转移到附近树上为害。幼虫静止时常以一对腹足和臀足固定在枝干上,将头、胸抬起。遇惊扰立即吐丝下垂,悬于树冠下,恢复平静后,再慢慢用胸足绕丝上升到树上。5 月份,老熟幼虫钻入 1～60 厘米深的土中,以 16～30 厘米处最多。它分泌液体与土粒粘结,做成蛹室,在其内化蛹。

【防治方法】

第一,进行中耕可捣毁蛹室,对消灭在地下越夏、越冬的蛹有很大作用。

第二,在树干基部涂 6 厘米宽的胶环;或在干基培土成

30～40 厘米高的圆锥形，然后在土上撒一层细沙；或在干基捆 15 厘米宽的塑料薄膜等，均可阻止雌蛾上树产卵。

第三，用每毫升含 3 亿孢子的 B. t.（苏云金杆菌）悬浮液，加 40%乐果乳剂 500 倍液，喷树冠，杀虫效果可达 95%。

第四，在幼虫 2～3 龄时，喷洒核多角体病毒液。

第五，用 80%敌敌畏乳剂、40%乐果乳剂和水按 1∶1∶10 的比例，配成药液用飞机喷雾；或 80%敌敌畏乳油与柴油 1∶2 的混合液超低容量喷雾，杀虫效果达 95%。用灭幼脲Ⅰ号 3 000 倍液喷洒树冠，也可杀死幼虫。

（六）杨 毒 蛾

杨毒蛾，属鳞翅目、毒蛾科。分布于江苏、安徽、山东、湖北、湖南、河北、山西、甘肃、青海、内蒙古、辽宁、吉林和黑龙江等省、自治区。幼虫取食杨、柳、白桦和榛子等树的叶片，可将叶片吃光，妨碍树木生长。

【形态特征】

（1）成虫　体长 14～23 毫米，翅展 35～52 毫米，全身被白色鳞毛，稍有光泽。雌蛾触角栉齿状，雄蛾羽毛状，触角主干黑色，有白色或灰色环节。足黑色，有白色环纹（彩图 11.9）。

（2）卵　馒头形，初产时为灰褐色，孵化前多为黑褐色。卵成块状，上面覆盖灰白色胶状物，外表看不见卵粒。

（3）幼虫　老熟幼虫体长 30～50 毫米，黑褐色。背部中线黑色，两侧黄棕色，其下各有一条灰黑色纵带，各节均生有毛瘤，瘤上生有黄褐色长毛及少数黑色短毛。

（4）蛹　蛹体各节侧面均保留着幼虫期毛瘤特点，其上生黄褐色细毛，尾端有臀棘。

【生物学特性】　在黑龙江省 1 年发生 1 代，在山东、山西等省1年发生两代。多以2龄幼虫越冬。翌年4月中旬开始活动，5月份食量很大，常在嫩枝上取食叶肉，留下叶脉。受惊扰后立即停食不动，或吐丝下垂。大发生时，数日内可把树叶吃光。幼虫有避光性，夜间上树取食，白天下树潜伏在树皮裂缝、树洞及树根附近的杂草内，或石块、土块下。6月份，老熟幼虫在树干基部枯落物、杂草及土块下，或老树洞内化蛹。7月份，成虫羽化。成虫傍晚羽化最多，白天静伏在叶背、小枝和杂草间，受惊时才飞出。晚上活动，有强烈的趋光性。雌蛾交尾后当晚便可产卵。卵产于树皮或叶子上，成块状，一头雌蛾可产卵61～1 100粒，卵期约10天。8月上旬，为第二代幼虫为害期，8月中下旬又开始化蛹。9月初，第二代幼虫孵出，初孵出幼虫发育较慢，并可吐丝下垂，借风力传播。气候转冷后，即爬至树皮缝隙、树洞、枯枝落叶层、杂草或土质松软的表土下越冬。其天敌幼虫和蛹期有寄生蝇和白僵菌，卵期有赤眼蜂和卵小蜂寄生。

【防治方法】

第一，在树干基部扎草束，诱集下树幼虫，然后集中销毁。

第二，设置黑光灯诱杀成虫。

第三，用B. t.（苏云金杆菌）乳剂10倍液对树冠喷雾，杀死幼虫。

第四，用80%敌百虫1 000倍液、50%杀螟松乳剂或50%二溴磷乳剂800倍液喷洒树冠；用50%久效磷乳剂50倍液在树干涂毒环，杀死幼虫。

（七）舞毒蛾

舞毒蛾，属鳞翅目、毒蛾科。分布于黑龙江、吉林、辽宁、内蒙古、陕西、宁夏、甘肃、新疆、青海、四川、贵州、江苏、台湾、湖南、河南、河北、山东和山西等省、自治区。幼虫取食500多种植物，以杨、柳、榆、栎和苹果树受害最重，大发生时常把树叶吃光，严重影响树木生长和果实产量。

【形态特征】

(1)成虫 雌雄异形。雄蛾体长约18毫米，翅展47毫米，头黄褐色，前翅暗褐色或褐色，有深色锯齿状横纹，翅上有一个黑褐色斑点。雌蛾体长约28毫米，翅展75毫米，前翅黄白色，翅上有明显的"<"形黑褐色斑纹，前、后翅外缘两脉间各有一个黑褐色斑点，腹部肥大，末端具黄褐色毛丛（彩图11.10）。

(2)卵 圆形，初产出时杏黄色，以后变为褐色，数百粒至上千粒集中在一起成块状，表面被黄褐色绒毛所覆盖。

(3)幼虫 老熟幼虫体长50～70毫米，头黄褐色，头上有一道"八"字形灰黑色纹。腹背线灰黄色，自胸部到腹部末端有纵向毛瘤6列。毛瘤上生有刚毛，背面两列毛瘤上的刚毛短，黑褐色。气门下面一列毛瘤上的刚毛最长，灰褐色。背上两列毛瘤色泽鲜艳，前5对为蓝色，后7对为红色。

(4)蛹 长19～34毫米，红褐色或黑褐色，蛹体上生有锈黄色毛丛。

【生物学特性】 此虫1年发生1代，以卵越冬。翌年4月底至5月上旬，幼虫孵出后群集在卵块上，气温转暖时上树取食幼芽及叶片。幼龄幼虫可借风力传播，大龄幼虫可爬行转移为害。幼虫2龄后白天潜伏于枯叶或树皮裂缝内，黄昏时上树为害，受惊扰后吐丝下垂。6月中旬，老熟幼虫于枝叶间、树洞内、树皮裂缝处和石块下，吐少量丝缠固其身化蛹。6月底，成虫开始羽化。雄蛾善飞翔，白天在林间成群飞舞，故称"舞毒蛾"。雌蛾对雄蛾有较强的引诱力，交尾后的雌虫把卵产在树干、主枝、树洞、电线杆、伐桩、石块及屋檐下等处，每头雌蛾可产卵 400～1 500 粒。

舞毒蛾的主要天敌，卵期有舞毒蛾卵平腹小蜂和大蛾卵跳小蜂；幼虫和蛹期有梳胫饰腹寄蝇、敏捷毒蛾蜉寄蝇、毛虫追寄蝇、古毒蛾追寄蝇、毒蛾内茧蜂、毒蛾绒茧蜂、中华金星步甲、蠋蝽、双刺益蝽、暴猎蝽、核多角体病毒及山雀、杜鹃等几十种。这些天敌对舞毒蛾的种群数量有明显的控制作用。另外，舞毒蛾的发生也与环境条件有一定关系。在非常稀疏并且没有下木（下木——在营林上是指大树林内的低矮灌木和小乔本植物）的阔叶林或新砍伐的阔叶林内易发生，在林层复杂、树木稠密的林内很少发生。根据前苏联的调查资料报道，在阔叶林内平均每平方米有卵 500 粒时，树木就会受到重大损失，如果每平方米卵粒达到 500～1 500 粒时，预示该虫的猖獗期即将到来。

【防治方法】

第一，秋、冬季或早春刮下卵块，集中烧毁。

第二，喷洒舞毒蛾核多角体病毒悬液（舞毒蛾感病毒的死虫体：水＝1：5 000 倍）。

第三，5 月份幼虫期，喷 80％敌敌畏乳剂 1 000 倍液，10％广效敌杀死乳剂 2 500 倍液，40％乐果乳剂 1 000 倍液等杀死幼虫。也可用灭幼脲Ⅰ号 3 000 倍液喷洒树冠，杀死幼虫。

（八）黄刺蛾

黄刺蛾又名洋辣子、刺毛虫、毛八角等，属鳞翅目、刺蛾科。在我国，除宁夏、新疆、贵州与西藏四省、自治区目前尚无该虫发生的记录外，其他的省和自治区均有发生。幼虫危害杨、柳、枫杨、枣、苹果和梨等几十种树木。常将树叶吃成孔洞、缺刻，对树木生长和果实产量影响很大。

【形态特征】

(1)成虫　体长13～17毫米，翅展30～39毫米，体橙黄色。触角丝状，棕褐色。前翅上有一个深褐色圆点，自顶角开始向后斜伸两条深褐色细线，一条伸向翅中央，另一条伸向后缘。以伸向翅中央的线为界，一边为黄色，一边为褐色。后翅灰黄色(彩图11.11)。

(2)卵　扁椭圆形，淡黄色，表面有龟状纹。

(3)幼虫　老熟幼虫体长19～25毫米，体粗壮。头黄褐色。自体部第二节开始，各节背线两侧有枝刺1对，在第三、第四、第十节上的比其他节上的大，枝刺上生黑色刺毛。体背上有紫褐色呈哑铃形的大斑1个，末节背面有4个褐色小斑。身体两侧各有9个枝刺和1条蓝色纵纹。

(4)蛹　椭圆形，粗短。淡黄褐色。茧椭圆形，茧壳坚硬，黑褐色，有灰白色不规则的纵条纹，似雀卵。

【生物学特性】　在辽宁和陕西等省1年发生1代，在山东、安徽和四川等省1年发生2代，以老熟幼虫在树干及侧枝上结茧越冬。翌年5月中旬开始化蛹，下旬始见成虫。6月份为第一代卵期，6～7月份为幼虫危害期。第二代幼虫期出现在8～10月份，10月份结茧越冬。

成虫羽化多在傍晚，以17～22时最多。白天很少活动，常在叶背面停息。夜间活动，有趋光性。卵产在叶片背面，散产或数粒在一起。每头雌虫产卵49～67粒，成虫寿命为4～7天。卵期5～6天。初孵幼虫先取食卵壳，然后取食叶片的下表皮和叶肉。稍大后将叶片吃成不规则的缺刻或孔洞，大龄幼虫可吃光整个叶片，仅留叶脉和叶柄。老熟幼虫在树干或侧枝上吐丝结茧，并在其内化蛹。幼虫体上有毒毛，人的皮肤触及后可引起剧烈疼痛和奇痒。黄刺蛾的天敌有上海青蜂、刺蛾广肩小蜂和螳螂等。另外，啄木鸟也可啄食茧内的老熟幼虫。

【防治方法】

第一，人工摘除枝干和侧枝上的茧蛹。

第二，保护和利用啄木鸟。在山东省沂南县沂河林场，啄木鸟对茧内的老熟幼虫啄食率达60%以上。

第三，幼虫期喷洒每毫升含1亿孢子的B.t(苏云金杆菌)悬浮液，治虫效果达70%以上。

第四，喷洒40%对硫磷乳剂、50%辛硫磷乳剂等1000倍液，10%广效敌杀死2500倍液，杀死幼虫。还可用灭幼脲Ⅰ号3000倍液喷洒树冠，杀死幼虫。

(九)杨梢叶甲

杨梢叶甲，又名杨梢金花虫、咬把虫。属鞘翅目、叶甲科。分布于河南、河北、山西、陕西、甘肃、宁夏、北京、内蒙古、辽宁、吉林和江苏等省、市、自治区。以成虫取食杨树、柳树幼苗及大树嫩梢和叶柄，危害严重时会使全部树叶落光，对树木生长的不利影响很大。

【形态特征】

(1)成虫 体长5～7毫米，长椭圆形。头、胸和鞘翅均为黄褐色。复眼球形，黑色。触角11节，丝状，金黄色。前胸背板宽大于长，呈长方形。小盾片半圆形。前胸背板和鞘翅上密生黄色绒毛，边缘有饰边。足较长，黄色，跗节明显，4节，第三节分为两瓣，端节细长(彩图11.12)。

(2)卵 长椭圆形，初产时乳白色，很快变为乳黄色。

(3)幼虫 老熟幼虫体长约10毫米，头尾略向腹部弯曲似新月形，白色。头乳黄色。胸足3对，较长。气门线上有明显的毛瘤，第九腹节有角状尾刺2个。

(4)蛹　乳白色，复眼黄色，前胸背板和腹部都生有黄色刚毛。

【生物学特性】　1年发生1代，以幼虫在土中越冬。翌年4月份开始化蛹，5月上旬至7月份羽化为成虫，盛期在5月中旬至6月上旬。

杨梢叶甲的成虫羽化后，上树取食嫩梢顶下约5厘米处的嫩茎和叶柄，把叶柄和嫩茎咬成有2～3毫米深的缺刻，或把叶柄咬断。被害叶片因失水而很快萎缩下垂，然后干枯脱落。1头成虫1天可咬食叶柄9枚。发生严重时，树上挂满干枯树叶，干叶脱落后变成光枝秃梢，地面布满落叶。成虫还取食叶片，将叶缘咬成缺刻。中午温度高时，成虫活动力减弱，其他时间都可取食、交尾。

成虫有假死性。白天产卵，卵多产在禾本科杂草的叶缝内，以及土壤中、卷叶螟或卷叶蛾危害过的叶片粘结处。每头雌蛾可产卵16～46粒。卵成堆、直立，卵期7～8天。

幼虫孵化后落到地面，然后钻入土中取食树木或杂草的幼根。秋天进入15～40厘米深的土层中越冬，以30厘米处最多。春天转暖后，上升至12～20厘米处继续取食，老熟后在土中做蛹室化蛹，蛹期约7天。青沙土地最适宜幼虫生活，其次是落沙土。

【防治方法】

第一，在5月上旬杨梢叶甲化蛹盛期，进行土地中耕，破坏化蛹场所，对防治该虫十分有效。

第二，在5月中旬至6月上旬成虫危害盛期，于杨树林内施放烟雾剂熏杀，用80%敌敌畏乳剂、50%马拉硫磷1 000～1 500倍液，或10%广效敌杀死2 500倍液，喷洒树冠，杀死取食的成虫。

三、枝干害虫的防治

(一)白杨透翅蛾

白杨透翅蛾,属鳞翅目、透翅蛾科。分布于黑龙江、吉林、辽宁、内蒙古、宁夏、青海、新疆、陕西、山西、河北、河南、山东、江苏和浙江等省、自治区。幼虫危害杨树和柳树,苗木和幼树受害后形成虫瘿,易遭风折,造成缺株。

【形态特征】

(1)成虫 体长 11～20 毫米。头半球形,头与胸之间有橙黄色鳞片围绕,头顶有一黄褐色毛束。胸部背面被青黑色、有光泽的鳞片所覆盖。前翅窄长,褐黑色,中室与后缘略透明,后翅全部透明。腹部青黑色,有 5 条橙黄色环带。雌蛾腹部末端有黄褐色鳞毛一束,两边各镶有一簇橙黄色鳞毛(彩图 11.13)。

(2)卵 椭圆形,黑色,卵壳上有不规则多角形刻纹。

(3)幼虫 老熟幼虫体长 30～33 毫米。初孵幼虫淡红色,老龄时黄白色。胸足 3 对,腹足 5 对。臀节背面有两个深褐色刺,略钩起。

(4)蛹 纺锤形,褐色,腹部第二至第七节背面各有横列的刺两排,第九、第十节刺 1 排,腹末端有臀棘。虫瘿圆形。

【生物学特性】 在北京市、河南省 1 年发生 1 代,少数 1 年发生 2 代,以幼虫在虫道内越冬。翌年 4 月份越冬幼虫恢复取食,下旬开始化蛹,5 月上旬成虫开始羽化,6 月中旬至 7 月上旬为羽化的高峰期。5 月中旬见到卵,少量孵出早的幼虫,8 月中旬化蛹并羽化为成虫,直至 10 月底仍可见到成虫出现。成虫羽化时,将蛹体的 2/3 伸出羽化孔,然后蜕皮,把蛹皮留在孔口经久不掉。

成虫多在林缘或林木稀疏的地方活动、交尾和产卵，夜晚静伏在枝叶上。卵多产在1～2年生幼树的叶柄基部、有绒毛的枝干上、旧虫孔内、机械损伤处及树皮裂缝中，卵期约10天。幼虫孵出后，有的直接侵入树干内，有的则爬至别处找到适当场所再侵入。如果在嫩枝上为害，可使嫩芽枯萎脱落；如果危害侧枝或主干，可形成虫瘿。幼虫侵入2天后，就可在侵入孔外看到粪屑。当枝干枯萎或折断时，幼虫可转移到其他的枝干上为害。虫道长2～10厘米，排出的粪屑常与丝粘结在排粪孔口处。越冬前，幼虫在虫道末端吐少量丝做薄茧越冬。幼虫老熟后，在虫道端部吐丝粘结木屑做蛹室，在其内化蛹。

【防治方法】

第一，严格进行检疫。苗木调运时要清除有虫苗，禁止有虫苗运入非疫区。

第二，在苗圃内要及时剪除虫瘿，防止扩散。

第三，在成虫羽化盛期，用性诱剂诱杀雄虫。

第四，用50%杀螟松乳剂或50%磷胺乳剂20～60倍液，涂抹排粪孔；用80%敌敌畏乳剂500倍液注射虫孔，或蘸药棉堵孔，杀死幼虫。

第五，保护利用啄木鸟，冬、春季节啄木鸟对白杨透翅蛾幼虫的取食率达14.6%～61.5%。对啄木鸟要加强保护，发挥益鸟对害虫的控制力。

(二)青杨天牛

青杨天牛，又名青杨楔天牛、山杨天牛、杨枝天牛。属鞘翅目、天牛科。分布于黑龙江、吉林、辽宁、内蒙古、宁夏、甘肃、青海、新疆、山西、河北、河南和山东等省、自治区。幼虫蛀食杨、柳枝干，被害处形成虫瘿，使枝梢干枯或遭风折。

【形态特征】

(1)成虫 体长11～14毫米,体黑色,密被金黄色绒毛并间杂有黑色长绒毛。复眼黑色,触角鞭状。雄虫触角约与体长相等,雌虫触角略短于体长。前胸背板两侧各有一条金黄色纵带。鞘翅上满布黑色粗糙刻点,每个鞘翅上均生有长圆形金黄色绒毛斑4～5个,雄虫斑纹不明显(彩图11.14)。

(2)卵 长椭圆形,中间稍弯曲,黄白色。

(3)幼虫 初孵时乳白色,老熟时深黄色。老熟幼虫体长10～15毫米。头黄褐色。前胸背板黄褐色,背中线明显。

(4)蛹 长11～15毫米,乳黄色,腹部背中线明显。虫瘿长椭圆形。

【生物学特性】 1年发生1代,以老熟幼虫在虫瘿内越冬。翌年3月份开始化蛹,蛹期20～34天。在北京市,4月中旬成虫出现,5月上旬出现卵,卵在中下旬相继孵化为幼虫并侵入嫩枝为害。10月上中旬越冬。

成虫多集中在中午羽化,羽化孔圆形。成虫羽化后取食树叶补充营养,2～5天后交尾,交尾后约经2天开始产卵。卵多产在前一年生小枝上。产卵前,在枝上咬一马蹄形刻槽,产一粒卵在其中。成虫喜欢在开阔的林分和林缘活动,因此,孤立木和稀疏林分被害严重。每头雌虫平均产卵31粒,卵期约10天。初孵化的幼虫先啃食韧皮部,10天后进入木质部,被害部位受刺激后逐渐膨大,形成椭圆形虫瘿。粪屑堆满虫道,有时也从卵痕裂缝内排出。10月上旬幼虫老熟,在虫道端部用木屑堵住下端形成蛹室,在内越冬。幼虫期的天敌,有青杨天牛蛀姬蜂、管氏肿腿蜂和啄木鸟。

【防治方法】

第一,做好苗木检疫,严禁有虫苗木外运,以防扩散蔓延。

在发生区内，剪除虫瘿，以降低虫源基数。

第二，成虫羽化盛期，用40%乐果乳剂1 000～1 500倍液，80%敌敌畏乳剂1 000～2 000倍液，10%广效敌杀死乳剂2 500倍液喷树冠，杀死成虫和初孵幼虫。

第三，6月底至7月初，幼虫发育至中龄阶段，此时可释放管氏肿腿蜂，以肿腿蜂∶虫瘿＝1∶4的比例放蜂，可收到良好的寄生效果。

第四，保护利用天敌。青杨天牛蛀姬蜂在山西省有丰富的资源，局部地区对青杨天牛的寄生率达到40%以上；啄木鸟对青杨天牛的取食率也较高。对益鸟益虫要加以保护，发挥它们对害虫的抑制作用。

(三)光肩星天牛

光肩星天牛(经过光肩星天牛与黄斑星天牛的相互杂交试验证明，这两种天牛是一个种，只不过在西北各省、自治区，成虫体上的斑纹多表现为黄斑型，在其他各省多表现为白斑型)属鞘翅目、天牛科。分布于吉林、辽宁、内蒙古、宁夏、甘肃、青海、陕西、四川、山西、河北、河南、山东、安徽、江苏、福建、湖北、湖南和广西等省、自治区。以幼虫蛀食杨、柳、榆、槭等树的枝干，使被害树木千疮百孔，常造成风折或枯死，使木材失去利用价值。

【形态特征】

(1)成虫　体长20～35毫米，宽7～12毫米，全体黑色，有光泽。头比前胸略小，自后头至唇基有一条纵沟。触角鞭状，12节，第一节端部膨大，第二节最小，第三节最长，以后各节渐次缩短，自第三节开始各节基部均呈灰蓝色。前胸两侧各有一个刺状突起，每个鞘翅上有大小不等的白斑约20个，鞘翅基部光滑，无小刻粒。身体腹面及腿部略带蓝灰色(彩图

11.15)。

(2)卵 乳白色，长椭圆形。长约6～7毫米，两端微弯曲，近孵化时变为黄色。

(3)幼虫 初孵幼虫乳白色，取食后淡红色，大龄后变为乳黄色。老熟时体长约50毫米。头褐色，触角3节，短粗。前胸背板上有“凸”形褐色斑纹。体腹面第二至第九节，背面第三至第九节，都有一个步泡突，背面的步泡突中央具纵沟2条，腹面1条。

(4)蛹 乳白色至黄白色，体长30～37毫米。触角末端卷曲呈环状，第八节背面有一个向上的棘状突。

【生物学特性】 1年1代或2年1代，以幼虫或卵越冬。翌年3月下旬越冬幼虫开始取食，卵也相继孵化。4月底5月初幼虫老熟，开始在虫道上部做椭圆形蛹室，下端用碎细木屑堵塞，然后化蛹。6月上中旬为化蛹盛期，蛹期约20天。成虫羽化后在蛹室内停留7天左右，然后咬羽化孔爬出，6月上旬始见成虫。

成虫白天活动，以8～12时最活跃。据测定，成虫一次可飞行30～225米，晴天活动频繁，阴雨天栖息于树冠。成虫以寄主树的叶柄、叶片和嫩枝皮作补充营养。调查研究表明，含糖量高的寄主树，如糖槭、复叶槭等，成虫最喜欢取食。成虫产卵前用上颚咬一长椭圆形刻槽，把产卵管插入韧皮部和木质部之间，产1粒卵在内，然后分泌胶状物堵住槽孔。卵多产在树干枝杈和有萌生枝条的地方。树皮含水量的多少对卵的存活影响很大，原因是含水量多会使卵槽产生伤流，破坏卵槽原来的小环境。每头雌虫平均产卵32粒左右。成虫寿命为3～66天。卵期在6～7月份，约11天。在9～10月份，所产的卵可延至第二年春才孵化。幼虫孵出后，先取食腐坏的韧皮部，2 龄以后取食新鲜组织，并开始蛀凿虫道。幼虫受惊扰后会钻入虫道躲避起来。被害部位凹陷成一疤。幼虫、蛹期的天敌有花绒坚甲和啄木鸟等。在山东省，冬、春季啄木鸟对幼虫的取食率在 35%以上。

【防治方法】

第一，选用抗虫品种造林。在山东省可选 I-69/55 杨、I-72/55 杨、毛白杨等。

第二，清除林地周围的虫源木，减少感染源。虫源木采伐后不要在林地内过夏，来不及运走的要用水浸泡或用熏蒸药剂熏杀幼虫。

第三，加强水肥管理，提高树木对害虫的抵抗能力。

第四，林地周围，适当栽植感虫品种路易莎杨作为引诱木，然后集中消灭该虫，或在林地边缘适当栽植复叶槭作诱饵木诱集成虫，于成虫期在诱饵木树冠上喷药，杀死取食的成虫。

第五，保护和利用天敌花绒坚甲和啄木鸟。在树高 5～9 米处挂直径约 20 厘米、长 50 厘米的空心木或竹筒作招引木，引诱啄木鸟定居。

第六，成虫出现期，在树干基部注射 10%吡虫啉液剂，用量依杨树胸径而定，为每厘米胸径 0.8 毫升。在成虫出现高峰期，对树干及侧枝喷洒绿色微雷，杀死在树干及侧枝爬行的成虫，用 1059 乳剂 1 000 倍液，10%广效敌杀死 2 500 倍液，喷洒树冠，毒杀成虫。

第七，幼虫期，用 50%杀螟松乳剂 200 倍液，40%乐果乳剂 200 倍液，喷洒树干，杀死初龄幼虫；用上述农药或久效磷、辛硫磷 100 倍液，注入虫孔，或用磷化锌毒签插刺虫孔等，均可杀死大龄幼虫。

(四)桑天牛

桑天牛，又名粒肩天牛。属鞘翅目、天牛科。在我国大部分省、自治区均有分布。它是多种林木和果树的重要害虫，对毛白杨、欧美杨、苹果和桑危害最烈。树木被害后生长不良，树势早衰，木材利用价值降低，果品和桑叶减产。

【形态特征】

(1)成虫 体长 34～46 毫米，黑色，体上密被黄褐色绒毛。头顶隆起，中央有一条纵沟，触角 11 节，稍长于体长，各节顺次细小。前胸背板近方形，背面有横皱纹，两侧各有一个侧刺突。鞘翅基部密生颗粒状小黑点。足黑色，密生灰白色绒毛(彩图 11.16)。

(2)卵 长椭圆形，长 5～7 毫米，黄白色，稍弯曲。

(3)幼虫 老熟幼虫长 45～60 毫米，乳白色。头褐色，缩入前胸内。前胸背板后半部密生赤褐色粒状小点，向前伸展成 3 对尖叶形斑纹。后胸至第七腹节背面，各有一个扁圆形步泡突，其上生有赤褐色粒点，前胸至第七腹节腹面，也有步泡突，中央被横沟分为两片。

(4)蛹 长约 50 毫米，黄白色，触角后披，末端卷曲于腹面。腹部 1～6 节背面两侧各有一对刚毛区，腹部末端轮生刚毛。

【生物学特性】 在广东省 1 年发生 1 代，在山东、江苏省两年发生 1 代，以幼虫在虫道内越冬。翌年 3 月份，越冬幼虫开始取食；4 月底 5 月初，幼虫老熟开始化蛹，5 月中旬为化蛹盛期。6 月上中旬成虫出现，6 月中旬至 7 月中旬为盛期，8 月中下旬仍可见到成虫。2 年 1 代区各虫态大约比 1 年 1 代区出现期晚 20 天。

成虫出孔后，以桑树、构树等桑科乔本植物的嫩枝皮，作为补充营养食物，卵巢才能发育成熟并产卵；以杨、柳、榆树嫩枝皮作为补充营养的食物，才能维持正常生命活动和产卵。其取食过的嫩枝上留下不规则的伤疤，严重时使嫩枝凋萎枯死。成虫白天取食，晚上飞到杨树林、果树等寄主上产卵，卵大多产在粗 10～15 毫米的小枝上，产卵前先咬一“U”形刻槽，产一粒卵在其中，然后用黏液堵塞槽口。每头雌虫约产卵 100 粒，卵期 13 天。成虫受惊扰后立即落到地上。成虫寿命为 40 天左右。幼虫孵出后，向上蛀食约 10 毫米，以后转向下沿枝干木质部蛀食，直至主干。每隔一段距离向外咬一圆形排泄孔，不断把粪屑排出孔外。随着虫龄增大，排泄孔径及孔间距离随之增大。幼虫一生钻蛀虫道 0.9～5 米，排泄孔约 18 个。幼虫老熟后，沿虫道上移至最后 1～3 个排泄孔间，先咬羽化孔雏形(表现为树皮臃肿或开裂，常见有树汁外流)，然后在虫道内适当位置做蛹室化蛹。蛹期 26～29 天。桑天牛的天敌，卵期有长尾啮小蜂，在江苏省野外自然寄生率为 6%～61%。

【防治方法】

第一，林地及其周围 1 000 米范围内，清除桑树、构树等桑科乔本植物，断绝成虫的补充营养源；或在林地周围适当保留桑树、构树作诱饵，在成虫出现期于诱饵树上喷药，杀死成虫或人工捕捉成虫。

第二，化蛹盛期，用木棍堵死羽化孔雏形，可把成虫闷死在虫道内。

第三，幼虫期，用 80%敌敌畏乳剂加柴油(1∶20 倍)或 40%乐果乳剂 100 倍液注射虫孔；磷化锌毒签插虫孔，杀死幼虫。

第四，保护利用啄木鸟。

（五）云斑天牛

云斑天牛，又名云斑白条天牛。属鞘翅目、天牛科。分布于四川、云南、贵州、广西、广东、福建、台湾、江西、浙江、安徽、湖南、湖北、山东、河北、河南和陕西等省、自治区。幼虫蛀食杨、柳、榆和核桃等几十种树木主干，严重者使果树产量降低，木材失去利用价值。

【形态特征】

（1）成虫 体长34～61毫米，宽9～15毫米，黑褐色至黑色，密被灰白色和灰褐色绒毛。雄虫触角超过体长约1/3，雌虫触角略长于体长，各节下方生稀疏的细刺，第一至第三节具光泽并有刻点和瘤突。前胸背板中央有一对白色或淡黄色肾形斑，侧刺突大而尖，小盾片近半圆形，被白色绒毛。每个鞘翅上，均有白色或淡黄色大小不等的云状绒毛斑，基部1/4处密布瘤状颗粒。身体两侧自复眼后方至腹部末端，有白色纵带一条（彩图11.17）。

（2）卵 长6～8毫米，长椭圆形，稍弯曲，初产时白色，渐变为黄白色。

（3）幼虫 老熟幼虫体长70～80毫米，淡黄色。唇部生有许多棕色毛，触角短小。前胸背板上有一大“凸”形斑纹，密布褐色刻点。前胸背板前方中线两侧，各有一黄白色小圆点，其上生有一根刚毛。

（4）蛹 长40～70毫米，淡黄色。头、胸部背面及腹部第一至第六节背面中央两侧，生有棕色刚毛。

【生物学特性】 在贵州、湖北省两年发生1代，以幼虫和成虫在虫道内和蛹室内越冬。翌年4月中旬，越冬成虫咬一圆形羽化孔外出。4月底5月初，成虫大量出现。成虫出孔后，在孔口处稍停片刻，便爬上树冠。最喜欢以野蔷薇等蔷薇科植物和白蜡树的嫩枝作补充营养，白天取食和交尾，夜晚飞到杨树林或核桃树上产卵。

成虫产卵前先在树干的适当位置咬一圆形或椭圆形刻槽，然后把产卵器插入树皮下，产 1 粒卵在其中，然后分泌黏液封堵孔口。卵多产在树干 1.5 米以下的干基处。最喜欢危害直径为 15～20 厘米粗的树木。成虫受惊后会坠落地面。寿命约 45 天。每头雌虫约产卵 45 粒。产卵盛期在 5 月上中旬，卵期 10～15 天。初孵幼虫取食韧皮部，使受害处树皮胀裂，流出树液和粪屑。20 天后幼虫逐渐向上，蛀入木质部，虫道长约 25 厘米。第一年以幼虫越冬，翌年春季继续为害。8 月中旬幼虫老熟后，在虫道顶端做蛹室化蛹。9 月中下旬成虫羽化后，即在蛹室内越冬。

【防治方法】

第一，选用抗虫品种造林，如 I-63/51 杨抗性较强。

第二，造林前清除虫源，或用杉树造 50～100 米宽隔离带隔开虫源，能收到很好的预防效果。

第三，4 月下旬至 5 月份成虫出现期，在林地周围的野蔷薇丛中和白蜡树枝上，捕杀成虫或喷洒农药杀死成虫。

第四，成虫盛期，在树干基部喷洒绿色微雷、50％杀螟松乳剂 150～300 倍液、80％敌敌畏乳剂 200 倍液、10％广效敌杀死 2 000 倍液，均可杀死成虫和初孵幼虫。

第五，产卵盛期，可以用锤锤击卵槽上半部。

第六，4 月下旬树干涂白，防止成虫产卵。

（六）杨十斑吉丁虫

杨十斑吉丁虫，又名杨十斑吉丁。属鞘翅目、吉丁科。分布于宁夏、内蒙古、甘肃和新疆等省、自治区。幼虫蛀食杨、柳科植物，使被害树木千疮百孔，木材使用价值降低。

【形态特征】

(1)成虫 杨十斑吉丁虫成虫体长11～23毫米,黑色。上唇前缘及额部有黄色绒毛,头顶部有细小刻点。前胸背板上有均匀的刻点,较头顶部的刻点细,具古铜光泽。每个鞘翅上有纵线4条,黄色斑纹5～6个。腹部末端两侧各有一个小刺突(彩图11.18)。

(2)卵 椭圆形,长1.2～1.5毫米,初产出时淡黄色,近孵化时灰色。

(3)幼虫 老熟幼虫体长20～27毫米,黄白色。前胸背板宽大,约为腹部中间体节宽度的2倍,背板上有一个扁圆形点状突起区,中央有一个近似倒"V"字形纹,前胸腹板点状突起区约呈方形,中央有一条纵沟。

(4)蛹 黄白色,长11～19毫米,复眼黑褐色,触角向后。

【生物学特性】 在新疆维吾尔自治区和宁夏回族自治区1年发生1代,以老熟幼虫在虫道内越冬。翌年4月中旬化蛹,下旬羽化为成虫。5月中下旬成虫大量出现。5月下旬至6月上旬为产卵盛期,6月中旬孵出大量幼虫,10月份老熟幼虫开始越冬。

成虫自羽化孔爬出后,取食叶片、叶柄和嫩枝皮,作为补充营养食物。交尾约2天后开始产卵。成虫喜光,10～18时最活跃,飞翔力强。夜晚、清晨及阴雨天气,静伏在树杈处和树皮下,易于捕捉。卵散产,每头雌虫可产卵23～34粒,大多产在树干阳面的树皮裂缝中,卵期13～18天。幼虫孵出后侵入树皮内,侵入孔处有黄褐色分泌物溢出,稍后排出粪屑。6月下旬蛀入木质部为害,虫道似"L"字形。10月份,幼虫老熟越冬,翌年4月份在木质部靠边材处做椭圆形蛹室,在其内化蛹,蛹期约15天。幼虫期的天敌有寄生蝇和白僵菌。

【防治方法】

第一,选择抗虫品种造林,如新疆杨、小叶杨抗性强,可以选择。

第二,清除虫源木,减少虫源数量。

第三,在幼虫孵出高峰期,用50%1059乳剂加柴油配成1∶40倍的溶液,涂入孔内;大龄幼虫期用毒签插刺虫孔,毒杀幼虫。

(七)杨干象

杨干象,又名杨干隐喙象。属鞘翅目、象虫科。分布于黑龙江、吉林、辽宁、河北、山西、陕西、内蒙古、甘肃和新疆等省、自治区。幼虫蛀食杨、柳科植物,在韧皮部环绕树干蛀食为害,切断输导组织,轻者造成枝梢干枯,严重者使整株死亡。另外,在树干中蛀虫孔还使木材的使用价值降低。

【形态特征】

(1)成虫 体长8～10毫米,长椭圆形。黑褐色至棕褐色,全体密被灰褐色鳞片,其间散生白色鳞片,往往形成不规则的横带。在前胸背板两侧和鞘翅后端1/3处,白色鳞片较密,并混生有直立的黑色毛簇。喙弯曲,中央有一条纵隆线。复眼黑色,触角9节,呈膝状。前胸背板宽大于长,中央有一条细隆线。鞘翅后端1/3处向后倾斜,形成一个三角形斜面。雌虫臀板末端尖形,雄虫臀板末端圆形(彩图11.19)。

(2)卵 卵圆形,长1～3毫米,乳白色至乳黄色。

(3)幼虫 老熟幼虫体长约9毫米,乳白色至乳黄色。体弯曲,上面疏生黄色短毛。头黄褐色。前胸具一对黄色硬皮板,腹部第一至第七节背面各由3小节组成。足退化,在足痕处生有数根黄毛。

(4)蛹 体长8～9毫米,乳白色至乳黄色。腹部背面散生许多小刺，前胸背板上有数个突出的刺。腹部末端有一对向内弯曲的褐色小钩。

【生物学特性】 1年发生1代，以卵及初孵幼虫越冬。翌年4月中旬幼虫开始取食，卵也相继孵化。初孵出幼虫先取食木栓层，逐渐深入韧皮部与木质部之间，环绕树干蛀成圆形虫道，虫道处的树皮常开裂成褐色横疤痕，如刀砍状。5月中旬，幼虫自虫道末端，蛀入木质部做椭圆形蛹室，用细木屑封闭孔口在其中化蛹。蛹期10天左右。

成虫于6月中旬开始羽化，经6～12天后才爬出树干外，7月上中旬成虫大量出现。以取食嫩枝、叶片作补充营养。成虫取食时用喙咬一圆形小孔，取食形成层的新鲜组织，取食过的枝干上留下无数针刺状小孔，取食过的叶片成网眼状。在树干机械损伤不久的伤口处，新鲜的形成层成虫最爱吃，常发现数头在一起。成虫很少起飞，善爬行，多在早晚天气凉爽时活动。闷热和阴雨天，潜伏在机械损伤后翘起的树皮下、旧虫孔、树根部的土壤缝隙内，受惊扰后坠落地面呈假死状。卵多产于枝痕、皮孔处，少数也产于叶痕、皮缝或伤痕的木栓层中。产卵前先咬一圆形卵孔，产1粒卵在其中，然后排泄黑色分泌物堵住孔口。每头雌虫可产卵约44粒，卵多产在3年生枝干上。

【防治方法】

第一，严格检疫，防止有虫苗木进入非疫区。

第二，选用抗虫品种。在黑龙江省龙山杨抗性强，应予繁殖推广。

第三，4月下旬至5月中旬幼虫危害期，用50%杀螟松乳剂或50%辛硫磷乳剂、2.5%溴氰菊酯乳剂30～50倍液，点涂虫孔。另外，可用上述药剂200倍液喷洒树干。

第四，在 7 月上中旬成虫出现盛期，喷洒 10%广效敌杀死 2 500 倍液，杀死取食的成虫。

第五，保护和利用啄木鸟和蟾蜍等天敌。

(八)杨 圆 蚧

杨圆蚧，属同翅目、盾蚧科。分布于黑龙江、吉林、辽宁、内蒙古、山西、甘肃和新疆等省、自治区。若虫危害杨树，以刺吸式口器刺入树皮内吸取汁液。介壳布满枝干，阻碍呼吸作用，常造成树木成片死亡。在北方，是杨树人工林内的毁灭性害虫。

【形态特征】

(1)介壳及成虫　雌介壳圆形，直径约 2 毫米，分为 3 轮，轮纹明显，中心淡褐色，略突起，内轮深褐色，外轮灰白色。雄介壳较小，椭圆形，长约 1.5 毫米，宽 1 毫米，介壳顶部有一稍偏一边的点突。雌成虫体长约 1.5 毫米，浅黄色，倒梨形，臀板黄褐色，触角瘤状，上面生一根毛。雄成虫橙黄色，体长约 1 毫米，触角丝状，9 节，翅膜质，后翅变为平衡棒，交尾器细长。

(2)卵　初产时白色透明，后变为淡黄色。长椭圆形。

(3)若虫　初孵若虫体长约 0.13 毫米，淡黄色，长椭圆形，扁平，臀板淡杏黄色。足与口器发达，触角 5 节。尾毛 1 根。大龄后尾毛、触角和足全部退化。虫体变为圆形或椭圆形。

(4)蛹　黄色，翅、触角、足明显，交尾器圆锥形。

【生物学特性】　1 年发生 1 代，以若虫越冬。翌年 4 月中下旬若虫开始活动，5 月份雄虫化蛹。5 月中下旬雌、雄成虫羽化。雄成虫羽化后，自介壳较低的一端爬出。此时活动能力强，能飞翔。雌虫羽化后，仍停留在介壳内不动。雄虫羽化后寻找配偶，找到后即把交配器插入雌壳内，交尾后便死亡。6月上旬，雌虫开始产卵，产卵有间歇性。随着产卵虫体逐渐向介壳前端收缩，最后卵充满介壳，雌虫死亡。每头雌虫可产卵 64～107 粒，卵期 5～6 天。6月中旬若虫出现，下旬为其盛期。7月中旬孵化终止。若虫孵化后，由介壳下爬出，沿树干上下爬行寻找寄生场所，此时可借风传播到其他树上。当找到适宜场所时，把口针刺入树干，然后分泌丝质物形成介壳固定下来，不再移动(彩图 11.20)。不久蜕皮，随后进入越冬阶段。杨圆蚧的天敌有双条巨角跳小蜂、环斑跳小蜂、黄胸蚜小蜂、红点唇瓢虫和龟纹瓢虫等。

【防治方法】

第一，严格进行检疫，禁止带虫幼苗、种条和原木运往非疫区，以免扩散蔓延。

第二，保护和利用天敌。双条巨角跳小蜂和红点唇瓢虫等天敌数量多时，要禁止使用农药，发挥天敌对害虫的自然控制作用。

第三，在虫口密度大时，人工刮下介壳。

第四，若虫期，可喷洒 40%乐果乳剂、80%敌敌畏乳剂 1 000倍液；2.5%溴氰菊酯 3 000 倍液，50%久效磷乳剂1 200倍液，均可杀死若虫。

第二节　主要病害的防治

杨树是一个比较娇嫩的、多害多病的树种。一些暂时的或持续的不良环境条件，如苗木运输过程中失水、春旱、冻伤、日灼、土质瘠薄、盐碱和长期积水等，均可使杨树的正常生理功能被破坏而发病。由此类原因所引起的病害，称之为生理病害或非侵染性病害。杨树也易受致病性的真菌、细菌、病毒、螨类和某些高等植物的侵袭而发病，此类病害称之为侵染性病害。随着杨树在各种类型防护林和工业用材林中所占比例的不断扩大，杨树病害的种类也不断增多，发生程度和受害的损失也不断增高，这是生产上急需解决的问题。

在杨树栽培过程中，侵染性病害和非侵染性病害虽然有其各自的发病原因和过程，但彼此又有很多直接或间接的联系。影响或破坏正常生理功能的一些环境条件，常导致杨树抗病性的降低，或为病原物的侵入和扩展创造条件，因而成为杨树发病受害的诱因。本书从实用的角度出发，在侵染性的各种病害中，综合论述各有关的病原生物和环境条件的作用，介绍几种重要病害的综合防治技术（本书病原菌图均仿自《中国森林病害》一书）。

一、叶部病害的防治

(一)叶 锈 病

杨树叶锈病，是杨树上发生最普遍、危害最严重的叶部病害。叶片是主要受害部位，也可在芽和嫩枝上发生。症状的共同特点是，产生橘黄色的夏孢子堆，破裂后散放出夏孢子，为黄色粉状物，故称锈病。

杨树叶锈病主要由锈菌目、栅锈科与栅锈属的多种真菌所引起。夏孢子是它们的无性世代。发病后期，多数栅锈菌可在夏孢子堆中或周围产生暗褐色的冬孢子堆，冬孢子是有性世代。冬孢子萌发产生担孢子。担孢子不再侵染杨树，而是寄生在松属、落叶松属、葱属、山靛蓝属、紫堇属及白屈菜属等植物上，产生性孢子器和锈子腔。锈子腔中的锈孢子，再传回到杨树上，形成一个新侵染循环。这是锈菌特有的转主寄生现象。杨属以外的寄主植物，叫做转主寄主。有些种栅锈菌尚未发现转主寄主，或转主寄主在发病的侵染循环中作用不明确，它们能以夏孢子逐年连续侵染杨树。

锈菌是专性寄生菌，绝大多数仅能在活体植物上生长和繁殖。它们对寄生植物的种类或品种的选择也有明显的专化性。如某些寄生黑杨派树种上的栅锈菌不侵染白杨派树种；反之，某些寄生白杨派树种的栅锈菌，则不能侵染黑杨派、青杨派树种；而寄生在胡杨上的栅锈菌，既不能侵染黑杨派和青杨派树种，也不能侵染白杨派树种。

上述栅锈菌冬、夏孢子的形态，转主寄主的种类及对杨属各派树种的寄生专化性等，是杨树叶锈菌各主要种类的重要分类依据。我国杨树栅锈菌主要有五个种，其区别见表11-1。

表11-1　我国杨树栅锈菌五个种的主要区别

菌种名	杨属寄主	转主寄主	冬、夏孢子特征	国内分布
落叶松—杨栅锈菌	青杨派树种，某些黑杨派树种	落叶松属	冬孢子堆仅生于叶片正面；夏孢子壁在“赤道”处加厚，基部刺较大	广　泛
葱—杨栅锈菌	黑杨派树种，青杨派树种	葱　属	冬孢子堆仅生于叶背面；夏孢子壁厚度均匀	新　疆
白杨栅锈菌	白杨派树种，尤其是毛白杨	紫堇属山靛属白屈菜属	夏、冬孢子堆主要生于叶背，有时生于叶面。夏孢子刺大而均匀，壁厚度均匀	西北、华北地区
山杨栅锈菌	白杨派树种，尤其是山杨及其杂种	落叶松属	夏孢子堆仅散生于叶背面；夏孢子较小	较广泛
粉被栅锈菌	胡杨派树种	不　详	夏、冬孢子堆生于叶片正、反面；夏孢子具疣状刺，密集	西北地区

我国主要的杨树叶锈病有以下三种：

1. 青杨叶锈病

【发生及危害】 青杨叶锈病(落叶松—杨锈病)，在我国发生范围最广泛，东北、华北及西北地区的多数省、自治区均有发生。青杨派树种受害最重，黑杨派许多树种也易发病。病害多发生在苗圃和幼林，发病率可达100%。病叶上密生夏孢子堆，影响光合作用，使树体水分过量蒸腾，以致叶片枯萎并提早脱落。发病重时，在生长期树叶即脱落殆尽，造成杨树在秋季二次萌叶及翌年春季放叶迟缓，削弱树势，对生长量有严重影响。

【病原菌】 由落叶松—杨栅锈菌引起。该菌是一种转主寄生的长循环菌。转主寄主为落叶松属树种。每年5月份，在杨树落叶上越冬的冬孢子遇有雨水就产生担孢子，通过气孔侵入落叶松的针叶中。7～10天后长出性子器和锈子腔。后者产生的锈孢子随风传至杨树叶片上，经7～15天产生夏孢子堆，堆中散放的夏孢子在7～8月份可进行多次再侵染。8月中下旬形成冬孢子，在落叶上越冬。

夏孢子单胞，椭圆形，黄色，表面密生疣刺，大小为28～36微米×18～23微米，有棒头状侧丝，长为40～70微米。冬孢子整齐地排列在寄主表皮下，单行排列，单胞，圆筒形，大小为20～70微米×9～10微米(图11-1)。

【发病规律】 温度和湿度是影响发病的主要因子。冬孢子萌发的最低温度为2℃，最适温度为10℃～18℃，最高温度为28℃。担孢子萌发的最低温度为2℃，最适温度为15℃～18℃，最高温度为37℃。锈孢子萌发的最低温度为6℃，最适温度为15℃～18℃，最高温度为31℃。夏孢子萌发的最低温度为10℃，最适温度为18℃～28℃，最高温度为38℃。

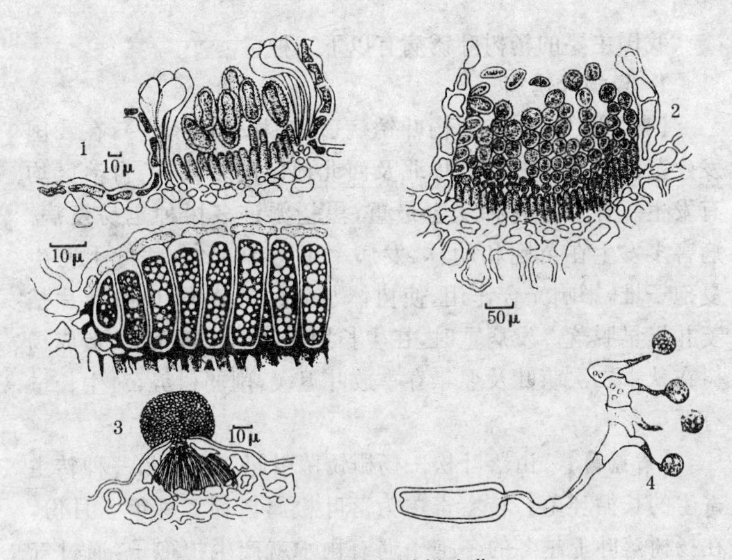

图 11-1　青杨叶锈病菌

1.(上)夏孢子堆,(下)冬孢子堆　2. 锈子腔

3. 精子器　4. 冬孢子萌发产生的担子及担孢子

病菌对两种寄主的侵染,必须在水滴中或有水膜的情况下才能完成。4～5 月份降雨多,有利于其对落叶松的侵染;6～8 月份降雨多,则易导致杨树发病。

当林分植株密度大时,或因氮肥过多而徒长,造成林内通风透光不良、湿度过大时,病害发生较重。

与落叶松林相邻的杨树林发病重。夏孢子的存活力和致病性在干燥的情况下可达 10 个月之久。在沈阳地区,约有 0.3%的夏孢子在越冬后有致病力。因此,在某些地区即使没有转主寄主,该菌也能以夏孢子逐年连续为害。这是附近没有落叶松的杨树林分叶锈病发生也能很重的原因。

【防治方法】

第一,选用抗病品种。白杨派树种中,毛白杨、银白杨、新疆杨和河北杨等均免疫。黑杨派树种中，加杨、新生杨和健杨等较抗病。大多数青杨派树种及其杂交种，如青杨、小叶杨、中东杨、箭杆杨、北京杨和合作杨等，感病均较重。

第二，不营造杨树与落叶松的混交林。杨树林及苗圃，与落叶松林的距离，至少应在 300 米以上。

第三，清除越冬病叶，减少初侵染源。

第四，发病期，必要时可喷药防治。东北林业大学在黑龙江省齐齐哈尔地区测定该病的生长量损失和防治的经济阈值，认为化学防治应在病情指数*达 25 时进行；甘肃省临夏

---

* 病情指数是表达植物发病程度的一种较为科学的计算方法，它既能说明发病的普遍程度，又能说明发病的严重程度。用公式表达：

$$\text{病情指数}=\frac{\text{各病级株数}\times\text{各该级代表数值之和}}{\text{总调查株数}\times\text{最高病级代表数值}}\times 100$$

发病最重的病情指数是 100，最轻为 0。

例：某苗圃杨树黑斑病调查，取样 100 张叶片，按照病斑占叶面积的百分比，将各叶片的病情分为 6 级，分别以 0,1,2,3,4,5 为各病级的代表数值。分级及各级叶片数量如下：

病斑占叶片面积(%)	代表数值	调查叶数
0	0	25
1～5	1	31
6～25	2	15
26～50	3	20
51～75	4	5
76 以上	5	4

病情指数

$$=\frac{(25\times 0)+(31\times 1)+(15\times 2)+(20\times 3)+(5\times 4)+(4\times 5)}{100\times 5}\times 100$$

$$=\frac{0+31+30+60+20+20}{100\times 5}\times 100$$

$$=\frac{161}{500}\times 100=32.2$$

森防站认为，该地区应在病情指数达 15 时喷药。发生严重时，应在第一次喷药后 15～20 天喷第二次药。防治效果较好的药剂有：25%粉锈宁 1 000 倍液，25%粉锈宁油剂 0.4 克/平方米低容量喷雾，70%甲基托布津 1 000 倍液。

2. 白杨锈病

【发生及危害】 该病在我国发生普遍，毛白杨种植区几乎都有发生，还可侵染新疆杨、河北杨和山杨等白杨派品种。主要发生地区有河北、河南、山东、山西、陕西、甘肃、宁夏和新疆等省、自治区。杨树受害部位有幼芽、叶片和嫩茎。可以引起死芽。叶片因产生大量夏孢子堆并突破表皮而减少光合作用和过度失水，造成叶片枯萎和提早脱落，落叶严重时当年可二次萌叶，翌年则放叶迟缓。对幼树生长有严重影响。

【症　状】 春季幼芽萌发后，病芽叶背出现黄色夏孢子堆，使芽卷缩和扭曲，往往不能正常开放，其上布满黄粉，宛如一朵黄花，不久即枯死(彩图 11.21)。感病叶片，在正反两面出现黄色夏孢子堆，以叶背面为多，严重时孢子堆相连成片。病叶变小，卷曲，早落。叶柄和嫩茎上的夏孢子堆，为椭圆形或条状黄色病斑。有时，在晚秋的病叶或落叶上产生黑色的冬孢子堆。

【病原菌】 主要由白杨栅锈菌引起。夏孢子橘黄色，圆形或近圆形，大小为 16～19 微米×18～24 微米，表面密生均匀一致的刺状突起，有侧丝，头状或球拍状，浅黄色，头部21～50 微米×70～105 微米。冬孢子单行排列，柱状，上宽下窄，大小为 30～50 微米×10～15 微米(图 11-2)。

【发病规律】 病菌主要在被侵染的幼芽内以菌丝状态越冬。翌年春季萌芽时，产生夏孢子堆，并散放出大量夏孢子，进行初侵染。嫩枝上的夏孢子堆，也可产生夏孢子，但数量较

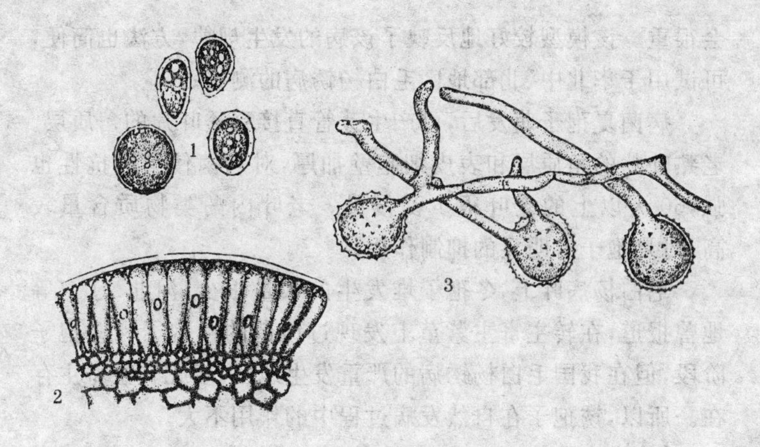

图 11-2　毛白杨锈病菌

1. 夏孢子　2. 冬孢子堆　3. 夏孢子萌发

少。落叶上的夏孢子堆和夏孢子虽可越冬,但到翌年杨树展叶时多已丧失萌发能力。

夏孢子萌发的最适温度为15℃～20℃,温度低于10℃和超过29℃则很少萌发。夏孢子萌发仅能在水滴中或有水膜时进行。夏季高温干旱,不利于夏孢子萌发和侵染。所以,该病在春末、夏初有两个发病高峰。发病轻重,一方面与越冬病菌多少有密切关系,另一方面取决于这两个适温时期降水量的多少。该病的流行预测方法,据中国林业科学研究院在北京、河北、山东和山西等地进行的调查和统计,以毛白杨展叶时的百株病芽数(X_1)代表病菌的越冬数量;以夏孢子萌发适温(日均温15℃～25℃)期间的降水量(X_3)代表发病的温、湿度条件,预测当年最高病情指数(y)的数学模型为:

$$y = 2.8229 + 0.013 X_1 \cdot X_3$$

该模型以越冬病菌数量和温、湿度条件互作(乘积)因子,预测发病程度,其中任何一个互作因子数值很低时,发病都不会很重。该模型较好地反映了该病的发生规律，方法也简便，可试用于华北中、北部地区毛白杨锈病的测报。

病菌夏孢子萌发后，可产生芽管直接穿透叶片的角质层。老熟叶片的角质层和表皮细胞壁加厚，对病菌侵染的抗性也强，60 天以上的老叶很少受侵染。老叶内酚类物质含量较高，对夏孢子有明显的抑制作用。

毛白杨病叶上，冬孢子堆发生的数量很少，河北、辽宁等地曾报道，在转主寄主紫堇上发现过该菌的性孢子和锈孢子阶段，但在我国毛白杨锈病的严重发生地区，多无转主寄主存在。所以，锈孢子在自然发病过程中的作用不大。

【防治方法】

(1)选用抗病树种　黑杨派树种免疫。在白杨派树种中，应避免种植北京毛白杨、河南毛白杨和箭杆毛白杨等感病品种，而河北毛白杨、小叶毛白杨和截叶毛白杨等较抗病，可以选种。银白杨是白杨派中一个接近免疫的品种。毛白杨的雄株一般较雌株抗病。

(2)人工摘除病芽　人工摘除病芽，减少初侵染来源，有明显的防病效果。摘除病芽必须在芽上的夏孢子飞散前及时进行，将采下的病芽装于塑料袋中，集中埋于土地下。

(3)化学防治　在春季杨树萌芽期，当病芽大部分出现，在病菌夏孢子飞散之前，喷洒 25%粉锈宁可湿性粉剂 1 000 倍液。该药对锈菌杀灭力很强，但对毛白杨夏孢子堆周围的叶肉有药害，对健叶则无害，而且有内吸保护作用。在萌芽期喷药，一方面可杀死锈菌，铲除病芽，同时又能保护健叶，使之在50～60 天之内不受病菌侵染，施用一次就可基本上控制危害。在北京毛白杨苗圃施用，喷药后 2 个月的防治效果仍在80%以上。

毛白杨展叶后发病，应避免使用该药，否则易生药害。

3. 胡杨锈病

【发生及危害】 胡杨是我国西北荒漠区盐渍化土壤上的主要造林树种，各主要胡杨种植区普遍发生胡杨锈病。小叶胡杨和灰杨也受害。该病在新疆、内蒙古、甘肃、宁夏及陕西等省、自治区发生严重。胡杨多采用播种育苗，1 年生苗秋季发病率可达 100%，2 年生苗感病程度更加严重，病情指数达 20～100，造成生长期大量落叶和幼苗枯死。据新疆巴音郭楞蒙古自治州农科所报道，感病的 2 年生胡杨苗在苗圃中就死亡 39%，越冬后移植苗中又死亡 69.3%。该病是胡杨育苗成败的关键因素。

【症　状】 胡杨锈病危害芽、叶片和嫩枝，以叶片受害最重。越冬病芽在芽的表面产生夏孢子堆，病芽展开或伸长后，嫩叶卷缩，幼枝扭曲。发病严重时，病芽枯死，不能展叶或抽枝。叶片开始发病时，在正面或背面长出黄绿色圆点，逐渐扩大成黄白色，中间产生橘黄色小疱，不久突破表皮，露出夏孢子堆，并散放出黄粉状夏孢子。夏孢子堆周围有一黄色晕圈，在晕圈边缘又可产生一圈夏孢子堆。大量的夏孢子堆相连成片，使病叶枯萎、脱落。嫩枝上夏孢子堆部位常缢缩，使嫩枝弯曲成膝状，易受风折。秋季在叶、枝夏孢子堆周围的坏死组织上可产生冬孢子堆。冬孢子堆为多角形，蜡状，红褐色。

【病原菌】 胡杨锈病是由粉被栅锈菌引起的。这种病菌的夏孢子单胞，为圆形或椭圆形，黄色，大小为 18.8～31.4 微米×13.2～16.4 微米。有较厚的膜，表面密生疣状刺。侧丝无色透明，棍棒状，具长柄，顶端球形膨大，长 54～96 微米，顶端宽12.5～21.6 微米。冬孢子单胞，单层排列于寄主表皮下，为圆柱形，黄褐色，大小为 48.3～103.5 微米×13.8～

20.7微米(图 11-3)。

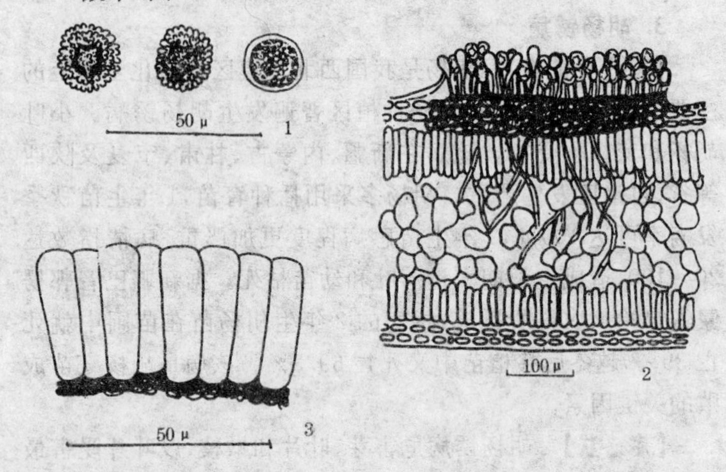

图 11-3 胡杨叶锈病菌

1. 夏孢子 2. 夏孢子堆 3. 冬孢子

【发病规律】 病菌以菌丝在病芽和嫩枝表皮下越冬。翌年春季胡杨萌芽时,越冬菌丝发育成夏孢子堆,不久散放出夏孢子。这是已知发病的惟一初侵染来源,在生长季中进行多次再侵染。在南疆地区,每年4月下旬至5月上旬为发病始期,7~9月份为发病盛期。秋后,夏孢子侵入幼芽中或嫩枝表皮下越冬。春季无越冬菌源或在新的胡杨种植区,则靠气流传播的外来菌源引起发病。

冬孢子虽常见,也易萌发,但尚未发现转主寄主,在自然界发病过程中的作用不明。

日平均气温19.1℃~25℃时适于发病。降雨和灌溉是该病害流行的主要因素。秋季,晚间叶面经常结露,这也有利于夏孢子侵染。地势低洼潮湿、植株密度过大等,均会导致病害的严重发生。

【防治方法】

第一,选用抗病的胡杨品系。经遗传变异和自然选择,胡杨有多种分化类型。经宁夏农业学院林业系鉴定:枝条角度小、叶细长的黄皮Ⅱ型品系高度抗病;具有同样特征的红皮Ⅱ型品系也较伞形树冠的红皮Ⅰ型抗病。抗病类型胡杨的过氧化物酶活性较低。

第二,采用直播法造林,在病害流行之前要及早间苗,确定株行距;或将苗圃育的 1 年生实生苗,于翌年 5 月底以前按 5 米×4 米的株行距移栽。扩大株行距,能增加幼林的通风透光,增加幼树的营养吸收,有利于减轻病害。

第三,避免在低洼地营造胡杨林,并改善林地排水能力。在病害流行期要少浇水,切忌大水漫灌。降雨或灌溉后,要及时疏松表土,以便有效地降低林分中的湿度。

第四,病害流行初期,用 25%粉锈宁粉剂 1 000 倍液喷雾,对该病的防治效果可达 85%～95%,持效期 40 天以上。移栽 1 年生苗时,在起苗后要用 20%粉锈宁乳剂 120 毫克/升液,浸根 1～2 小时,防治效果达 98%,持效期达 140 天。

(二)杨树黑斑病

【发生及危害】 黑斑病是杨树的重要病害。主要发生在苗圃,引起早期落叶,造成育苗失败。感病品种的幼林和成林也受害。已知在黑龙江、吉林、辽宁、河北、河南、陕西、新疆、湖北、安徽和云南等省、自治区均有发生。1961 年,吉林省白城地区杨苗受害,损失达 70%以上。1982 年云南省昆明市苗圃杨树苗的病情指数达 79。1983 年黑龙江省阴山林业局英山苗圃杨苗的病情指数达 76。1985 年,新疆阿勒泰山区北屯 10 年生杨树林的病情指数为 79。

【症　状】 病害发生在叶片、嫩梢及果穗上,以危害叶片为主。在叶上，首先在叶背出现针刺状、凹陷、发亮的小点，后变为红褐色至深褐色，直径为 1 毫米左右。5～6 天后出现灰白色小点，为病菌的分生孢子盘。病斑扩大后，连成圆形或多角形的大斑，致使部分、甚至整个叶片变黑，病叶可提早 2 个月脱落。嫩梢的病斑较大，为条形斑，2～6 厘米长，稍突起，后期病斑开裂，呈溃疡状。果穗上的病斑与嫩梢上的相似，但病斑较小。出土不久的实生苗感病时，叶片全部变黑并枯死，苗茎扭曲，幼苗成片死亡。

【病原菌】 该病由半知菌亚门、腔孢纲、黑盘菌目及盘二孢属的真菌所引起。在我国，危害杨树的黑斑病菌主要有两个种。

(1)褐斑盘二孢菌 主要分布在东北和华北地区。危害青杨派、黑杨派和白杨派的许多树种。分生孢子盘生于寄主表皮下，后突破外露。盘宽 116～348 微米，高 46～58 微米。分生孢子梗短、不分枝。分生孢子无色，长椭圆形，双胞，上端钝圆形、下端略尖，内含数个油球，分隔处不缢缩，大小为 15.7～20.9 微米×6.4～7.4 微米。在分生孢子盘中，后期混生有有性小孢子。有性小孢子无色，单胞，大小为 2～4 微米×1～3 微米。病菌发育后期，有时产生有性世代，为点状镰盘菌，自然界少见(图 11-4)。

(2)杨盘二孢菌 分布于华东地区，以危害黑杨派和白杨派树种为主。病菌形态与褐斑盘二孢菌相似，但分生孢子分隔处缢缩明显。根据该菌分生孢子萌发所需要的基质、萌发的芽管数和寄主范围等，在种以下有两个专化类型。一个是单芽管专化型，其分生孢子在蒸馏水中不能萌发，可在自来水中萌发；仅产生一个均匀一致的芽管；自然条件下，主要侵染白杨派的毛白杨和响叶杨，除偶尔侵染小叶杨外，其他青杨派

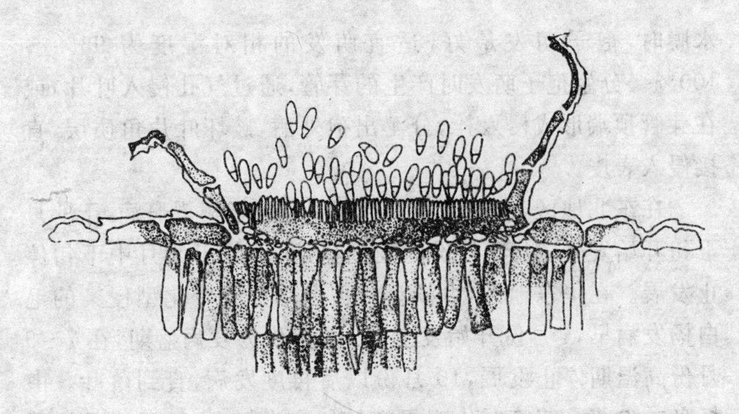

图 11-4　杨树黑斑病菌

病菌的分生孢子盘及分生孢子

和黑杨派树种不受侵染。另一个是多芽管专化型，其分生孢子能在蒸馏水中萌发，但不如在自来水中萌发的好；产生 1～5 个弯曲、粗细不匀的芽管，多数为 2～3 个；寄生于黑杨派和青杨派许多树种，在自然条件下不侵染白杨派树种。

【发病规律】 病菌以菌丝、分生孢子、分生孢子盘及子囊盘在落叶和嫩枝上越冬。落叶上分生孢子盘放出的分生孢子，以及子囊盘放出的子囊孢子，为春季的主要初侵染来源。新建苗圃或实生苗苗圃，其初侵染源来自邻近的 2 年生病苗或大树上的分生孢子。分生孢子的寿命在低温（15℃～18℃）下可存活 660 天左右。种子带菌也能造成实生苗发病。

褐斑盘二孢菌在 10℃以上形成分生孢子，萌发的最适温度为 20℃～28℃。杨盘二孢菌单芽管专化型的分生孢子，在 12℃时开始萌发，24℃～28℃最适，32℃时不能萌发。而多芽管专化型的分生孢子，在 16℃时开始萌发，28℃左右最适，32℃仍有少量能萌发。分生孢子盘有粘胶性，经雨水、露水或灌溉水稀释、分散后，其中的分生孢子才能随风传播。在接触水膜时，孢子萌发最好，适宜萌发的相对湿度为93%～100%。分生孢子萌发时产生的芽管，通过气孔侵入叶片，或在芽管顶端形成侵入栓，分泌出孢外酶，破坏叶片角质层，直接侵入表皮。

在东北地区，由褐斑盘二孢菌引起的杨树黑斑病，于6月下旬开始发生，7～8月份为发病盛期，一般于9月中下旬停止发展。在华东地区，由杨盘二孢菌单芽管专化型侵染的毛白杨发病早，4月份开始发生，5～6月份为发病盛期，在7～9月份高温期停止发展，10月份以后再度发病，直到落叶。由杨盘二孢菌多芽管专化型侵染的加拿大杨，一般于6月初开始发病，一直延续到落叶。

重茬苗床发病重。苗圃地留苗过密、地势低洼、积水及排水不良的成林发病严重。

【防治方法】

第一，选用抗病树种。在东北地区，自然条件下的新生杨、里普杨及加杨等抗病，大青杨在自然调查和人工接种中均表现高度抗病。在华南地区的杨盘二孢菌单芽管专化型集中发生区，可选种青杨派和黑杨派树种；多芽管专化型集中发生区，可选种青杨派和白杨派树种。从意大利引进的露易莎杨和西玛杨，高抗黑斑病。

第二，带菌种子需进行化学处理，以防止实生苗发病。可用85%百菌清可湿性粉剂1 000～1 500倍液，或用甲基托布津、福美双和多果定喷粉处理干燥种子。

第三，苗圃地应避免连作，或避免与有病的苗圃、成林相邻近。要选用排水良好的苗圃地。

第四，进行化学防治。黑龙江省兴隆林业局测定黑斑病对杨苗的生长量损失和化学防治的经济阈值，确定扦插苗和留床苗应在病情指数达到 18 和 16 时，进行化学防治。用 1：1：150～200 的波尔多液或 0.2%～1%的代森锌液，喷洒三次左右，间隔 10～15 天，防病效果均在 70%以上。

二、枝干病害的防治

(一)溃疡病

【发生及危害】 杨树溃疡病在我国分布很广，华北、西北地区及辽宁、吉林、湖北、湖南与江苏等地，均有发生，是杨树上发生最普遍、危害最严重的干部病害。也危害枝条，常引起幼树死亡和大树枯梢，对生长量影响很大。1977 年，内蒙古赤峰市和辽宁省盖县杨树的发病率为 76.9%～100%，1987 年，辽宁省的康平、法库、昌图三县，因病死亡的杨树近 200 万株。据在陕西省调查，有 60 多个杨树品种受害。除杨树外，该病还可危害柳树、刺槐、梧桐和苹果等树种。

【症　状】 病害发生在主干和大枝上。症状主要有三种类型。在光皮杨树品种上，多围绕皮孔产生直径 1 厘米左右的水泡状斑。初期表皮凸起，内部充满褐色液体，破裂后流出黑褐色液体。后期病斑干缩下陷，中央常有纵裂（彩图 11.22）。该类型一般不危害木质部，有时病斑下的木质部可变为黑褐色。在粗皮杨树品种上，通常并不产生水泡，而是产生小型局部坏死斑。当从干部的伤口、死芽和冻伤处发病时，形成大型的长条形或不规则形坏死斑。初期病皮下陷，为暗褐色，后期干裂，极易剥离，木质部、甚至髓心变褐的范围也很大。枝条上的症状多为条斑，下陷明显，当病斑横向扩展，围绕枝条一周时，就造成枯梢。在各种类型病斑上，后期可长出许多小黑点，为病菌的子实体。

【病原菌】 该病原菌有性世代为子囊菌亚门、腔菌纲、格孢腔菌目、葡萄座腔菌属的茶藨子葡萄座腔菌。子囊壳埋生于子座内，子座埋生在表皮下，后期突破表皮外露，为黑色，炭质，近圆形。子囊腔为洋梨形，散生或簇生，黑褐色，具乳头状孔口，大小为116.4～175微米×107～165微米。子囊棒状，壁为双层膜，顶部稍厚，大小为49～68微米×11～21.3微米。内含子囊孢子8个，双行排列，单胞，无色，椭圆形，大小为15～19.4微米×7～11微米。子囊间有假侧丝。

病菌的无性世代较常见，属半知菌亚门、球壳孢目、球壳孢科、小穴壳属的聚生小穴壳菌。分生孢子器球形，暗褐色，单生或聚生于子座内，大小为97～233微米×97～184.3微米。分生孢子梗短，不分枝。分生孢子单胞，梭形，无色，19.4～29.1微米×5～7微米(图11-5)。

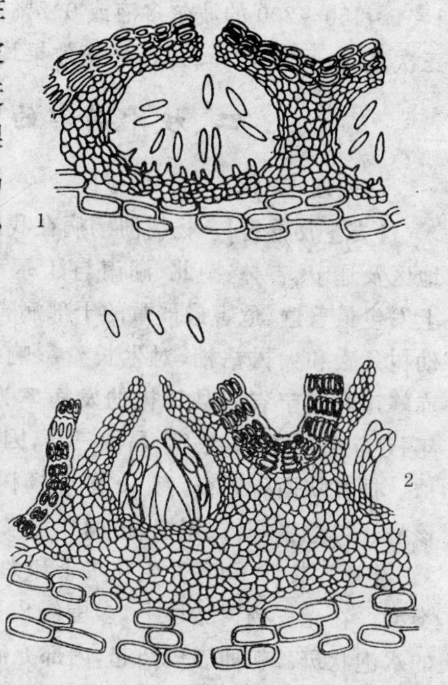

图11-5 杨树溃疡病病菌

1. 分生孢子器及分生孢子
2. 子囊壳、子囊及子囊孢子

【发病规律】 病菌可在树干、枝条的病斑和病残体中越冬。在不表现症状的树皮内，病菌以潜伏状态存在。杨苗在苗圃中即可被侵染，但多不表现症状，当寄主衰弱时就可发病。病菌的分生孢子和子囊孢子，靠风雨和昆虫传播。春季是杨树溃疡病最主要的发生时期，尤其在幼苗移栽后发病率最高；夏季杨树生长旺盛，病害发展缓慢；秋季又可出现第二次发病高峰。

病害的发生与温度、湿度关系密切。春季月平均温度为18℃～25℃最适于发病。分生孢子萌发适温为15℃～30℃；子囊孢子萌发适温为20℃～30℃。两种孢子萌发都要求高于90%的相对湿度。

杨树栽培管理不善，水分、肥力不足，导致生长衰弱的条件等，均易引起发病。国内、外的研究一致认为，树体内含水量与发病关系非常密切，树皮膨胀度低于60%时发病重；高于80%时抗病性增强。在我国"三北"地区，杨树定植后，一般都是先展叶后生根，加之春季干旱、多风，所以缓苗期树体水分消耗很大，此时也正是杨树溃疡病暴发的时期。

杨树造林时，起苗伤根过多，运输、假植过程中失水过多，定植时浇水不足等，均容易引起溃疡病的发生。造林地土质瘠薄，杨树长势差，病害也重。

【防治方法】

(1)选用抗病品种 各杨树品种对溃疡病的抗性差异很大。青杨派品种及其杂交种最易感病；黑杨派品种一般发病较轻；白杨派品种多数是抗病的。

(2)造林选地要适当 瘠薄地、砂石地与盐碱地，均不宜造杨树林。

(3)加强幼苗和幼林的管理 育壮苗，起苗要尽量避免伤根。运输、假植时力求保持树苗的水分不散失。定植时，种植坑要适当加大，并浇足底水。有条件的地方，定植前把树苗根部放在水坑中浸泡2～3天，以利于增加树体含水量。定植后，也可在幼树周围覆1平方米的塑料薄膜，能保持土壤水分，增高地温，促进根系生长。

(4)采用修枝措施调节树体水分 定植后剪掉幼树全部侧枝，重病区应剪掉全部侧枝和顶梢，以延缓叶片的生长，同时也促进根系的生长，使地上水分蒸腾量减少，从而使根的吸水能力增加，能显著地增强杨树的抗病能力，提高移栽的成活率。对重病地区或感病重的品种，用截根法造林，也能大大地减轻病害，提高成活率。

(5)用生根剂刺激根系生长 定植前用ABT 3号生根粉万分之一浓度蘸根，可刺激根系数量成倍增加，提高吸水能力。

(6)化学防治 为控制造林后第一个春季的发病高峰，化学防治必须在前一年的苗圃中进行，以减少幼苗的带菌量。北方一般可在6～7月份和8～9月份向苗干喷药两次。防治该病的有效药剂有：50%代森铵200倍液；50%多菌灵400倍液；75%百菌清400倍液。

(7)喷施防病促生剂 造林后，向幼树干部喷施5406细胞分裂素100倍液，以促进愈伤组织形成，诱导杨树产生抗性，降低发病程度。

(二)大斑溃疡病

【发生及危害】 杨树大斑溃疡病发生在江苏、辽宁、山东、陕西、吉林、黑龙江和内蒙古等省、自治区，能引起杨树干部溃疡和枝枯，幼树受害后易死亡。辽宁省盖州市的付杂2号杨发病率为100%，感病指数为80。

【症　状】 该病害主要发生在主干的伤口和芽痕处，初期病斑呈水浸状，暗褐色，后形成梭形、椭圆形或不规则的病斑。病斑多数长3～5厘米，最大可达20多厘米。病斑边缘凹陷，形成愈伤组织后则隆起。病部韧皮组织溃烂，其下木质部也可变褐。老病斑可连年扩大，多个病斑可连接成片（彩图11.23）。秋季，病斑上产生轮纹状的小黑点，多为病菌的分生孢子器。枝条发病，病斑很快环绕枝条一周，造成枯梢。

【病原菌】 本病是由半知菌亚门、球壳孢目、球壳孢科、疡壳孢菌属的杨疡壳孢菌引起的。其分生孢子器单生或聚生在子座上。子座长0.5～3毫米，杯盘状，整齐，顶部开裂并突出于寄主表皮。分生孢子器黑色，扁圆，大小为250～600微米×200微米。分生孢子梗无色，细长。分生孢子单胞，无色，为卵圆形或肾形，大小为9～13微米×7～9微米。有性世代为子囊菌亚门、柔膜菌目、锤舌菌科、薄盘菌属的杨薄盘菌。子囊盘革质，黑色，直径为5毫米左右。子囊大小为75～90微米×8～9微米。子囊孢子无色，长圆形，有1～2个隔膜，大小为11～16微米×3～4微米。

【发病规律】 病菌以菌丝、分生孢子和子囊孢子在病树上越冬。主要由有性或无性孢子从伤口（机械伤、虫伤）侵入寄主。每年5～6月份和9～10月份，为其发病高峰期。发病温度以22℃～25℃最适宜。分生孢子萌发适温为15℃～20℃；子囊孢子萌发适温为19℃～20℃。

杨树在生长衰弱或土壤干旱、树体含水量低的情况下感病重。

【防治方法】

（1）选用抗病品种 一般来说，白杨派品种抗病性较强；黑杨派品种介于抗病和感病之间；青杨派品种易感病。

（2）加强水肥管理 起苗时避免伤根过多。运输、假植时，应尽量减少失水损耗。不在瘠薄的砂石土地上营造杨树林。造林后浇水要充足。

(3)化学防治　在苗圃中，用2.5%～5%的氯化铜和氧化铜复合物、65%代森锌500倍液及1.2%～1.6%的福美双液保护苗干，可减少移栽后幼树的发病程度。

(4)检疫　该病在我国杨树种植区尚未普遍发生，应严禁从病区向外调运树苗。

(三)枝瘤病

【发生及危害】　杨树枝瘤病仅在新疆、宁夏与河南等省、自治区发现。以危害苦杨最重，山杨和银灰杨也易发此病。在受害枝条和幼树干部产生许多大小不等的肿瘤，使小枝丛生，树干变形和扭曲，严重时造成枝枯和干枯。

【症　状】　感病枝条首先在芽痕和分枝处出现隆起，逐渐膨大为瘤状物，肿瘤质地坚硬，密生的肿瘤串生成串珠状。病枝扭曲，生长被抑制，甚至枯死，引起不定芽萌生和幼枝丛生。在枝上，肿瘤多单生，为球形或纺锤形。主干上的肿瘤大，多为不规则形，表面粗糙，常造成树干皮层开裂。

【病原菌】　本病由半知菌亚门、球壳孢目、球壳孢科、大茎点属的杨大茎点菌所引起。分生孢子器扁球形，有孔口，黑色，直径为288～360微米。分生孢子梗细长，不分枝。分生孢子单胞，无色，为长椭圆形，两侧多不对称，大小为19.4～23.3微米×7.8～9.7微米。

【发病规律】　病菌以菌丝和分生孢子器，在杨树被害部位的皮层内越冬。春季产生分生孢子，经风、雨和昆虫传播，由伤口、芽痕和自然孔口处侵入寄主，刺激皮部和木质部的细胞增生，形成肿瘤。

【防治方法】

(1)严格检疫　本病仅在我国个别地区发生。在前述省区引种、采条繁殖杨树时，一定要做好产地调查，杜绝从病区将病害引入。

(2)压缩病区，消灭病源 现有病区，要尽早更换掉苦杨等易感病品种；病区内暂时不能更换的病树，应剪掉病枝，砍去重病树，并将病枝、病树烧毁。

(四)干腐病

【发生及危害】 杨树干腐病发生在辽宁、吉林、内蒙古、山西、山东、河北和河南等省、自治区。栽培管理不良、生长衰弱的林分或植株受害重，可引起枝枯和幼树死亡。杨属、柳属树种和某些果树均可受害。

【症　状】 树干受害后，初时出现淡褐色病斑。病斑多发生在伤口和芽痕处，为椭圆形。后逐渐扩大成条形长斑。后期，病斑上形成轮纹状黑色小点，为病菌的分生孢子器。枝条发病时，病斑不明显，但迅速失水和枯死。主干和枝条发病后期，病斑上产生许多小黑点，为病菌的分生孢子器。

【病原菌】 本病由半知菌亚门、球壳孢目、球壳孢科、大茎点菌属的柳枝大茎点菌所引起。分生孢子器多聚生，为黑色，扁圆形，直径为200～300微米。分生孢子单胞，无色，为椭圆形，大小为20～30微米×6～8微米。

【发病规律】 病菌以菌丝和分生孢子器，在杨树病组织上越冬。翌年春天，产生分生孢子，借风、雨传播，由伤口、芽痕等处侵入寄主。以4～6月份发病最多。杨树移栽后缺水或树势衰弱的，受害特别重。

【防治方法】 参考杨树溃疡病。

(五)细菌溃疡病

【发生及危害】 杨树细菌溃疡病，是我国近年新发现的杨树枝干病害，目前已知在黑龙江、吉林和辽宁省有发生。该病引起枝干产生肿瘤，木质部增生、变色和腐朽。据初步调查，在东北三省，发病面积已达 9 320 公顷，损失材积 28 万多立方米。黑龙江省肇东县四站 7 年生美×青杨发病率为 86%，病情指数为 76.8。

【症　状】 该病主要危害树干，也能在大枝上发生。发生初期，在病部形成椭圆形的瘤，直径约 1 厘米，外表光滑。后逐渐增大成梭形或圆柱形的大瘤，颜色变为灰褐色，表面粗糙并出现纵向开裂。夏季从病部裂缝中流出棕褐色黏液，有臭味。病瘤内韧皮部变棕红色，木质部由白色变为灰色，后变为红色。发病严重时出现腐烂。

【病原菌】 据东北林业大学鉴定，本病由一种叫做草生欧文氏杆菌的细菌所引起。该细菌为杆状，革兰氏染色阴性，周生鞭毛。

【发病规律】 病菌在杨树病干部越冬，通过风、雨和昆虫传播。大树比幼树受害重，防护林比片林受害重，地势低洼的林分发病重，夏季修枝的树比春、秋季修枝的树发病重。冻伤和修枝伤易引起发病；修枝不整齐、茬高的也易造成侵染。

【防治方法】

(1)严格检疫 目前本病发生地区有限，应严格禁止从病区引种树苗和原木。

(2)在病区选用抗病品种 杨树品种对本病抗病性差异大，美×青杨、北京杨、箭杆杨、钻天杨和小钻杨易感病，病区内应避免种植这些杨树品种；可种植辽杂 2 号、银中杨、小黑×波和小黑×黑小等较抗病的品种。

(3)选地造林 应选地势较高、平坦与排水条件良好的地方营造杨树林。

(4)合理修枝 在早春对杨树进行修剪，剪口要整齐、平滑，不留高茬。

(5)药剂防治　可用50%DT杀菌剂、40%克菌灵和10%双效灵300倍液灌根；或用20倍井冈霉素注干，均有一定治疗效果。

(六)破腹病

【发生及危害】　杨树破腹病发生的范围很广泛，在黑龙江、吉林、辽宁、内蒙古、河北、河南、山西、山东、陕西、甘肃和新疆等省、自治区都有发生。它除危害杨树外，柳树、榆树和槭树等阔叶树种，也均可受害。在黑龙江省牡丹江林区，杨树速生丰产林破腹病的平均发病率为50%左右，严重发病的林分达80%左右。病树干部的树皮甚至木质部发生纵裂，极易引起烂皮病等继发性病害，造成受害部位腐烂。破腹愈伤后，常产生大的鳃瘤，使树干畸形。病树的生长及其工业利用价值均受到严重影响。

【症　状】　破腹病多危害4～7年生的杨树幼树，发病部位多在距地面20～45厘米的树干基部。病树的树皮纵裂，向上方发展很快，长度可达数米。病部树皮干腐或湿腐，最后脱落，露出木质部。发生程度较轻的纵裂，在当年生长季节可产生愈伤组织，裂缝可能愈合，但第二年又重新开裂。发病部位下面的木质部也往往开裂，极易引起霉变和心腐。

【病　原】　过去一般认为杨树破腹病是由冻害所引起的。近年研究证明，昼夜温差过大和风力所造成的树干摇动，是产生破腹的主要外界因素。

树干基部老化，干燥的皮层，对温度、摇动的反应与其内部的韧皮部、木质部是不同步的。早春树干的南面和西南面，昼夜温差很大，日间的高温和日照导致树皮首先解冻，使树皮与木质部的结合力变小，遇风力使树干摇动时，其树皮就容易产生纵裂。大于15℃的昼夜温差和大于6米/秒的风速，是产生破腹的重要条件。

【发病规律】 该病害集中发生在早春的2月中旬至3月下旬，秋末冬初也偶有发生。发病部位有明显的方向性，绝大多数发生在树干的向阳面。发生的高度也很有规律，一般集中在20.8～30厘米处。多数受害树仅在干基部产生一道纵裂，极少产生两个。生长速度快的杨树发生较重。林分密度大的破腹病发生轻。地势低洼、积水多的林分发病重。

【防治方法】

(1)选用抗性强的品种 杨树品种间对破腹病的抗性差异显著，迎春5号、麻×美黑杨、山杨及香杨等杨树品种，比较抗破腹病。

(2)造林密度适当 根据树种和地力的不同，可采用2米×3米或3米×4米的株行距。

(3)营造混交林 可营造胡枝子、紫穗槐、刺槐和云杉等与杨树的混交林。

(4)阳面遮荫 幼树修枝时，在树干的阳面一侧有意保留几簇丛枝，有利于减轻日照和昼夜温差，破腹病发生也较轻。

三、根部病害的防治

(一)紫根病

【发生及危害】 杨树紫根病，又称紫纹羽病，是杨树根部的主要病害。该病在我国分布很广，河北、河南、山东、安徽、江苏、浙江、广东、四川、云南、陕西、宁夏和辽宁等省、自治区，均有发生，以华北地区发生最重。病害多发生在苗圃，常引起杨树苗木成片死亡。幼树和大树也可受害。染病杨树根皮腐烂，生长逐渐衰弱，重者枯死。该病除危害杨树外，还有100

多种寄主植物，如柳、刺槐、栎、苹果和桑等，甚至某些针叶树，如火炬松等也可受害。

【症　状】 该病害主要发生在杨树的主根和较大的侧根上。发病初期病根失去原有的光泽，逐渐变为黄褐色，后变为黑色。根皮腐烂，皮层易剥落。在皮层表面形成网状菌丝层或菌索，并有疏松的颗粒状菌核。菌丝层或菌索初为淡紫色，后变为紫红色或紫褐色。土壤潮湿时，菌索可向上蔓延到根茎及其周围的地表面，形成片状菌毡。苗木及幼树感病后3个月即枯死；大树枝梢细弱，叶片变小变黄，生长量明显降低。

【病原菌】 本病是由担子菌亚门、木耳目、木耳科、卷担子属的紫卷担子菌引起（图11-6）。病原菌营养菌丝生于寄主体内，直径为5～10微米。菌丝束长而粗，大小为58～69微米×6～13微米。菌核半圆形，内部白色，外部紫红色，直径为0.86～2.06毫米。子实层呈毛绒状，为紫褐色菌丝层，其上产生无色、圆筒形的担子，有3个隔膜，向一方卷曲。担子上生有4个小梗，每个小梗上产生1个担孢子。担孢子单胞，无色，卵圆形或肾形，基部变细，大小为10～25微米×5～8微米。无性世代多在不良条件下产生菌核体，直径约1毫米，紫色。属半知菌亚门、无孢目、无孢科、丝核菌属的紫纹羽丝核菌。

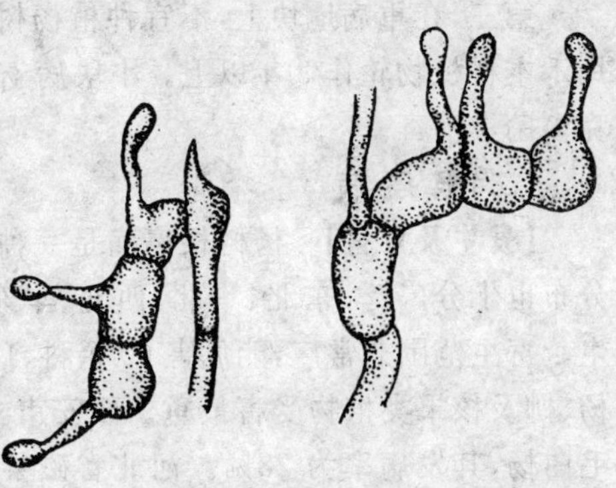

图11-6　杨树紫根病菌担子及担孢子

【发病规律】 病菌主要以菌索和菌核在病根上和土壤中越冬。翌年春季 4～5 月份菌丝蔓延，侵入幼嫩的根皮组织。在苗圃和林地中，常围绕早发病的植株，形成发病中心。菌索蔓延至根茎部后，虽形成子实层并产生担孢子，但担孢子在传播中的作用不大。土壤粘重、排水不良的地方容易发病。

【防治方法】

第一，选好苗圃。在无病和排水良好的地方做苗圃。

第二，防止病菌传播。出圃时要严格检查，剔除病苗；或修剪病根后，用浓度为 20％的石灰水消毒半个小时。

第三，在重病地块上，不宜种植杨树和其他寄主植物，可用禾本科植物轮作 3 年以上。小块病土每平方米可用 5～10 克多菌灵消毒。

(二)根 癌 病

【发生及危害】 杨树根癌病是一种世界性病害，在我国分布也十分广泛，东北、华北、西北、华东及中南地区均有发生。寄主范围非常广，能危害 60 余科、140 属、300 余种植物，杨、柳及核果类植物受害最重。西安市丈八沟苗圃的 3 年生毛白杨，其发病率为 28％。河北省磁县的重病苗圃，发病率在 15％以上。杨树中以毛白杨受害最重。通常危害苗木和幼树，是杨树苗圃中的重要病害。大树也可发病。病树在根颈、主根及侧根上长出癌瘤，有时在地上的干、枝部也可发生。病树衰弱，生长量降低。健株生根量为病株的 1.5～1.7 倍，根长为病株的 1.7～2.1 倍。

【症 状】 在感病部位，产生许多大小不等、形状各异的癌瘤，或串生、或叠生。初生的瘤小，近圆形，质地柔软，表面光滑，淡黄褐色，后逐渐增大，呈不规则块状，质地变硬，表面粗糙并有裂纹，为深褐色。发病后期，瘤的颜色变为黑褐，外皮常脱落，露出许多突起的小木瘤。

【病原菌】 该病是由细菌农杆菌属的根癌土壤杆菌所引起。菌体短杆状，有荚膜，周生或侧生鞭毛1～4根，革兰氏染色阴性。

【发病规律】 病菌可存活在癌瘤中和土壤的病残体上。病残体在土壤上可存活1年以上，2年内如遇不到活的寄主，便失去生活力。在林间，该病害主要靠灌溉水和根部害虫传播。病菌从伤口处侵入，在寄主薄壁细胞中繁殖，刺激细胞分裂，组织增生，产生癌瘤。细菌生长的最适温度为25℃～29℃，最低为10℃，最高为34℃。最适氢离子浓度为50.12纳摩/升(pH7.3)，在偏碱性的砂壤土中发病重。土壤湿度大或大水漫灌的苗圃、林地发病重。雄株发病重，雌株发病轻。根蘖苗发病轻。

【防治方法】

(1)苗木检疫 不要从有病的苗圃引苗。

(2)轮作倒茬 对病重的苗圃，用不感病的树种或作物轮作2年以上。加杨、沙兰杨与北京杨等品种感病轻，应予以重视。

(3)生物防治 用无毒放射形农杆菌的悬浮液或泥浆，浸蘸苗根栽植。

(4)药剂治疗 根冠或地上部的癌瘤，可先用刀切除，再用1 000单位的农用链霉素或土霉素进行伤口消毒。

参考文献

1 郑世锴,高瑞桐等．杨树丰产栽培与病虫害防治．北京:金盾出版社,1996

2 刘奉觉,郑世锴．杨树水分生理研究．北京:中国农业大学出版社,1992

3 郑世锴,刘奉觉等．杨树壮苗造林研究．林业科技通讯,1986年11期

4 郑世锴,刘奉觉等．杨树短轮伐期高产试验．林业科技通讯,1987年1期

5 郑世锴,刘奉觉等．I-69杨造林方法的研究．杨树,1984年1卷1期

6 郑世锴,刘奉觉等．供水对杨材人工林材积生长的影响．林业科学,1988年24卷3期

7 徐宏远,郑世锴等．I-72杨生物量的研究．林业科学,1990年1期

8 郑世锴,刘奉觉等．杨叶饲用中间试验研究．林业科技通讯,1987年第11期

9 郑世锴,刘奉觉等．山东临沂地区杨树人工林密度及经济效益的研究．林业科学研究,1990年,第2期

10 郑世锴,刘奉觉,臧道群．供水对杨树人工幼林材积生长的影响．林业科学,1988,24(3)

11 刘奉觉,郑世锴等．田间供水与杨树生长关系的研究．Ⅰ供水处理对杨树生长、树体结构和叶量的影响．林业科学研究,1988,1(2)

12 刘奉觉,郑世锴等．田间供水与杨树生长关系的研究Ⅱ田间供水、蒸腾耗水与材积产量的关系分析及林木需水量的估算．林业科学研究,1988,1(3)

13 刘奉觉,郑世锴等.杨树几个水分关系指标的主分量分析.植物生理学通讯,1986(3)

14 刘奉觉,郑世锴等.杨树人工幼林的蒸腾变异与蒸腾耗水量估算方法的研究.林业科学,1987 年营林专辑

15 刘奉觉,郑世锴等.杨树叶面积与生长指标的关系分析.林业科学,1989,25(4)

16 窦忠福.截干处理对 I-69 杨成活及生长的影响.林业科技通讯,1985,第 9 期

17 刘寿坡等.意大利 214 杨人工施肥效应(阶段报告).土壤通报,1986,第 4 期

18 郑世锴,王世绩,刘雅荣等.杨树钻孔深栽造林技术的研究.林业科学,1983 年卷 3 期

19 中间试验协作组.干旱地区杨树深栽中间试验报告.杨树,1984 年 1 卷 2 期

20 中间试验协作组.杨树深栽造林经验报告.杨树,1984 年 1 卷 2 期

21 刘奉觉,郑世锴,臧道群等.深栽杨树水分代谢的研究,杨树水分生理研究.北京:中国农业大学出版社,1992

22 刘奉觉,郑世锴,臧道群等.干旱地区深栽树木水分优势和几个树种水分生理指标的比较,杨树水分生理研究.北京:中国农业大学出版社,1992

23 郑世锴,刘奉觉,臧道群等.深栽造林技术要点,林业科技通讯,1989 年第 5 期

24 高海,郑世锴等.一种简易的深栽打孔法.林业科技通讯,1991 年 8 期

25 舒畔青等.大家畜饲养管理.北京:中国农业出版社,1985

26 王载琨.禽畜配合饲料.合肥:安徽科技出版社,1985

27 联合国粮农组织.杨树与柳树.罗马,1979

28 徐纬英.杨树.哈尔滨:黑龙江人民出版社,1988

29 孙时轩.造林学(第二版).北京:中国林业出版社,1990

30　赵天锡,陈章水．中国杨树集约栽培．北京:中国科学技术出版社,1994

31　张绮纹．杨树工业用材林新品种．北京:中国林业出版社,2003

32　巨关升,郑世锴等．我国中温带地区杨树丰产栽培模式．2000,36 卷,第 4 期

33　庞金宣,郑世锴等．适于农田林网和农林间作的杨树品种—窄冠白杨．林业科技通讯,1992,8 期

34　庞金宣,郑世锴等．窄冠型杨树新品种的选育．林业科技通讯,2001,第 4 期

35　陈国海．林业苗圃化学除草指南．学苑出版社,1993

36　M. Viart. 来华讲学报告集,1982

37　G. Arru. 在山东省杨树育种学习班上的讲稿,1987

38　Proceedings: Symposium on Eastern Cottonwood and Related Species, Greenville USA,1976

39　Zheng Zsekai, Liu Fengjue and Zang Daoqun, Effect of water supply on volume increment in young poplar plantation, Proceedings of IUFRO project Group 1.09.00, IUFRO Ⅹ Ⅴ Ⅲ World Congress 1986, Swedish University of Agricultural Sciences, l987

40　Liu Fengjue, Zheng Zsekai and Zang Daoqun, A Study on transpiration variation and estimation of water consumption in young poplar plantation, Proceedings of IUFRO project Group 1.09.00, IUFRO Ⅹ Ⅴ Ⅲ World Congress 1986, Swedish University of Agricultural Sciences, l987

41. Dickson R. E., Muka from Populus leaves: a high-energy feed supplement for livedtock, TAPPI Forest Biology Wood Chemistry Conference. 1977

42　Dickson R. E., Leaf chemical composition of twenty-one Populus hybrid clones grown under intensive culture, Proceedings of the tenth central states Forest Tree improvement conference, 1976

43 Isebrands J. G., Integrated utilization of biomass, A case study of short rotation intensively cultured Populus raw material, 1979, The Journal of the Technical Association of the Pulp and Paper Industry, Vol. 62, No. 7, July 1979

44 Pohjonen V., Wet biomass as animal feed-Fodder as a by-product from energy forest, Forest Energy Agreement, International Energy Agency, 1981

45 L. D. Pryor, R. R. Willing, Growing & Breeding Poplar in Australia, Canberra, 1983

46 兰荣光,赵文忠等.21个杨树品种造林对比试验初报.辽宁林业科技,1994,5

47 兰荣光,徐绍惠等.杨树长截干深栽分阶段作业造林成果分析.沈阳农业大学学报,1995,12

48 李贻铨.主要用材树种施肥技术.北京:中国科学技术出版社,1993

49 刘寿坡.意大利214杨施肥效应.土壤通报,1986,第17卷,第4期

50 裴保华,郑均宝.林学技术与基础研究文集.北京:中国林业出版社,2000

51 南京大学杨树课题组.黑杨派南方型无性系速生丰产技术论文集.学术书刊出版社,1989

52 中国林学会杨树专业委员会.杨树工业用材林加工利用与栽培论文集.南京:2003

53 郑世锴.国外杨树生产经验及其启示.世界林业研究,1988,第1卷第1期